요소설계
신뢰성공학

Reliability
Engineering
for
Plastic
Element
Design

재료의 신뢰성 확보는 중요한 Theme가 되고 있다.

요소설계를 신뢰성공학

Reliability
Engineering
for
Plastic
Element
Design

임 무 생 지음

한국학술정보(주)

자동차는 약 3만 점의 부품으로 만들어진 제품이기 때문에 재료, 요소부품, 시스템의 신뢰성을 확보하는 것이 대전제이다. 그에 따라 각각의 단계에서 신뢰성이 확보되어 있지 않으면, 제품으로서 신뢰성 보증도 있을 수 없다. 제품을 점하고 있는 재료의 점유율은 높고, 요소부품 개발에 있어서 재료의 신뢰성 확보는 중요한 Theme가 되고 있다.

제품의 중요한 기능부품에 적용되거나, 사용 환경이 까다로운 것에 쓰일 기회도 늘어나게 된다. 특히, 기계적 입력이 들어가면서 열을 받는 복합입력하에서 사용빈도도 늘어나고, 그러한 환경하에서 수명도 중요하게 되었다. 부품종류수를 줄이고 품질을 극대화하기 위해 Plastic부품＋Press부품을 한 개의 Plastic부품으로, Press부품＋Press부품을 한 개의 Plastic부품으로 요소설계를 하여 Mobile, 자동차, 전자기기의 저전압에서 사용, 전류도 ㎃ 범위가 되는 경우가 많은 제품의 Digitization에 Balance를 맞춰야 한다.

따라서 Designers는 다음의 3가지를 원칙으로 하는 설계가 필요하다. ① 접속에 문제가 있어도 기기로서 필요한 기능을 안정적으로 확보할 수 있는 설계(Safety design), ② 일부 부품이나 부분에 이상발생이 있어도 병렬구조나 대기구조로 설계하여 기기전체로서는 기능불량을 일으키지 않도록 하는 설계(Redundancy design),

③ 부품편차, 경시변화, 환경열화, 오차인자 등이 있어도 편차가 나지 않는 듯한 설계조건으로 설계파라미터, 제거인자를 구하여 부품에 이상발생에서 기능 문제가 발생해도 인적, 물적 손해로 연결되어 안전사고로 확대되지 않도록 하는 설계(Robust design)이다. 일반적으로 부품의 신뢰성, 안전성은 부품 요소설계의 좋고 나쁨에 의존하며 요소설계 개발과정에서 정해진다.

따라서 부품 및 제품품질(시간적 품질)을 보증하려면 요소설계의 기술 축적과 그것의 적극적인 활용을 통해 유기적으로 종합할 수 있는 관리가 필요하게 된다. 학계, 산업계를 중심으로 실시되어야 하기 위해 요소설계 신뢰성공학 교과채용을 추천한다. 대학원생, 산업체 직원 제위께서는 요소설계 신뢰성공학으로 인하여 경상이익 향상과 수출시장 개척에 크게 기여할 수 있는 기반이 되었으면 한다.

한국과학기술정보연구원
ReSEAT프로그램 전문연구위원
저자 임무생 배상

목 차

제1장 신뢰성에 대한 고장분석

1. 신뢰성 기술

1) 신뢰성과 품질의 비교

(1) 신뢰성과 품질과의 차이

항 목	신뢰성	품 질
평가 결과	수명, 고장률	합격, 불합격
발생의 근원	고 장	산 포
거동중심	설계중심	공정중심
품질요소	미래품질보증	완성시점의 품질
환경조건	공정, 운반, 저장, 사용 환경	공정환경
시험방법	고장이 발생할 때까지 시험	규격 적합여부 시험
software, hardware	soft와 hard가 유기적인 결합이 요구	software
중점예측	미 래	현 재
사고방식	통합적 시스템	해석적
개선방법	한계를 파악하여 조치	산포를 좁힌다.
가치기준	미래 품질에 대한 평가	현재 품질에 대한 평가
조 직	엔지니어, 고장분석, 신뢰성 시험	품질관리, 독립적
시간적 개념	동 적	정 적
평가대상	수명, 고장률 추가	품질, 성능

2) 기기의 복합평가 시험

(1) 차량장착용 기기의 복합평가시험

① 특성평가시험
설치환경에서의 기능특성시험으로 온도-습도-다축진동으로 시험조건사례로서

온도는 −40℃∼+115℃, 습도는 max60℃, 95%RH. 진동은 3방향 실제파형 동시재현 0.5∼250㎐, 1.5G∼15G, 시간은 30cycle으로 하는 기능시험은 소리 끊김과 안전성, 회전 기능부의 안전성, 전기적 특성, 오작동 등을 체크한다.

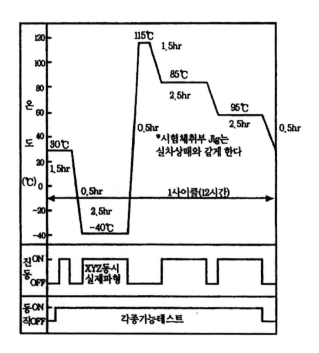

(2) 협의의 품질과 신뢰성의 비교

구 분	품질(Quality)	신뢰성(Reliability)
개 념	공정(현재)품질	시장(미래)품질
평가요소	품질(기능, 성능)	종합성능＋사용조건＋시간
평가결과	양 / 불량	정상 / 고장
평가지표	불량률	고장률 및 수명, SCR
시간영역	정적 / 출하 이전(사내)	동적 / 출하 이후(시장)
주요원인	설계결함, 공정산표	실제 / 제조결함, 스트레스, 시간
개선방법	설계품질확보 / 공정관리	좌동, 고장원인 분석 및 설계변경

* SCR: Service Call Rate

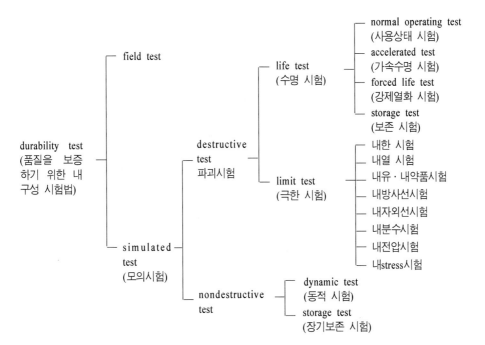

고분자재료의 열화와 수명

(3) 신뢰성 관리체계

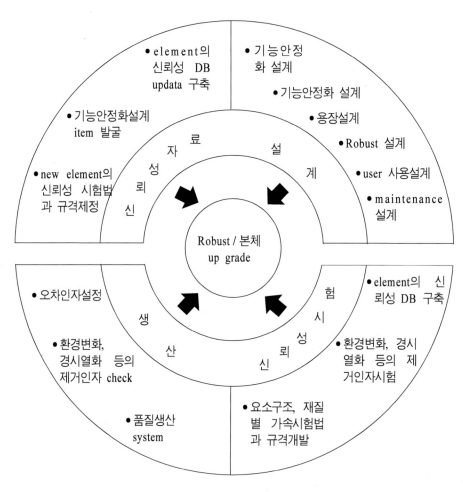

(4) 신뢰성 보증 step

추진단계		제1단계	제2단계	제3단계
보증목표		재질별 보증체계 확립	요소구조별 보증체계 확립	부품별 보증체계 확립
추진과제	체계구축	• 국제규격 기본골격 구축 • 국내규격 기본골격 구축	• 설계해석 tool 체계구축 확립 • 해석에 필요한 제원구축 확립	• 신뢰성관리체계 확립 • 신뢰성 system체계
	신뢰성 시험법 확립	• 재질별 신뢰성 시험법과 규격제정	• 요소구조별 신뢰성 시험법과 규격제정	• 부품별 시험평가법 구축 확립
	신뢰성설계기술 확립	• 안전성설계 체계구축	• 용장설계체계 확립	• Robust 설계체계 확립
	신뢰성 DB 구축	• 재질별 Database체제구축 확립	• 요소별 Database체계 확립	• 축적 Database 설계 응용활용체계 확립

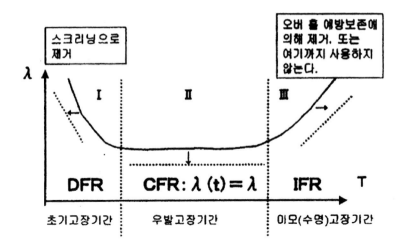

고장률곡선(bath tub curve)

고장분석 방법

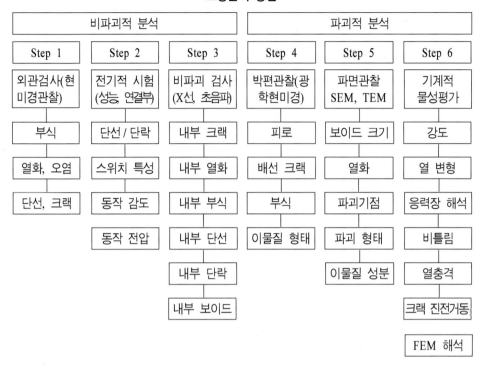

비파괴적 분석			파괴적 분석		
Step 1	Step 2	Step 3	Step 4	Step 5	Step 6
외관검사(현미경관찰)	전기적 시험 (성능, 연결부)	비파괴 검사 (X선, 초음파)	박편관찰(광학현미경)	파면관찰 SEM, TEM	기계적 물성평가
부식	단선 / 단락	내부 크랙	피로	보이드 크기	강도
열화, 오염	스위치 특성	내부 열화	배선 크랙	열화	열 변형
단선, 크랙	동작 감도	내부 부식	부식	파괴기점	응력장 해석
	동작 전압	내부 단선	이물질 형태	파괴 형태	비틀림
		내부 단락		이물질 성분	열충격
		내부 보이드			크랙 진전거동
					FEM 해석

일반전자부품의 고장률과 수명

기 호	구 분	내 용	구체적인 사례	신뢰성 보증시험
a	초기 고장	설계품질이 시장환경과 사용조건에 적합하지 않는 경우와 제조품질의 편차가 큰 경우에 발생, 신제품 완성을 저해하는 최대의 요인	● 그리스 경화에 의한 스위치 동작 불량(실환경 −40℃의 그리스 사용) ● 금형찌꺼기에 의한 성형품의 균열	● 실용환경시험 ● FEMA · FTA ● 고장해석 (Characterization)
b	돌발집 중고장	시간이 경과한 후, 대량으로 발생하는 것으로 모든 알지 못하는 현상의 경우도 있지만 상당수는 설계상의 과거 실패의 반복과 제조상의 돌발사고 원인	● Dendrite에 의한 단락고정 ● 그리스 변경에 의한 성형품의 계절균열 ● 코일 등의 전식단선	● FMEA · FTA ● 각종 체크리스트 ● 고장해석 (Characterization)
c	우발 고장	a, b를 제외하고 일정비율로 발생하는 것으로 제품에 의한 레벨차가 있다. 설계요인 및 사용 환경에서 대부분 결정된다.	● 정전파괴에 의한 동작 불량	● 신뢰도예측 ● 고장률시험 ● 가속시험
d	마모 고장	일정기간을 거쳐, 즉 수명이 다해 열화해 가는 것으로 제품에 따라 수명이 확실한 것과 그렇지 않은 것이 있다. 설계요인 및 사용 환경에서 대부분 결정된다.	● 알루미늄 전해콘덴서의 Dry−up에 의한 용량 제거 ● 가변저항기의 습동 수명 ● 벨트와 베어링의 마모 파손	−

※ 일반전자부품의 신뢰성 기본은 2가지
　● 우발고장 영역에서의 고장률
　● 마모고장 영역이 되는 수명

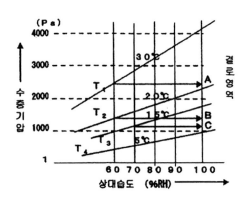

온도와 상대습도와 결로(이슬)

재현실험

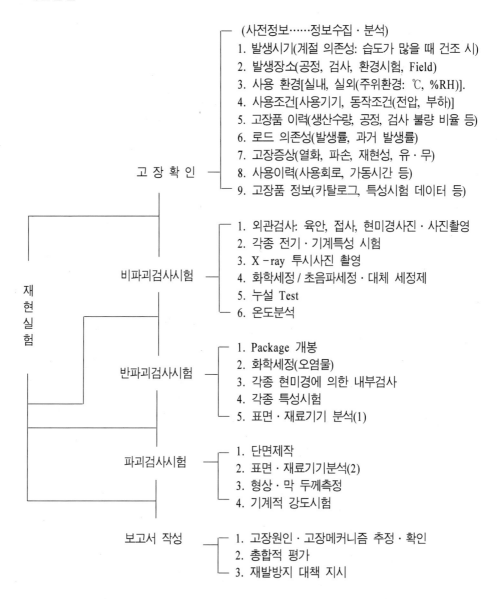

재현실험

고 장 확 인
- (사전정보……정보수집·분석)
- 1. 발생시기(계절 의존성: 습도가 많을 때 건조 시)
- 2. 발생장소(공정, 검사, 환경시험, Field)
- 3. 사용 환경[실내, 실외(주위환경: ℃, %RH)].
- 4. 사용조건[사용기기, 동작조건(전압, 부하)]
- 5. 고장품 이력(생산수량, 공정, 검사 불량 비율 등)
- 6. 로드 의존성(발생률, 과거 발생률)
- 7. 고장증상(열화, 파손, 재현성, 유·무)
- 8. 사용이력(사용회로, 가동시간 등)
- 9. 고장품 정보(카탈로그, 특성시험 데이터 등)

비파괴검사시험
- 1. 외관검사: 육안, 접사, 현미경사진·사진촬영
- 2. 각종 전기·기계특성 시험
- 3. X-ray 투시사진 촬영
- 4. 화학세정 / 초음파세정·대체 세정제
- 5. 누설 Test
- 6. 온도분석

반파괴검사시험
- 1. Package 개봉
- 2. 화학세정(오염물)
- 3. 각종 현미경에 의한 내부검사
- 4. 각종 특성시험
- 5. 표면·재료기기 분석(1)

파괴검사시험
- 1. 단면제작
- 2. 표면·재료기기분석(2)
- 3. 형상·막 두께측정
- 4. 기계적 강도시험

보고서 작성
- 1. 고장원인·고장메커니즘 추정·확인
- 2. 총합적 평가
- 3. 재발방지 대책 지시

단독스트레스 · 고장(모드) · 시험장치 사례

온도관계

단독스트레스 사례	스트레스레벨 사례		고장(모드) · 환경사례	시험장치사례
	①의 온도 변화율		- 열 스트레스가 원인(팽창 · 수축) 재료 면의 고장, 기계적 고장, 크랙 - 극단적인 온도가 원인 전기적 특성변화, 고감도 온도고장	• 고온시험 • 저온시험 • 온도 사이클 시험 • 열충격시험
	저	0.5~2.5℃ / 분		
	중	5~15℃ / 분		
	고	30~90℃ / 분		
	①, ②의 시험온도		• 팽창, 수축 또는 윤활 특성의 열화에 의한 운동부분의 마모증가 • 표면의 열화와 변형 • 점성과 유연성의 증대 및 저하 • 열적 에이징에 의한 산화, 화학반응, 열노화의 촉진 • 전기적 특성의 변화, 저항, 인덕턴스, 커패시턴스, 역률, 유전율 • 실 / 카스켓의 밀봉불량	
	저온(℃)	고온(℃)		
	+5	(+125)		
	−5	(+105)		
	−10	(+100)		
	−25	(+95)		
	−35	+85		
	−40	+70		
	−55	+55		
	(−65)	+40		

고도관계

대표적인 단독스트레스 사례	스트레스레벨 사례				고장(모드) · 환경사례	시험장치사례
	- 고도조건의 일례				- 공기의 열전도율과 전기적 강도의 감소 및 저온비등 • 불꽃, 코로나, 오존, 기포의 발생 • 수정진동자의 부하감소 • 밀봉부품,	• 고도시험
	KPa	mmHg	KPa	mmHg		
	84.2	633	11.6	87		
	59.9	450	4.4	33		
	29.9	225	0.13	1		

신뢰성과 품질관리

품질관리 기업 내 품질	신뢰성(RM):field 품질
샘 플: n	샘 플: n
불 량: r	고 장: r
불량률p(=r / n)	고장률: λ(=r / n · t)
단위: %$\Rightarrow 10^{-2}$	단위: % / h$\Rightarrow 10^{-2}$ / h
실단위: $\pm 3\sigma$(3 / 1,000) $\pm 4\sigma$(1 / 10,000) $\pm 5\sigma \Rightarrow 10^{-6}$(=ppm) $\pm 6\sigma \Rightarrow$ ppb($= 10^{-9}$)	실단위: % / 1000h$\Rightarrow 10^{-5}$ / h fit(10^{-9} / h) 평균수명: MTBF / MTTF 신뢰도, 보전성, MTTR
QC · QM · TQM · ISO 9001 ISO 16949	t: 시간, 사이클 / (h), 월, 년 km / (h)

차량시험 ─┬─ 차에서의 주행시험 (proving round) [Filed 신뢰성 시험] ─┬─ 가속시험
│ │ ├─ Fleet시험
│ │ └─ 환경시험(폭로시험 포함)
│ └─ 대상 시뮬레이션 시험[시험실 신뢰성 시험] (Multi road simulator, 4축가진기)
│
├─ System, unit의 시험 [시험실 신뢰성 시험이 많다.] ─┬─ 기능별 가속시험
│ └─ 환경시험
│
├─ 부품의 시험 [시험실 신뢰성 시험이 많다.] ─┬─ 기능별 가속시험
│ └─ 환경시험
│
└─ 재료의 시험 ─┬─ 기능별 가속시험
 └─ 환경시험(폭로시험포함)

신뢰성 시험 종류

자동차용 plastic 부품의 신뢰성 시험의 종류

시험명	시험목적
고온시험	차량이 고온하에서 노출됐을 때의 변형 등을 평가
열 사이클시험	사계절 한란에 노출됐을 때의 변형 등을 평가
내약품성시험	고객의 세정, 제조 등의 약품에 대한 영향 평가
내후성시험	태양빛(특히 자외선)에 의한 표면변색, 퇴색 등 평가
내마모성시험	도장, hot stamp 등의 표면처리 평가
열 열화시험	장기간 열을 계속적으로 받은 경우의 열화상태 평가
낙구충격시험	저온하에서의 충격에 대한 평가
기　타	내세차성시험, 내성시험, 내스탭성시험, 내오염성시험, 내한성시험, 악취성 평가, 내습성시험, 내염화칼슘성 등

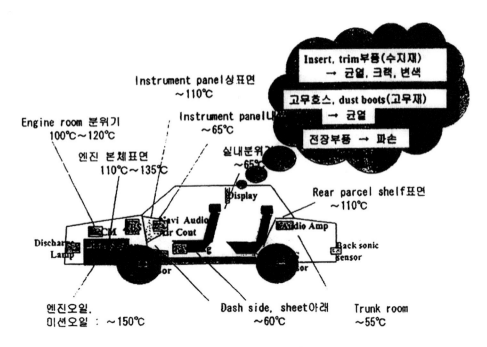

자동차 각 부위의 Max 온도환경 사례

고분자 재료에 관한 항목별 환경조건과 사용조건

조건항목			상세한 항목
환경조건	자연환경	온 도	• 순간적인 온도(고온, 저온)·장기적으로 노출되는 온도(열 피폭) • 온도 cycle(고온~저온 반복)
		그 외	습도, 강수량, 일사량(실내, 실외), 오존 빛(자외선), 먼지(사무실, 작업장), NOx 가스
	수 분		흡수(팽윤·건조), 흡습(가수분해), 뜨거운 물(가수분해)
	약 품	연 료	가솔린, 알코올, 경유, 등유
		기 름	엔진기름, 기어기름, 녹방지기름, 윤활유, 금속가공유, Press기름
		grease	광유(광물성 기름)계열, 하성기름계열, 실리콘오일
		wax	wax, wax 제거제
		도 료	도막보호제, undercoat제
		유기약품	부동액, 세제, washer액, 브레이크액
		무기약품	산성액, 융설제(염화칼슘), 해수·소금물
		그 외	체액(담), 새의 분비물, 소변
사용되는 법조건	사용조건	조작조건	스위치, 레버, 다이얼 사용목적, 사용상황별에 따른 조적빈도 ※ 자동차 경우: 쇼핑, 통근, 드라이브 등 정체도로, 고속도로의 　　주행비중
		사용조건	자기발연(엔진 룸 안의 온도, 브레이크 열) 진동, 회전수(회전물의 회전속도, 수송기기의 차속) 바람, 돌(chipping), 융설염, 분진
		수송시 조건	반송 시(진동, 충격), 반입 전 점검 시에 생기는 조건
	관리기간		정기점검, 차점검, 자주진단

불량, 고장에 대한 신뢰성 평가시험 사례

①	프린트 기판	$-40\,℃\sim+100\,℃$, 200h $-50\,℃\sim+110\,℃$, 1000h
②	IC	$-40\,℃\sim+120\,℃$, 1000h $-50\,℃\sim+150\,℃$, 1000h
③	motor	$-20\,℃\sim+80\,℃$, 1000h $-40\,℃\sim+100\,℃$, 1000h
④	표시관계	$-20\,℃\sim+80\,℃$, 1000h $-50\,℃\sim+110\,℃$, 500h

stress, 고장 mode, 고장 mechanism의 사례

동작 스트레스	환경 스트레스	고장모드	고장메커니즘
기계적 하중 torque 전류부하 전압, 유기전하 복사에너지	온도: 고온, 저온 습도 일사량 가스, 오존 돌, 모래가루, 먼지 충격 진동, 공진	파단, 절손, 균열 변형 어긋남, 느슨함 부착 잡음, 이음 소손 표면 거칠음	피로, 마모 Creep 확산, 흡착 전기분해 화학적 오염 부식 과부하

표면분석 기기류

명 칭	약 어	입 력	검 출	용도와 특징
주사전자현미경 Scanning Electron Microscopy	SEM	전 자	2차 전자 반사전자	표면 요철현상 관찰 초점심도가 커서 고배율의 입체상을 얻을 수 있다.
투과전자현미경 Transmission Electron Microscopy	TEM	전 자	전 자	결정구조, 결합 해석 시료작성에 숙련을 요한다.
에너지 분석 x-ray 분광법 Energy Dispersive X-ray Spectroscopy	EDM	X-ray	전 자	원소분석(11Na~92U) 단시간으로 분석 가능
파장분산 x-ray 분광법 Wavelength Dispersive X-ray Spectroscopy	WDX	X-ray	X-ray	원소분석(4Be~92U) 분석에 시간이 걸림
Auger 전자분광법 Auger Electron Spectroscopy	AES	전 자	Auger 전 자	표면층 원소분석 깊이방향의 원소분석 경원소가 고밀도임
2차 이온 질량분석법 Secondary Ion Mass Spectroscopy	SIMS	Ion	2차 전자	표면층 원소분석 표면흡착, 오염물 분석 고밀도 분석 가능
화학분석질량분석법 Electron Spectroscopy for Chemical Analysis	ESCA	특 성 x-ray	광전자	원자의 결합상태 원자조성, 불순물 검출 유기화합물 측정 가능

가. ASTM시험방법

플라스틱으로 어떤 제품을 제조하는 공정은 온도와 압력을 급격히 변화시킴으로써 유체와 고체 조건 사이에 급격한 전이를 일으켜 최대속도를 반복하는 작업이다. 최종제품의 품질은 온도와 압력의 불균일, 생산주기의 편차 등에 따라 민감한 차이를 보인다. 따라서 로트(Lot)마다 혹은 로트 내에서 최종제품의 성능의 균일성은 사용된 플라스틱의 균일성과 제품을 제조하는 작업의 균일성 등에 따라 달라진다.

플라스틱의 성능을 시험하는 하나의 표준시험방법인 ASTM은 플라스틱이 출현한 이래 플라스틱 공업에 종사하는 전문가들이 수많은 시험을 통하여 정한 시험방법으로서 위에서 언급한 균일성을 가장 재현성 있게 시험할 수 있는 방법으로 알려져 있다. 즉, 다른 플라스틱 시험방법에서와 같이 ASTM시험방법을 통하여 다음과 같은 정보를 얻을 수 있다.

① 원하는 작업에 적당한 플라스틱의 종류와 특정 그레이드(Grade)를 선택할 수 있다.
② 작업을 시작할 때 생산에 요구되는 적합한 작업조건을 얻을 수 있다.
③ 제품설계의 적합성을 알아볼 수 있다.
④ 원료와 제조된 제품의 균일성을 검사할 수 있다.
⑤ 기계나 작업조건의 연속적인 변화에 따른 영향을 검사할 수 있다.

나. Vicat 연화점 시험(ASTM D1525)

① 시 편
시험시편은 넓이가 최소한 1 / 2인치, 두께가 1 / 8인치가 되어야 한다.

필요한 두께를 얻기 위해서 2개의 시편을 포개 놓일 수도 있다. 양 경우에 사용되는 시편은 사출성형과 압출성형으로 제조한 것을 사용한다.

② 시험방법
Vicat 연화점을 시험하는 장치는 아래 그림에 보여주는 것과 같이 온도가 조절되는 기름통(Oil doth)에 끝이 평평한 바늘이 박혀 있어 침투도가 게이지에 기록되도록 되어 있다.

바늘에 부하를 주어 시편 위에 놓고 50℃ / Hr의 속도로 기름통 내부에 있는 기름의 온도를 올리면 바늘이 시편에 침투하게 되는데, Vicat 연화점은 바늘이 시편표면의 기준 면에서부터 1㎜ 침투했을 때의 온도를 말한다.

③ 중요성

Vicat 연화온도는 여러 가지 열가소성 수지의 가열 연화성을 비교하는 좋은 척도가 될 수 있다.

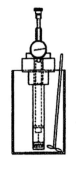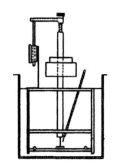

다. 가열변형온도(ASTM D648)

① 시 편

시험시편은 5 × 1 / 2인치 × 1 / 8∼1 / 2인치이다. 또한 이 시편은 ASTM D618에 따라 예비 조절한다.

② 시험방법

시편을 4인치 떨어진 지지대 위에 올려놓고, 중심에 66 혹은 241psi의 부하를 가한다. 시편이 위치하고 있는 주위의 온도를 분당 2±0.2℃의 속도로 올려 시편이 0.010인치 변형되는 온도를 66(폭은 264)psi에서의 변형온도라 정의한다.

③ 중요성

정해진 부하에서 임의의 양만큼의 변형이 발생하는 온도를 측정하는 이 시험은 어떤 수지가 특정한 용도로 사용될 수 있는 최고한계 온도를 보여주는 척도이다. 이 시험은 또한 여러 가지 수지의 열적 성질을 상대적으로 비교하는 용도로 사용할 수 있지만 어떤 수지를 개발할 때 더욱 유용하게 사용할 수 있다.

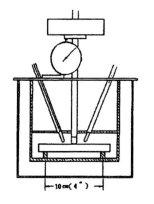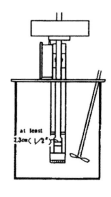

라. 내전압 시험(ASTM D149)

① 시 편

시편은 얇은 시트나 판상이며, 두께에 따라 내전압 값이 달라지기 때문에 내전압 값을 표시할 때에는 항상 두께를 표시해야 한다. 또한 온도와 습도도 시험결과에 큰 영향을 미치기 때문에 시험하려는 재료에 대해 정해진 방법으로 조절을 해야 하며, 시험은 조절 직후에 실행하여야 한다.

② 시험방법

시험시편을 전류가 통하는 무거운 실린더형 황동전극 사이에 놓는다. 이 시험을 행하는 방법으로는 2가지가 있다.

- ㉠ 단기간시험: 전압을 일정한 속도(0.5~10kV/Sec)로 0에서부터 파괴점까지 올린다.
- ㉡ 단계시험: 단기간시험에서 나타난 파괴점에서의 전압의 50%를 초기전압으로 가한다. 여기에서부터 일정한 속도로 전압을 올리면서 파괴점에서의 전압을 기록한다.

이 시험에서 파괴라 함은 시편을 통해 갑작스런 과전류가 흐르는 상태를 뜻한다.

③ 중요성

이 시험은 절연체로서 어떤 재료의 전기적 강도를 나타내는 척도이며, 절연재료의 내전압은 연속적인 아크(arc)(기계적 성질의 인장강도에 해당)로서 파괴가 일어나는 전압속도(Voltage-gradient)이다. 재료의 내전압은 습도, 형상과 같은 여러 가지 조건에 따라 크게 달라지기 때문에 시편의 크기 등과 같은 모든 조건이 같지 않을 때 실행된 시험의 결과는 실제적인 상태에 직접 작용할 수 없다. 따라서 내전압시험의 결과는 절대적인 비교보다는 상대적인 비교값으로 사용해야 한다.

마. 유전율과 손실률(Dissipation factor) 시험(ASTM D160)

① 시 편

시험시편의 크기는 시험하기에 편리한 어떤 크기의 것도 좋으나 두께는 일정하여야 한다. 시험은 일반적으로 표준온도와 습도에서 행하나 원하는 조건에서 행할 수도 있다. 어떤 경우라 해도 시험시편은 예비조절을 해야 한다.

② 시험방법

전극을 시편의 반대 면에 장치한다. 이어서 정전용량과 유전손실을 전기브리지회로에서 비교법이나 대치(substitution)법으로 측정한다. 이와 같은 측정 방법을 통해 얻은 실험치와 시편의 크기로부터 유전율과 손실률을 계산한다.

③ 중요성

㉮ 손실률

손실률은 반응성파워(상에서 90°의 파워)에 대한 실제파워(상파워)의 비율이나 다른 방법으로도 정의된다.

㉯ 유전율

유전율은 특수한 유전체로 만들어진 콘덴서의 용량과 공기가 유전체인 같은 콘덴서의 용량의 비율이다. 하나의 전기적 구조체 성분을 다른 것으로부터 지지하거나 절연하는 용도로 사용

바. 용융지수 시험(ASTM D1238)

① 시 편

실린더보어(bore)로 도입될 수 있는 어떤 형태(분말, 그레뮬, 필름, 펠렛 등)도 가하나, 시험 전에 각 재료에 대해 명시된 방법으로 시편을 예비 조절한다.

② 시험방법

아래에 보여준 시험장치를 각 재료에 대해 정해진 온도로 가열한다(PS에 대해서는 200℃). 다음에 재료를 실린더에 넣고, 부하를 가할 피스톤을 제 위치에 놓고 5분 후에 오리피스로부터의 토출량을 잘라내고 다시 1분 후에 잘라낸다. 이 시험에서 이와 같은 절단은 재료에 따라 1, 2, 3 혹은 6분에 취한다. 용융지수는 이와 같은 과정으로 g / 10min으로 계산한다.

③ 중요성

용융지수는 주로 원료제조자가 원료의 균일성을 조절하는 방법으로 유용하게 쓸 수 있다. 물론 이 시험에서 얻어진 자료를 서로 다른 원료의 상대적인 성형특성으로 직접 적용할 수는 없지만 용융지수 같은 여러 가지 수지와 같은 수지의 여러 가지 그레이드의 유동성의 척도가 될 수 있다.

이 시험에서 측정된 성질은 기본적으로 용융수지점도 혹은 변형(rate of shear)을 나타내며, 일반적으로 흐름성이 나쁜 원료일수록 분자량이 높다.

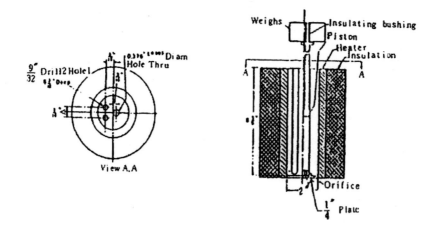

사. 흡수율 시험(ASTM D570)

① 시 편

시편은 직경이 2인치, 두께가 1 / 8인치이며, 이 시편은 성형에 의해 만들며, 압출에 의해 만든 시트를 3인치 × 1인치 × 임의의 두께로 자른 막대를 사용할 수도 있다.

시편은 50℃의 오븐에서 24시간 건조하고 데시케이터에서 냉각한 후 즉시 무게를 측정한다.

아. 난연성(Flammability)

▲ 규 격

난연시험방법에는 산소지수 측정, 연소속도, 연소시간 및 연기발생 정도를 측정하는 방법이 있다. 각국은 자국의 규격을 가지고 있거나 전 세계적으로 통용되는 UL (Underwriters Laboratories) 방법을 사용하고 있다. UL은 독립적이고 비영리단체로서 안전에 대한 표준을 제정하거나 시험을 하는 기관이다. 여기서는 가장 많이 사용되는 수직시험과 5V 시험 및 산소지수에 대하여 소개하고 기타 각국의 규격에 대해서는 아래의 표에 간략히 기술한다.

	전기 · 전자 부품		건축분야		자동차, 선박, 비행기	
미 국	UL 746 UL 1270 UL 1410 UL 94 UL 94t	플라스틱 재료, 음향기기, TV 플라스틱, 연소 시험, 사무기기	ASTM E8484 ASTM E119 ASTM 2843	연소성 연기발생측정	FMVSS FAR SOLAS(1974) ASTM E162	자동차, 내장재, 항공기, 내장재, 선박, 방화구조, Transit vehicle용
캐나다	CSAC 22.2	Canadian electronic code part II	ULC－CAN4S －101－M82 ULC－S102－ M83	건축재내화시험, 표면연소 시험	SOLAS	선박 방화구조
독 일	VDEO 304 VDEO 470 VDEO 471	Part 1 Part 2 Part 3	DIN 4102 DIN 18230 DIN 18231	비닐재료내화성 공장건물내화성 건축구조내화성	DIN 53438 p3 SCH SV part DIN 5510 FAR part 23	Lufthansa 항공 기용 내장재 선박용 재료 차량 내화성 항공기용 재료
영 국	BS－738 IEC 707	연소시험 및 인화온도	BS 876 part 4 part 7 part 11 BS 2782	불연재료 시험 표면연소 시험 열 발생 시험 플라스틱 시험	BS 6583 SOLAS	차량 선박용
일 본	UL94, UL746D, UL44, UL62, JIS C3004 IEEE std383, UL1410, UL1270	플라스틱 연소 시험 Molded or fabricated parts 전선, 케이블 TV 음향기기	JIS A1321, JIS A9511	건설성 고시 1231 호	JISD1201 FMVSS 302	자동차, 내장재

플라스틱의 연소과정

과　정	결정인자
가　열	비열, 열전도도
용　융	용융 및 휘발잠열
노화, 분해	열에 불안정한 화합물의 함유율, 분해잠열, 열의 공급속도, 분해거동
기화, 확산	확산속도, 산소농도, 기화열
착　화	분해생성물의 분포 및 양, 발화점, 인화점
연소의 진행	연소열, 연소속도, 불 전달속도

장비와 용융기기용 플라스틱 재질의 난연성 비교표(UL94 및 94A)

	94HB	94V-0	94V-1	94V-2
시 편	색, Melt flow 및 강화재의 범위가 있는 경우는, 각각의 범위를 대표하는 시편을 준비한다. 시험결과가 본질적으로 동일하다면 자연색, 밝은 색 및 어두운 색의 범위를 대표하는 것 및 Melt flow와 강화재 함유량의 한계 및 범위를 대표하는 것도 준비한다. 연소특성이 다른 경우의 평가에는 색, Melt flow 및 강화재 함유량을 시험해서 재료를 한정하고 또는 중간의 색, Melt flow 및 강화재 함유량의 추가시편을 준비한다.			
전처리	C-48/23±2/50±5	A. 5개 C-48/23±2/50±5 B. 5개 E-168/70±1+Des-4/RT		

| 시 험 | 강제순환통풍이 없는 곳에서 행한다. 실험용 hood를 택한다. 시편은 한쪽 끝으로부터 1″(25.4mm)와 4″(101.6mm)의 2개소에서 폭방향으로 표시한다. 시편의 지대, 철망, 버너의 관계는 그림과 같이 한다. 버너는 시편으로부터 떨어져서 점화하고 황색불꽃이 없는 황색불꽃의 높이를 $\frac{4}{3}$″로 조절한다. 시험불꽃을 30초 댄 후 뗀다. 시험불꽃을 30초 대고 있는 동안에 표시선 1″까지 타거나 표시선 1″까지 도달했을 때는 불꽃을 제거한다. 계속 탈 때는 표시선 1″부터 표시선 4″까지 타는 시간을 조정해서 연소속도를 구한다. | 강제순환통풍이 없는 곳에서 행한다. 실험용 hood를 추천한다. 시편과 버너의 관계는 그림과 같이 할 것. 버너는 시편으로부터 떨어져서 점화하고 황색 Tip이 없는 황색 불꽃의 높이를 $\frac{4}{3}$″로 조절한다. 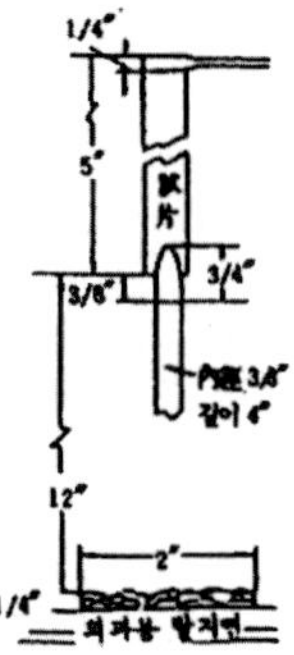 시험불꽃을 시편의 하단의 중앙에 10초간 대고 떼어 6″이상 떨어뜨리고 시편의 Glowing 시간을 기록한다. 시편이 불꽃을 대었을 때 녹아서 떨어지고 또는 불꽃이 있는 채로 떨어져 버너튜브에 들어가는 것을 방지하기 위해서 버너를 45도 기울이거나 또는 시편의 $\frac{1}{2}$″ 면부터 조금 어긋나게 한다. 시험 중에 녹은 것이나 불꽃이 있는 덩어리가 녹아 떨어지거나, 시편이 계속 연소하여 소모될 때에는 버너를 손으로 들고 버너의 선단과 시편의 하단을 3/8″(9.5mm)로 유지한다. 재료의 녹은 면은 무시하고 불꽃을 시편의 중심부분에 닿게 한다. 다음의 사항을 관찰하고 기록한다.
 • 제1회의 시험불꽃을 댄 후의 Glowing시간
 • 제2회의 시험불꽃을 댄 후의 Glowing시간
 • 제2회의 시험불꽃을 댄 후의 Flaming과 Glowing시간
 • 시편이 지대클램프까지 타는지를 확인
 • 시편이 탈지면을 발화시키는 Glowing입자가 떨어지는지를 확인 | | |

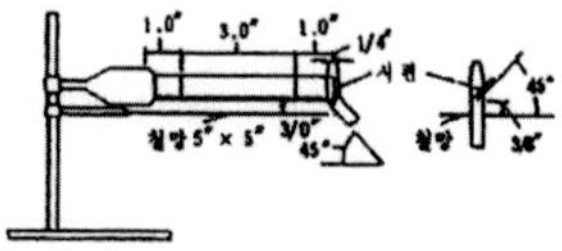

※ 전 처리의 기호는 다음을 의미한다.
- C-48/23±2/50±5: 23±2℃. 50±RH로 48시간처리
- E-168/70±1+Des-4/RT: 70℃에서 168시간처리 후 무수염화칼슘을 넣고 Desiccator(실온)에서 4시간 이상 냉각시킨다.

	94HBF	94HF-1	94HF-2
시편	밀도, 색에 범위가 있을 때는 범위의 한계를 대표하는 것을 준비한다. 연소특성이 기본적으로 같다면 범위의 대표로 생각되는 것을 준비한다. 재료의 외측이 고밀도라면, 시편은 편측의 외측부분이 고밀도의 것과 양측의 외측이 고밀도의 것을 준비한다. 외측의 밀도에 범위가 있다면 범위를 대표하는 것을 준비한다. 재료의 표면에 접착제가 발라져 있는 시편은 편측에 접착제가 있는 것을 준비한다.		
전처리	A. 5개 C-48 / 23±2 / 50±5 B. 5개 E-168 / 70±1 +Des-4 / RT		
시험	강제순환통풍이 없는 곳에서 행하고 시편의 지대, 철망 및 버너의 관계는 그림과 같이 한다. 그 외측이 하측을 향해서 시험한다. 편측에서 접착제가 있는 시편은 접착제를 위로 향하게 한다. 새 철망은 시험 전에 부착물을 태워버리고 차게 해서 둔다. 버너는 떨어져서 점화하며, 황색 Tip이 없는 황색 불꽃의 높이를 $1\frac{1}{2}$″로 조절한다. Wing Tip의 중심이 시편의 길이 축과 같은 모양으로 겹쳐지도록 한다. 불꽃은 60초 대고 뗀다. 불꽃을 뗀 후, 계속 탈 때는 표시선 1″부터 5″로 불꽃이 이동하는 시간을 재서 연소속도를 계산한다. 표시선 5″에 도달하기 전에 꺼지는 경우는 시험불꽃을 제거한 후의 연소시간과 단부터의 연소거리를 기록한다. 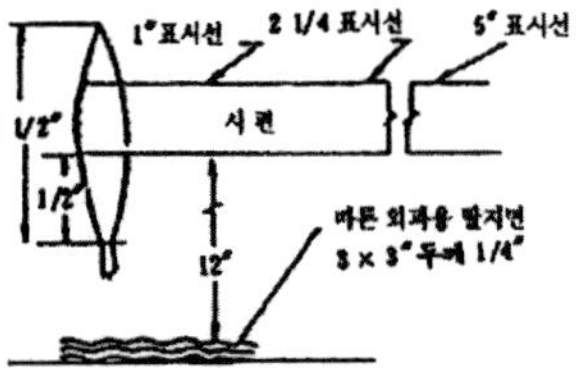 		
	시험불꽃을 제거한 후에도 계속 타는 시편은 다음을 관찰하여 연소속도를 구한다. • 시험불꽃을 제거한 후의 연소시간 • 시편의 연소거리	불꽃의 전단이 표시선 5″에 도달하기 전에 꺼지는 시편에는 다음 사항을 기록한다. • 시험불꽃을 제거한 후의 Flaming과 Glowing의 시간 • 시편의 연소, 용해, 탄화 등 영향받은 거리 • 시편의 아래쪽 12″에 놓인 마른 외과용 탈지면이 Glowing 입자로 발화하였는지 여부	

• 원문에는 위 표에 기재된 것 외에 Radiant Panel을 사용하는 재해전담속도 시험과 발화온도시험 및 표시항이 있지만 여기에는 삭제하였다.

	94V－5V	
시 편	색, Melt flow 및 강화재의 범위가 있는 경우는, 각각의 범위를 대표하는 시편 및 시험관을 준비한다. 시험결과가 기본적으로 같다면 자연색, 밝은 색 또는 어두운 색의 범위를 대표하는 것 및 Melt flow와 강화재 함유량의 한계 및 그의 범위를 대표하는 것도 준비한다. 연소특성이 다른 경우의 평가에는 색, Melt flow 강화재 함유량을 시험해서 재료를 선정하고 또는 중간의 색, Melt flow, 강화재 함유량의 추가시편 및 시험판을 준비한다.	
전처리	A. 각조, C－48 / 23±2 / 50±5 B. 각조, E－60일 / 121±1 ＋Des－4 / RT 이 밖의 온도처리는 응용태도에 따라 택한다.	
시 험	\<A법\> 시편에 따른다. 강제통풍이 없는 곳에서 행한다. 실험용 hood를 추천한다. 시편과 버너의 관계는 그림과 같이 한다. 버너는 시험편으로부터 떨어져서 점화하고 불꽃의 높이 5″(127㎜) 청색 불꽃의 높이 11 / 2″(38㎜)로 조절한다. 불꽃을 시편의 하단의 한쪽 각에 5초간 대고 나서 5초 떼는 것을 5회 반복한다. 5회째에 시험불꽃을 제거한 후 다음을 기록한다. A. Flaming과 Glowing의 시간 B. 시편의 연소한 거리 C. 시험 중에 시편으로부터 물질이 떨어지는지의 여부 D. 변형과 물리적 강도의 관찰은 연소 직후, 차갑게 해서 행한다. 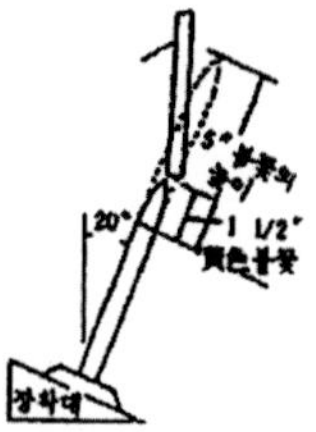 	\<B법\> 시험편에 따른다. 통풍이 없는 곳에서 행한다. 실험용 hood를 추천한다. 버너는 시편으로부터 떨어져서 점화하고 수직을 유지해서 불꽃의 전장 5″(127㎜) 황색 불꽃의 높이 11 / 2″(38㎜)로 조절한다. 버너를 수직에 대해서 20°의 각도로 하고 황색 불꽃의 선단을 시험판에 다음과 같이 댄다. A. 시험편은 수직으로 해서 하단의 각에 B. 시험편은 수직으로 해서 하단의 테두리에 C. 시험편은 수직으로 해서 한쪽 면의 중앙에 D. 시험편은 수평으로 해서 시험판의 하면의 중앙에 E. 시험편은 수평으로 해서 시험판 표면에 불꽃이 밑을 향하게 한다. 불꽃을 5초간 대고 나서 5초간 떨어져 이것을 5회 반복한다. 5회째에 시험불꽃을 제거한 후 다음의 관찰을 기록한다. A. Flaming과 Glowing 시간 B. 시험편이 타거나 영향을 받은 거리 C. 시험 중에 시험판으로부터 물질이 떨어지는지의 여부 D. 변형과 물리적 강도의 관찰은 연소 직후 차갑게 한다.

	94HB	94V-0	94V-1	94V-2
요구사항	•시편의 두께 0.12~0.5"(3.05~12.7mm)(공칭 1/8")일 때 3"(76mm) 구간의 연소속도는 1.5"(38mm)/분 이하, 또는 •시편의 두께 0.12"(3.05mm) 미만일 때 3"(76mm) 시험판에의 연소속도는 2.5"(63.5mm)/분 이하, 또는 •94V-01, 94V-1, 94V-2의 각 요구에 적합하지 않은 것은 4"(101.6mm) 표시선에 불꽃이 도달하기 전에 꺼지는 것.	•모든 시편은 불꽃을 댄 후 Flaming은 10초 이하 •5개 1조의 시편에 10회 댄 후 Flaming은 합계 50초 이내 5초 •클램프까지 Flaming 또는 glowing이 없어야 한다. •12"(305mm) 아래의 외과용 탈지면을 발화시키는 Flaming 입자를 떨어뜨리지 않을 것. •2번째의 불꽃을 제거하고 Glowing은 30초 이내	•모든 시편은 불꽃을 제거한 후 Flaming 30초 이내 25초 •5개 1조의 시편에 10회 댄 후 Flaming의 합계 250초 이내 •클램프까지 Flaming 또는 Glowing이 없어야 한다. •12"(305mm) 아래의 외과용 탈지면을 발화시키는 Flaming 입자를 떨어뜨리지 않을 것. •2번째의 불꽃을 제거하고 Glowing은 60초 이내	•30초 이내(94V-1과 같음) •250초 이내(94V-1과 같음) •클램프까지 Flaming 또는 Glowing이 없어야 한다. •Flaming 또는 Glowing 입자를 떨어뜨리고 탈지면을 발화한다. •HB의 수평시험에서 4"(101.6mm) 표시선까지 태우지 않는다. •2번째의 시험불꽃을 제거하여 Glowing은 60초 이내
	3개 1조의 시편 중에서 1개가 적합지 않을 때는 별도의 3개 1조가 모두 적합해야 한다.	5개 1조의 시편 중에 1개가 이 요구에 적합하지 않는 경우는, 별도의 5개 1조를 시험한다. 이 별도 5개에 대한 Flaming 시간의 합계는 94V-0는 51~55초, 94V-1은 251~255초, 94V-2는 251~255초. 이 제2조의 시편은 모든 요구에 부합되어야 한다.		
기 구	① 통풍이 안 되는 시험조, Enclosure 및 시험용 hood ② 4"(102mm) 길이의 튜브, 내경 3/8"(9.5mm)인 Bunsen 또는 Tirrill 버너로서 안전장치와 같은 부속품을 사용치 않은 것 ③ 클램프가 있는 링스탠드 ④ 공업용 등급의 메탄가스(1,000Btu/ft(37MJ/㎥)로도 같은 결과가 얻어짐)와 조정기 및 유량계			
	•철망, 2Mesh, 5"×5" •Stop Watch 또는 적당한 시간측정장치 •전처리실 또는 시험조 -23±2℃, 50±5%RH로 유지할 수 있는 것. •시편은 최대 두께가 0.5"이다.	•Stop Watch 또는 그의 Timer •건조한 외과용 탈지면, 크기 2"×2", 프리스탠드의 두께 $\frac{1}{4}$" •무수염화칼슘(Anhydrous Calcium Chlorid)이 들어 있는 건조기 •전처리실 또는 시험조-23+2℃, 50±5% RH를 유지할 수 있는 것. •처리용 오븐-공기통풍, 환식, 70℃±1℃로 유지할 수 있는 것.		
시 험	•시편의 길이는 5", 폭 0.5"로서 최소두께가 0.125±0.005 이내, 3개 •단 최소두께가 0.125" 이상일 때 또는 최대두께가 0.125" 이하일 때는 0.125" 두께의 시편은 제출할 필요 없다.	길이 5"(127mm), 폭 0.5"(12.7mm)이고 두께: (1) 최소와 최대의 것 및 그 중간두께의 것. (2) 최대두께는 0.5"(12.7mm)로 한다. (3) 최소와 최대두께의 중간두께에 대한 증가분은 0.125"(3.18mm)을 넘지 않는다.		
	•최대 폭: 0.52"(13.2mm) •가장자리는 매끈하게 하고 모서리의 반경은 0.05"(1.27mm)을 넘지 않는 것.			

	94HBF	94HF-1	94HF-2	94-5V
요구사항	• 모든 시편은 4.0″(101.6㎜)시험관(span)에의 연소속도는 1.5″(38.1㎜/시 이하) • 5″표시선에 불꽃이 도달하기 전에 꺼지는 것. 단, 94HF-1 또는 94HF-2에 대하여 각각의 요구에 부합되지 않는 경우도 있다.	A. 5개의 시편의 각 조 중 4개의 시편의 어느 부분도 시험불꽃을 내서 2초 이상 계속 타지 않는 것. B. 어느 시편의 어느 부분도 시편불꽃을 제거하고부터 불꽃을 내서 10초를 넘어 타지 않는 것. C. 어느 시편은 시험불꽃에 대인 단말부터 2.25″(57.2㎜)까지는 영향받지 않는 것. D. 어느 시편도 시편으로부터 12″(305㎜) 밑에 놓은 마른 외과용 탈지면을 발화시키는 불꽃이 있는 녹아 떨어지는 덩어리가 없을 것. E. 어느 시편도 불꽃을 제거한 후의 Growing은 ① 30초 이하 ② 2.25″(57.2㎜)의 표시선을 넘지 않는 것.	A. 좌의 A항과 동일 B. 좌의 B항과 동일 C. 좌의 C항과 동일 D. 어느 시편도 시험편로로부터 12″(305㎜) 밑에 놓인 마른 외과용 탈지면을 발화시켜 간신히 태우는 불꽃이 있는 녹아 떨어지는 덩어리가 있는 것 E. 좌의 94HF-1의 E항과 동일	• 모든 시편은 시험불꽃을 5회 댄 후의 Flaming 또는 Glowing이 60초를 넘지 않을 것. • 모든 시편이 녹아 떨어지는 덩어리가 없을 것. • 상기 2개 항의 시험 중 1개의 시편이라도 수축, 늘어남 및 용해가 있을 경우 두께가 6″×6″의 시험판에 추가시험을 한다. 시험판의 시험도 상기 2개 항에 부합하여야 한다. a-시험불꽃에 대인 부분에서의 현저한 손상은 마무리에 따라 다르다.
(요구사항 계속)	5개 1조의 시편 중 1개가 이 요구에 부합하지 않는 경우는 별도의 5개 1조를 시험한다. 2조의 시편 모두가 두께와 밀도에 따라 각각 94HF-1, 94HF-2의 요구에 부합하여야 한다.			5개 1조의 시편 중, 1개가 이 요구에 부합하지 않는 경우는 별도의 5개 1조를 시험하고 모든 시편이 본 요구에 부합하여야 한다.
기구	• 통풍이 없는 시험조, Enclosure, 시험용 hood • 튜브의 길이 4″(101.6㎜), 내경 3/8(9.5㎜)로서 Wing Tip(Slit의 치수 17/8″×0.05″)(47.6×1.27㎜)을 준비한 Bunsen 또는 Tirrill버너 • 링스탠드 2개 • 공업용 등급의 메탄가스-94HB와 동일 • 철망-40Mesh(4개그물눈/25.4㎜, 지름 1/32″(0.8㎜)의 강선). 크기 81/2″×(216×76㎜)의 한끝을 $\frac{1}{2}$″(12.7㎜)의 직각으로 구부린 것. • Stop Watch 또는 그 밖의 Timer • 마른 외과용 탈지면 • 무수염화칼슘이 들어 있는 건조기 • 전처리실 또는 시험조-23°+2℃, 50±5%RH로 유지할 수 있는 것. • 처리오븐-통풍, 환식, 70°±1℃로 유지할 수 있는 것.			• 통풍이 없는 시험조, Enclosure, 실험용 Hood • 버너, 94HB의 ②항과 동일 • 링스탠드, 가스, 94HB의 ③, ④항과 동일 • 장착대: 버너를 20도의 각도로 장착할 수 있는 대 • Stop Watch • 무수염화칼슘이 들어 있는 건조기 • 전처리실 또는 시험조: 23°±2℃, 50±5%로 유지할 수 있는 것. • 처리오븐: 통풍, 환식, 121°±1℃로 유지할 수 있는 것.
시험	길이 6″(152㎜), 폭 2″(50.8㎜)로 하고 두께: (1) 최소와 최대의 것, 및 그 중간 두께의 것. (2) 최대의 두께는 0.5″(12.7㎜)로 함. (3) 최소와 최대 두께의 중간두께는 0.25″(6.4㎜)를 넘지 않는다.			시편: 길이 5″(127㎜), 폭 0.5″(12.7㎜), 시험판 6″(152㎜)로 하고 두께: (1)최소와 최대의 것 및 그 중간의 두께의 것. (2) 최대의 두께는 0.5″(12.7㎜)로 함 (3) 최소와 최대의 두께중간의 증가분은 0.125″(3.18㎜)을 넘지 않는다.

시 험	A. 최대폭은 2.05 ″ (52.6㎜) B. 가장자리는 매끈매끈하게 하며, 각의 R은 0.05 ″(1.27㎜)를 넘지 않음. C. 시험편의 표면의 절분은 제거한다.	A. 시편의 최대 폭은 0.52 ″ (13.2㎜) B. 가장자리는 매끈매끈하게 하며 각의 R은 0.05 ″ (1.27㎜)를 넘지 않음.

(2) 구성 내용

안전성기준은 규제해야 할 기기에 공통인 사항과 기기 고유의 사항으로 구성되며 전자기기에 관한 공통사항은 주로 다음과 같은 내용으로 되어 있다.

① **공급전원전압**: 전원전압의 값 및 그 변동범위는 국가에 따라, 배전지역에 따라 차이가 있기 때문에 적당한 시험전압을 선정하여 안정을 보증하고, 전원회로가 그와 같은 전압에 대해 영원히 재해발생원이 되지 않도록 한다.

② **기체(機體) 내 전압, 전류, 소비전력**: 기체 내의 전압, 전류 및 소비전력은 극히 저하시킬 것이 바람직하지만, 전압이 높아지면 감전의 위험뿐 아니라 방전, 누설 등에 의한 2차재해 및 X선 등의 발생원이 된다. 전류가 커지면 온도상승에 의한 영향이 발생하고, 소비전력이 커지면 마찬가지 현상이 생기므로 이들 위험성을 평가하는 기준이 포함된다.

③ **구성부품과 재료**

㉮ 기기를 구성하는 각종 부품 및 재료는 안전성을 크게 좌우하는 요소이다. 특히 전자기기는 트랜지스터화, IC화 등에 의해 소형경량화되어 대출력 트랜지스터의 채택이 권장되어 있으므로 실장(室裝) 면의 단위당 소비전력 및 부품밀도가 증대되어 발화, 발연에 대하여 금후 한층 엄한 기준이 요구되는 것이라 생각된다.

㉯ 자기 발열성 부품과 비발연성 부품과는 사고에 연관되는 위험성에 차이가 있으므로, 부품의 발열에 관계하는 소비전력 등에 의해 안전·평가법을 구별할 필요가 있다.

㉰ 기기의 캐비네트 및 캐비네트 바깥에 나와 있는 전원회로용 부품 및 조정용 노브 등 사람이 접촉할 우려가 있는 장소에 사용되는 부품과 재료는 감전 혹은 발화에 대해 가장 안전성이 요구된다. 게다가 이들을 기체(機體)에 고정하는 방법이 엄하게 규제된다.

④ **환경조건**: 온도, 습도, 진동, 충격, 티끌, 먼지 등은 안전성에 직접 혹은 간접으

로 영향을 미치고, 연소, 절연불량, 열화 등의 원인이 되므로 실제로 일어날 수 있는 상태를 가정하여 기준이 제정된다.

(3) UL 규격 소개

① UL 746 B 규격

㉮ UL 746은 고분자재료의 물성(주로 기계적 특성 및 전기적 특성)에 관한 규격으로서 그중 746 B는 장기간(Longterm)의 물성평가를 위한 것이다.

㉯ 고분자 재료는 다양한 환경에 노출될 때 시간의 경과에 따른 물성의 노화가 일어나는데 그 주원인은 열에 대한 노출이다.

㉰ 이와 관련하여 Temperature Index(정격온도)란, 4만 시간 동안 고유물성의 50%를 유지하는 최고사용온도를 말하는데 이는 열에 의한 노화에 기인하는 50%의 물성 손실로는 전기 충격 화재 또는 인명 위해를 유발하지 않는다는 사실을 전제로 한다.

㉱ 한편 UL 746 A의 경우 TI는 PS가 50℃, ABS가 60℃로 고정되어 있으나 UL 746 B의 경우 UL에서 시험하여 찾아내는 것이 아니고, 더 높은 TI를 인정받고 싶은 신청자(제조자)가 원하는 온도를 제시하면 UL에서 다음과 같은 물성 시험항목에 대하여 종합적으로 Check하여 제시된 온도에서의 물성 손실이 50% 이하라면 그 온도를 최종적인 TI로 승인해주는 것이다.

② Ul 746 A 규격

㉮ TI(Thermal Index): 정격온도라고 하며 4만 시간 동안 물성의 50%를 유지하고 최고 사용온도(℃)로 표시하는데 PS는 50, ABS는 60으로 정해져 있다.

㉯ HWI(Hot Wire Ignition): 열선발화라고 하며, 시편 둘레에 감은 전선에 전기를 통하여 발화하기까지 경과한 시간(Sec)으로 표시한다.

㉰ HAI(High-Current Arc Ignition): 고전류 아크발화라고 하며 시편에 고전류 저전압으로 아킹하여 발화하기까지 측정된 아크횟수(Arc)로 표시한다.

㉱ HVTR(High-Voltage Arc-Tracking Rate): 고전압 아크 트레킹률이라 하며 시편에 고전압저전류로 아킹하여 생산된 도전로(Conductive Path)의 시간당 길이(in / min)로 표시한다.

㉲ D-495(High-Voltage, Low-Current Dry-Arc Resistance): 고전압저전류

건조 아크저항이라고 하며 시편에 고전압저전류로 아킹하여 트레킹이 일어나기까지 경과한 시간(Sec)으로 표시한다.

ⓑ CTI(Comparative Tracking Index): 비교트레킹 지수라고 하며 시편에 전해질(수성오염물)을 30초마다 1방울씩 50방울을 떨어뜨려 트레킹을 일으키는 전압(Volt)으로 표시한다.

③ UL 764 C 규격

방벽(Barrier)용 고분자재료

시험항목	단 위	S* 〉0				S =0		
		94V-0	94V-1	94V-2	94HB	94V-0	94V-1	94V-2
HWI	Sec	10 ↑	15 ↑	30 ↑	30 ↑	10 ↑	15 ↑	30 ↑
HAI	Arc	15 ↑	30 ↑	30 ↑	60 ↑	15 ↑	30 ↑	30 ↑
CTI	Volt	100 ↑	100 ↑	100 ↑	100 ↑	**		−

주(*) 위험부분에서 방벽까지의 거리
주(**) 사용 환경이 청결하면 100↑, 중간이면 175↑, 불결하면 250↑

외곽(Enclosure)용 고분자재료

시험 항목	단위	휴대용 장치	고정용 장치
HWI	Sec	7 ↑	15 ↑
HAI	Arc	30 ↑	30 ↑

탄성률은 가해진 응력(Stress)과 변형도(Strain)가 응력에 역비례하는 영역에서 가해진 응력이 만드는 변형도에 대한 비율이다. 탄성률은 근본적으로 정도(stiffness)의 척도이며, 어떤 부품을 탄성률이 측정되는 선형영역에 일치하도록 설계하려고 할 때 대단히 유용한 인자가 된다. 즉, 고무와 같은 탄성이 필요한 용도에 대해서는 파괴점에서의 신율이 대단히 높으며, 딱딱한 부품의 경우에는 반대로 신율이 대단히 낮다. 그러나 신율을 적당하게 유지함으로써 급속한 충격을 흡수하도록 설계할 수도 있다. 따라서 응력−변형곡선 이하의 면적은 충격강도를 측정하는 척도가 될 수 있다. 대개의 경우, 인장강도가 대단히 높고 신율이 작은 재료는 실제로 사용 시 깨어지기 쉽다.

수지의 성질	응력 변형도 곡선의 특성			
	탄성률	항복응력	인장강도	파괴점의 신율
유연하고 약함	낮음	낮음	낮음	보통
단단하고 깨지기 쉬움	높음	높음	높음	낮음
유연하고 강인함	낮음	낮음	낮음	높음
단단하고 강함	높음	높음	높음	보통
단단하고 강인함	높음	높음	높음	높음

이를 다시 그림으로 설명하면 다음과 같다.

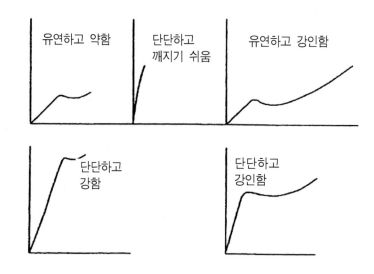

② 시험방법

시험시편을 24시간 이상 73.4°F(23℃)의 물에 담그고 난 후 꺼내어 시편을 헝겊으로 닦아 내어 즉시 무게를 단다. 여기에서 얻어진 무게의 차이를 %로 나타낸다.

③ 중요성

대개 수지에 따라 흡습률이 다르며, 수지 내의 수분은 여러 가지 방법으로 수지의 성질에 영향을 미친다. 특히 전기적 성질에 가장 큰 영향을 미치며 흡습률이 대단히 낮은 PE가 전기절연재로 가장 적합한 것은 이 이유 때문이다.

또한 수지 내에 함유되어 있는 수분은 성형 시에 여러 가지 악영향을 미치기 때문에 성형 전에 예비 건조를 하여야 한다.

가. 체적저항률(ASTM D257)

① 시 편
평판, 시트, 튜브 등 실제적인 형태가 시편으로 쓰일 수 있다.

② 시험방법
2개의 전극을 시험시편의 표면에 두거나, 시편 속으로 꽂는다.

③ 중요성
체적저항률은 재료에서 전류와 평행한 전위구배와 전류밀도의 비율이다. 절연물의 체적저항률은 어떤 특수한 용도에 절연물을 설계하는 데 쓸 수 있다.

열변형온도(Heat Deflection Temperature)

[1] 열변형온도(HDT: Heat Deflection Temperature)

열변형온도란 시험하고자 하는 시편을 측정기 홀더에 고정시키고 규정하중을 가하여 실리콘 오일에 침적한 후 이 오일을 일정한 속도로 가열시키는 과정에서 시편의 변형이 발생되어 0.254㎜의 변형이 시작되는 온도이다.

[A] 측정방법
측정방법은 하중에 따라 2가지 방법이 있다.
A 방법: 264psi(18.6kgf / ㎠)
B 방법: 66psi(6.4kgf / ㎠)
시편의 크기에 따라 하중을 계산하여 결정된 하중을 시편에 가한 다음 시편을 오일에 침적하여 3~5분 동안 예열을 하고 오일을 120℃ / 시간의 속도로 가열한다. 오일 온도가 상승됨에 따라 시편이 처지게 되는데 0.254㎜ 처질 때의 온도를 측정한다.

[B] 하중계산

시편의 크기에 따라 최대하중을 선택한다.

$$P = \frac{2 \cdot Sbd^2}{3L}$$

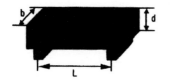

P: 하중(N)

S: 18.6 or 4.6(kgf / ㎠)

b: 폭

d: 두께

L: 지지단면폭(100㎜)

[C] 시험시편의 규격

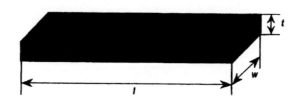

w: 12.7㎜, l: 127㎜, t: 3~13㎜(1 / 8, 1 / 4, 1 / 2 inch)

[D] 전열매체(Heat transfer oil: Silicon oil)

-점도: CST 100

-비중(25℃): 0.960~0.968

-인화점: 300℃ 이상

-오일교환시기: 연 1회

[F] 성형조건에 따른 열변형온도 차이

성형조건에 의존하는 열가소성수지의 중요한 구조적 특징은 분자배향, 잔류응력, 결정구조, 결정화도, 충진제의 배향 및 이방성 등이 있고 이러한 변화는 시험하는 시편의 치수, 변형수축 및 밀도에 영향을 끼치며 응력에 의한 형태의 미세구조에 변화를 가져오게 되므로 물성의 변화를 초래할 수 있다.

선팽창계수

[1] 선팽창계수

선팽창계수(CLTE)는 재료의 온도에 따른 길이 변화를 나타내는 것으로, 단위온도 변화에 따른 길이 변화율로 환산하여 나타낸다. 재료의 온도 변화가 있는 조건에서 사용될 때 선팽창 현상은 온도에 따른 치수 변화와 관계되므로 중요한 고려 대상이 된다. 특히, 유사하지 않은 재질을 서로 조립할 때는 두 재질 간 선팽창계수의 고려 가 필요하다.

재료가 가열되거나 냉각되면 재료의 화학적 성질에 의하여 결정되는 범위까지 팽 창되거나 수축이 일어나게 된다. 사출 성형품은 온도 증가에 비례하여 길이가 변하 고 팽창한다.

[2] 결정성 수지와 비결정성 수지의 선팽창계수

비결정성 수지는 일반적으로 광범위한 온도범위에 대하여 일정한 팽창률을 나타 낸다. 반면 결정성 수지는 유리전이온도에서 결정성 구조에 변화가 일어나 선팽창 계수가 급격히 변하고 일반적으로 유리전이온도 이상에서는 팽창계수가 증가한다.
충진제로서 유리섬유를 사용 시 흐름방향으로 정렬이 되므로 수지가 가열되면 유 리섬유가 그 축을 따라서 팽창을 제한하여 수지의 선팽창계수를 감소시킨다. 보강 된 수지들은 흐름방향으로의 팽창이 제한되고 흐름반대방향과 두께방향으로 팽창이 일어나기 때문에 흐름반대방향과 두께방향의 선팽창계수가 증가된다.

[3] 타 수지와의 조립 시 유의사항

만약 부품이 온도조건이 변하는 곳에서 사용된다면 설계단계에서 부품의 팽창이 나 수축 가능성을 고려하여야 하며, 유사하지 않은 수지를 같이 조립할 때는 특히 주의하여야 하고 다음 사항들이 추천된다.

(1) 부품에 전체적으로 큰 레디우스와 적은 곡선들을 사용한다.

(2) 가능한 유사한 선팽창계수를 갖는 재료를 사용한다.

(3) 선팽창계수가 다른 부품을 조립할 때 볼트나 리베트 또는 스크류 같은 기계적 조립 방법을 사용한다.

λ 구멍크기를 약 40% 이상 크게 한다.

λ 팽창이나 수축방향으로 구멍에 슬롯을 낸다.

λ 높은 압축응력을 피하기 위해 큰 와샤를 사용한다.

λ 높은 압축응력을 피하기 위해 안전한 회전력을 사용하여 체결한다.

(4) 낮은 온도에서는 연성을 유지하고 응력에 의한 크랙을 일으키지 않는 접착제나 봉합제를 사용한다.

(5) 선정된 수지의 화학약품에 대한 적합성 여부를 확인하여야 한다.

용융온도(Tm)와 유리전이온도(Tg)

[1] 용융온도(Tm: Melting Point)

용융온도는 고체 상태에서 유동성 액체 상태로 변화하는 온도로서, 결정부분의 유동이 시작되는 온도를 말한다. 열가소성 수지는 온도상승에 따라 유연해지며 일정 온도 이상으로 온도를 올리면 유동이 시작되며 점도가 낮아진다. 이는 상승된 온도로 인하여 수지 내의 분자들의 운동에너지가 증가하여 고분자 사슬 간의 간격이 멀어짐으로 인하여 부피의 변화와 더불어 흐르게 된다.

[2] 유리전이온도(Tg: Glass Transition Temperature)

결정성 수지와는 달리 결정영역이 희박한 수지는 용융온도 대신에 유리전이온도가 존재한다. 유리전이온도의 정의는 용융온도와 동일하며 유리전이온도 이하에서는 유리같이 딱딱하고 깨지기 쉬운 거동(Brittle mode)을 보이는 반면 유리전이온도 이상에서는 고무처럼 질긴 거동(Ductile mode)을 보인다.

일반적으로 모든 고분자는 부분결정을 가지므로(Semi-crystalline polymer) 원칙적으로는 용융온도와 유리전이온도를 동시에 가지고 있다. 그러나 세기가 너무 미약하여 결정성고분자에서는 유리전이온도가 비결정성고분자는 용융온도의 영향이 없는 것처럼 보인다.

Vicat 연화점(Vicat Softening Temperature)

[1] VICAT 연화점(VST: Vicat Softening Temperature)

열가소성 플라스틱에 사용되는 시험법으로 규정시험 조건하에서 침상압자가 1㎜ 깊이로 플라스틱 표면으로 침투 시 지시되는 온도를 의미한다.

[A] 측정방법

침상압자(Needle)가 시편에 직접 접촉되어 있는 상태에서 승온속도는 다음과 같은 2가지 방법이 있다.

- A 방법: 50±5℃ / hour(12분 간격으로: 10±1℃ 승온)
- B 방법: 120±12℃ / hour(5분 간격으로: 10±1℃ 승온)

[B] 하 중

시험법에 따라 1,000g 및 5,000g의 하중이 있다.

[C] 압자(Needle)

원투형 바늘로서 단면적은 1±0.02㎟이고 강철 wire 내경은 1.143±0.025㎜이며 길이는 5~12.5㎜이다.

제2장 신뢰성에 대한 고장분석방법과 신뢰성 관리체계

1. 고분자재료의 고장분석 기법

1) 고분자 재료

(1) 고분자의 정의

- 분자량이 매우 큰 화합물(분자량 10,000이상, 보통 수천 개의 원자를 가짐)
- 플라스틱(plastics), 섬유(fiber), 고무(rubber)와 같이 공유결합(covalent bond)으로 연결된 긴 사슬의 분자.
- 공업재료, 생체고분자, 의식주 관련 고분자 등 우리 생활에 밀접한 관계

고분자재료는 저분자의 유기 및 무기 화합물보다 분자량이 매우 크기 때문에 저분자에서는 볼 수 없는 여러 가지 특성을 나타냄
① 저분자는 물질의 삼태(三態)가 존재하나 고분자에서는 그렇지 않다.
② 고분자는 용해할 때는 팽윤(swelling) 과정을 거쳐 용해한다.
③ 고분자는 분자량이 다른 여러 분자들의 혼합물이다.－평균분자량
④ 고분자는 분자량과 구조에 따라 기계적 성질이 달라진다.

무정형 열가소성 고분자:
PS, ABS

결정형 열가소성 고분자:
PE, PP, PET

열경화성 수지: Epoxy,
Phenol수지

(2) 산출방법에 따른 분류

① 천연고분자: 단백질, 핵산(DNA RNA), cellulose, silk, 천연고무 등

② 합성고분자: 합성수지(PE, PP, PS, PET, Nylon 등), 합성고무.

(3) 기계적 성질에 따른 분류

① 섬유(fiber): 셀룰로오스, 나일론, 폴리에스테르, 폴리 아크릴로 니트릴

② 고무(rubber, elastomer): 천연고무, SBR 고무, NBR고무

③ 플라스틱(plastics, resin): PE, PP, PC

(4) 열적 성질에 따른 분류

① **열가소성**(thermoplastic)고분자: PE, PP, PS, PET, Nylon 등

   ㉮ 열을 가하면 부드러워지고(가소성), 유동성이 생기는 성질.

   ㉯ 열을 가해 성형할 수 있음(압출성형이 가능).

② **열경화성**(thermosetting)고분자: phenol수지, epoxy수지, polyurethane 등

   ㉮ 열을 가해도 부드러워지는 성질이 없고 오히려 단단해지거나 열 분해됨(3차
원 구조를 한 불용불융의 성형물이 만들어짐)

   ㉯ 열에 의한 재성형이 불가능(다시 원상태로 돌아올 수 없음)

2) 고분자 재료의 고장(Failure of plastics)

① 고장(Failure)의 정의(IEC60050 – 191)
아이템이 요구기능을 수행하지 못하게
되는 시간(event)

② 고분자 재료는 초기 물성은 좋지
만, 장시간 사용에 의한 물성의 저하가
심하므로 보관, 사용 중의 재료의 열화
를 항상 의식하고 있어야 한다.

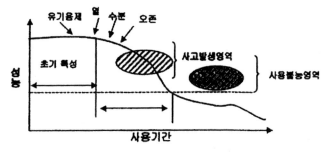

고분자 재료의 열화거동에 의한
사고발생영역 사용기간과의 관계

③ 고장의 원인

· 재료적 측면, 설계적 측면, 가공적 측면, 보관, 사용 환경적 측면

고무의 주요 특성

◎우수, ○양호, ●보통, ×불량

명칭 ASTM기호	천연고무 NR	에틸렌 프로필렌 EPM, EPDM	클로로프렌 CR	부틸고무 BIR	니트릴 부타디엔 NBR	실리콘고무 SI	우레탄고무 URSI	합성고무 SBR
주요 특징	고탄력성 저온특성 양호 내유성부적	내노화, 오존성, 내후, 내약품성, 내마모, 전기특성	내후, 내오존, 내열성, 내 약품성 우수	내후, 내 오존, 내 gas, 투과 성, 내극 성, 용재	내유, 내 마모, 내 노 화 성 양호	고도의 내 열, 내한성, 내약품성	기계적 강도, 내유성, 내약품성	내유, 내 마 모 성 부적, 저 질고무
Hs경도범위	10~100	20~90	20~90	20~90	20~100	20~90	30~100	60
Ts인장강도 (kg / cm)	30~350	50~200	50~250	50~200	50~300	40~100	200~500	158
Rb신장률 (%)	100~1000	100~800	100~1000	100~800	100~800	50~500	300~800	400
사용온도범위(%)	−70~+90	−60~+150	−60~+120	−60~+120	−50~+120	−120~+280	−60~+80	−
체적고유저항(Ω − cm)	10^{10}~15	10^{12}~15	10^{10}~12	10^{16}~18	10^{2}~10	10^{9}~12	10^{8}~10	−
압축영구성	◎	●	○	●	○	○	◎	−
내마모성	○	○	○	○	○~◎	●	−	×
내후성	●	◎	◎	◎	●	○	−	−
내열성	●	○	○	○	●	◎	−	−
내한성	○	○	●	●	●	○	−	−
내산성	○	◎	●	◎	○	○	−	−
내유성	×	×	○	×	◎	×	−	×
내연성	×	×	○	×	×	○	−	−
내증기성	○	◎	●	◎	●	○	−	−
내기체투과성	●	●	○	◎	●	●	−	−
비중(g / cm)	1.19	−	−	−	−	1.14	−	1.243

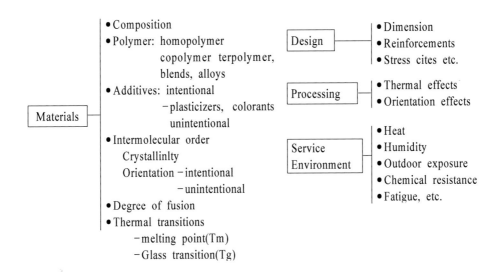

3) 고분자재료의 고장분석기법

(1) 고장원인 분석에 필요한 재료분야

① 고분자의 종류와 사용첨가제

② 열화의 유무와 그 정도

③ 고장을 일으킨 부위의 표면상태

(2) 고분자의 재료 분석법

① 온도와 외관에 의한 판정

② 비중에 의한 판정

③ 연소형태에 의한 판정

④ 기기분석: 일반재료의 기기분석기법이 고분자재료 분석 시에도 주로 사용됨

    ㉮ 적외선 분광기: Polymer정성

    ㉯ 열분석(DSC, TGA, TMA): 융점, Tg, 결정화도 측정

    ㉰ NMR분석으로 기본 polymer 외에, Bland, 공중합체 여부 검토

    ㉱ GPC: 분자량 분포측정

    ㉲ GC, LC: 첨가제 및 이물 분석

ⓑ 표면분석장비(SEM, EDX): 바면 및 고장 site 분석

(3) PAS(Photoacoustic spectroscopy)

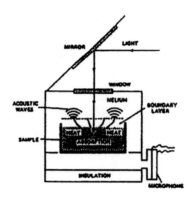

Audio frequency 정도의 낮은 에너지로
약한 흡수띠를 검출함

(4) FT-IR Microscope(적외선 현미경)

재료의 미소결함 분석에 탁월함

(5) FT-IR Microscope(적외선 현미경)

ATR Objective(Pressure 0.8~8N)

ATR Crystal

ATR Crystal

- Coating defects
- Surface contamination
- Paper quality control
- Polymer coatings
- Surface microanalysis

① FT-IR Microscope(적외선 현미경)을 이용한 고장분석: Polyethyleneglychol

contaminants on ICs

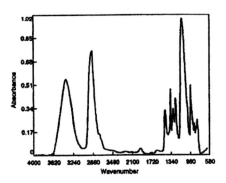

② FT－IR Microscope(적외선 현미경)을 이용한 고장분석: Photoresist에 이물질
(polyamide)

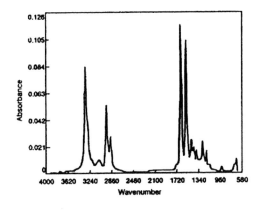

(6) 열 분석법(Thermal Analysis Methods)

열 분석은 재료일반에 넓게 사용되고 있는 분석법으로, 열중량 측정(TG) 시차주
사열량분석(DSC), 시차 열 분석(DTA), 열기계 분석(TMA) 등이 있다.

고분자 재료의 분야에서는, polymer 자체의 내열성이나 열분해기구의 검토에 사용
되는 것 외에, 충진제, 노화방지제, 가소제 등의 여러 가지 첨가제를 포함 polymer
의 기본조성의 분석에 중요하다.

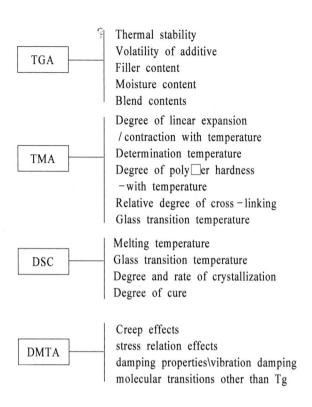

TGA
- Thermal stability
- Volatility of additive
- Filler content
- Moisture content
- Blend contents

TMA
- Degree of lincar expansion / contraction with temperature
- Determination temperature
- Degree of poly□er hardness -with temperature
- Relative degree of cross-linking
- Glass transition temperature

DSC
- Melting temperature
- Glass transition temperature
- Degree and rate of crystallization
- Degree of cure

DMTA
- Creep effects
- stress relation effects
- damping properties\vibration damping
- molecular transitions other than Tg

플라스틱의 열화요인

재료인자		에너지인자		환경인자	
성형가 공조건	폴리머 첨가제 열안정제, 가소제, 착색제 가공조제, 산화방지제, 광안정제, 자외선흡수제, 잔류모노머	작용 조건	광(파장, 강도) 방사선 열 힘	지역차	산소 오존, SO_2 NO_x, H_2S 물 산, 알칼리, 기름, 세제 미생물 염분

내후성 인자에 따른 플라스틱의 변화인자

내후성인자	플라스틱의 변화인자	비고(지역적 특성)
자외선	• 열가소성 플라스틱(폴리카보네이트 포함)의 변색요인이 됨. 이는 태양 이외의 다른 광원에 의해서도 발생이 가능함. • 유리를 통한 자외선보다 통하지 않은 직사광선이 변색성이 강함. • 자외선에 의한 손상은 제품의 최상부층(두께 25μm)만 영향을 끼침(고온에 대한 변색은 두께 전체에 대하여 영향을 줌).	• 열대지방의 경우에 강렬한 자외선의 문제가 더욱 심각함.
온 도	• 온도가 높을수록 신속하게 변색이 진행됨. • 고온은 두께방향으로 변색을 초래함.	• 열대지방의 경우에 높은 온도로 인한 문제 심각함.
수 분	• 열화과정을 촉진시킴. • 열과 복합적으로 작용하여 내충격성을 저하시킴. • 광택도에도 영향을 미침.	• Florida와 같은 지역은 높은 습도가 문제가 될 수 있음.
공기오염	• 미세먼지나 흙 때문에 광택도의 저하 발생 • 산성비나 여러 종류의 배출가스에 의한 열화 촉진됨.	• 공업화 지역에서는 공기오염의 영향이 심각함.

일반 플라스틱류 옥외 폭로시험과 촉진 내후성 시험의 비교

플라스틱 재료	옥외폭로	촉진폭로	평가에 사용한 특정값	옥외폭로 1년에 상당하는 폭진폭로계수치
경질염화비닐파이프	5년	자외선 카본 1,000시간	인장강도, 신장률, 파괴강도	1년=자외선카본 400~1,000시간
경질염화 착색품의 기타	2년	자외선 카본	강신도, 충격강도, 광택도	1년=자외선카본 800~1,200시간
폴리스틸렌, 고충격폴리스틸렌, ABS수지, AS수지, 메타크릴 수지, 고저압 폴리에틸렌, 폴리아세탈, 폴리프로필렌, 나일론6, 폴리카보네이트, 염화비닐	2년	자외선 카본 1,600시간	강신도, 인장강도, 광택도	1년=자외선카본 800~1,200시간
메타크릴수지	2년	썬샤인 카본 1,200시간	강신도	1년=썬샤인카본 500~600시간
고충격 ABS 수지	1년	썬샤인 카본 800시간	에너지 유지율	1년=썬샤인카본 500~600시간

ABS 수지	1년	자외선 카본	각종 특성	1년 = 자외선카본 50~250시간
나일론 6	2년	썬샤인 카본 1,000시간	인장강도	1년 = 썬샤인카본 500~6,000시간
Glass 섬유강화 나일론6	1년	썬샤인 카본 100시간	인장강도	1년 = 썬샤인카본 1,000시간
필라멘트 와일딩 강화 폴리에스테르수지 파이프	1년	자외선 카본 600시간	물 성	1년 = 자외선카본 600시간 이상
0.03mm 폴리프로필렌착색 필름	6개월	자외선 카본 500시간	신장률	하계3개월 = 자외선카본 300시간
0.03mm 폴리에틸렌 테레프탈레이트 이축연신 필름	3개월	자외선 카본 500시간	물 성	하계1개월 = 자외선카본 300~400시간

※ 자료출처: 과학과 공업

(7) 고분자의 용융 특성

① 용융점이 특정온도에 있지 않으며 일정범위의 온도구간에서 일어남.

② 분자량, crystal size 크면 클수록 융점은 높아진다(단, 어느 정도 이상이 되면 일정 값에 도달하게 된다.).

③ 결정성이 많을수록 높은 융점을 가진다. 같은 고분자라 해도 시료의 제조과정에 의존(결정화 온도에 의한 영향: 낮은 T_c → 낮은 T_m)

④ 분자의 형태(가지사슬, 분자간력) 등은 융점에 영향을 준다.

    ㉮ branching point ↑ → T_m ↓ (이유: 결정성의 저하)

    ㉯ Chain stiffness: stiffess ↑ → T_m ↑

    ㉰ Side chain: side chain이 큰 chemical group이 존재 → T_m ↑

    ㉱ Main chain의 interaction ↑ → T_m ↑

        －Nylon의 탄소 수의 증가(amide($-NH-CO-$)기 감소) → interaction(수소 결합) 감소 → T_m ↓

⑤ 같은 고분자이며 시료의 제조과정이 같다 하더라도 측정 시 시료의 가열속도에 따라 달라짐(가열속도에 대한 영향: 가열속도 빠를수록 높은 T_m 보임).

(8) 연화점(softening point)

① 고분자 물질을 가열하게 되면 점점 부드러워져서 나중에는 액화된다. 즉 가열

에 의해서 분자의 열운동이 왕성해지고, 점점 부드러워지기 시작하여, 분자가 자유로이 운동할 수 있을 때까지의 온도 범위를 말한다.

② 열가소성 고분자의 사용상한선
강화PP: 연화온도 120~130℃ / 융점~155℃ → 사용온도 120℃ 이하

(9) 융점(Melting point)

① 연화점을 지나 분자 간에 작용하는 결합에너지를 능가하게 되어 분자의 운동이 활발해지는 온도 → 결정구조가 존재할 수 있는 최고의 온도(T_m)
② 완전한 결정성 고분자라면 명확한 융점을 나타내지만, 대부분의 고분자는 연화점을 지나 서서히 녹음

(10) 용해성

① 고분자 물질이 용액(또는 용매)에 녹는 성질
② 고분자 물질과 용매의 친화성에 의존, 즉 고분자 내의 분자간력보다 친화성이 더 크면 용매는 고분자 내에 침투하여 분산되어 용해된다.

(11) 고분자의 용해특성

① 분자량(중합도)이 크면 클수록 용해성이 떨어진다.
② 저분자처럼 고농도의 용액을 만들기 어렵다.
③ 결정성 고분자는 용해가 어렵다.
④ 가지구조가 많을수록 용해성이 증가한다.
⑤ 가교구조가 증가하면 불용성에 가까워진다.
⑥ 망상고분자는 불용이다.
⑦ 극성(polarity)이 비슷한 용매에 용해되기 쉽다.

$$\delta^2 = \Delta E / V$$

δ: 용해도지수, ΔE: 증발에너지, V: 몰용적

(12) 고분자의 첨가제(Additives)

① 고분자의 유변학적 성질 및 기계적 물성의 변화
② 가공성 향상
③ 종류

- 가소제
- 난연제
- 산화방지제
- 열안정제
- 자외선 열안정제
- 대전방지제
- 충진제
- 윤활제
- 향균제

(13) 고분자의 첨가제의 종류

① modifiers

  - Plasticizers   - Impact modifiers

② 열적 성질: 각종 수지의 Tg 및 열변형온도를 비교

일반플라스틱의 Tg 및 열변형온도 비교

수지명	Tg(℃)	열변형온도(℃)	
		하중 4.6 kgf / ㎠	하중 18.6 kgf / ㎠
PC	153~156	145~148	134~138
Nylon 6	30~49	158	68
PBT	20~25	150~160	60
HDPE	(-)21~(-)24	60~82	43~52
PP	(-)10~(-)35	99~110	60~70
POM	10~20	158	120
변성 PPO	140~150	133	114
PS	80~100	69~97	66~91
PMMA	60~105	74~88	70~91
PVC	70~80	82	54~74
ABS	70~105	88~113	74~107

③ 내마모 특성 대표적인 플라스틱의 마모량

대표적인 플라스틱의 마모량

수지명	마모량(mg / 1,000cycle)
PC	13
Nylon 6	7
PBT	8
HDPE	3
PP	14
변성 POM	14
PPO	20
PS	20
PMMA	15
PVC	14
ABS	19

품질전개기능(Two level Quality Function Deloyment)

Requirements(Stress and Performance) and failure Modes / Mechanism matrix

Failure Modes / Mechanisms Requirements (Stress and Performance)	Crack Failure	Rupture Failure	Degradation Failure	Distortion Failure	Adhesion Failure
UV Aging	◎	○	◎	○	◇
Impact	–	◎	–	–	◎
Thermal Aging	○	◇	○	○	–
Thermal Shock	○	◇	○	○	○
Moisture	○	◇	–	–	○
Ozone & Oxygen	◎	○	○	○	○
Erosion	○	–	◇	◇	◎
Salt Effect	○	–	○	◇	○

Failure Modes / Mechanism and Test methods matrix

Failure Modes / Mechanisms	Weatherin g Test	Thermal Sock Test	Thermal Aging Test	Impact Test	Ozone Test	Salt Spray Test
Crack Failure	◎	○	◎	○	○	○
Rupture Deformation	–	◇	○	◎	○	–
Degradation	◎	◎	○	◇	○	○
Distortion Deformation	○	◇	–	◇	–	○
Adhesion Failure	–	○	–	◎	○	○

* 신뢰성에 관련된 중요도에 따라: ◎가장 중요, ○중요, ◇보통
* Failure Mode / Mechanism은 해당 부품·소재에서 발생할 수 있는 모든 고장 형태를 나타냄.
* Test Methods는 해당 발생고장을 일으킬 수 있는 시험방법을 나타냄.
※ NASA JPL D–1192

(14) ISO 14000 시리즈

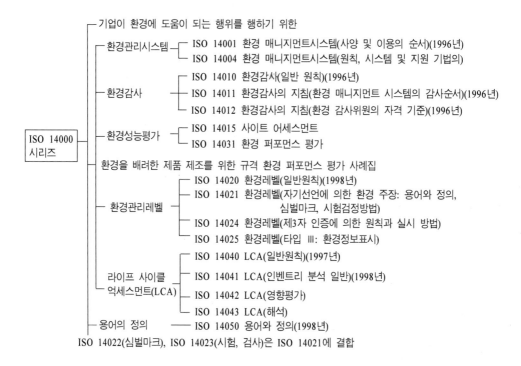

기업이 환경에 도움이 되는 행위를 행하기 위한

환경관리시스템
- ISO 14001 환경 매니지먼트시스템(사양 및 이용의 순서)(1996년)
- ISO 14004 환경 매니지먼트시스템(원칙, 시스템 및 지원 기법의)

환경감사
- ISO 14010 환경감사(일반 원칙)(1996년)
- ISO 14011 환경감사의 지침(환경 매니지먼트 시스템의 감사순서)(1996년)
- ISO 14012 환경감사의 지침(환경 감사위원의 자격 기준)(1996년)

환경성능평가
- ISO 14015 사이트 어세스먼트
- ISO 14031 환경 퍼포먼스 평가

환경을 배려한 제품 제조를 위한 규격 환경 퍼포먼스 평가 사례집

환경관리레벨
- ISO 14020 환경레벨(일반원칙)(1998년)
- ISO 14021 환경레벨(자기선언에 의한 환경 주장: 용어와 정의, 심벌마크, 시험검정방법)
- ISO 14024 환경레벨(제3자 인증에 의한 원칙과 실시 방법)
- ISO 14025 환경레벨(타입 Ⅲ: 환경정보표시)

라이프 사이클 억세스먼트(LCA)
- ISO 14040 LCA(일반원칙)(1997년)
- ISO 14041 LCA(인벤트리 분석 일반)(1998년)
- ISO 14042 LCA(영향평가)
- ISO 14043 LCA(해석)

용어의 정의 — ISO 14050 용어와 정의(1998년)

ISO 14022(심벌마크), ISO 14023(시험, 검사)은 ISO 14021에 결합

① LCA의 '공업제품 및 서비스의 환경 부하를 설계 및 재료 조달 단계로부터 사용, 폐기에 이를 때까지 평가하는 수법'을 골자로서, 메이커 등에 대해서 다음과 같은 실시의 효과를 기대하고 있다.

    ㉮ 에너지나 자원의 유효활동

    ㉯ 제품의 효율 향상에 의한 이익 증대

    ㉰ 폐기물 처리

    ㉱ 유해물 관리 코스트의 억제·삭감

    ㉲ 환경 조화형 제품의 적용에 의해 시장에서의 비교적 우위인 전개 등의 직접 메리트

② ISO 14000 시리즈는 ISO9000 시리즈와 같게 인증 시스템, 이미 규격이 완성되어 있는 ISO 14001(환경 매니지먼트 시스템)의 인증이 제3기관에 의해 실시되고 있다.

(15) QS 9000 품질시스템

미국의 Big 3(GM, FORD, DAIMLER CHRYSLER사)가 ISO 9000의 규격 및 요구사항에 필요한 사항을 추가하여 규격화한 품질시스템으로서 자동차의 안전, 신뢰성 확보 등을 위해 자동차 부품 납품업체에 인증 획득을 요구하고 있다. 또한, 대부분의 트럭생산업체(Freightline / Mack Trucks / Volvo / GM / Heavy Truck / Mavistar International / Transportation / PACCAR)에서도 QS–9000 품질시스템을 채택하고 있다.

참고매뉴얼	ISO 9001 주요관련요건	주요내용 또는 목적
품질시스템 평가(QSA)	• 품질감사	• QS 9000 인증심사 시 평가의 가이드가 되는 표준점검표를 제시
사전제품품질 계획 및 관리계획(APQP with CP)	• 경영책임 • 품질시스템 • 설계관리 • 공정관리	• 초기계획, 설계 및 공정분석 단계에서의 단계적인 제품 품질계획활동을 설명 • 생산단계에서의 산포를 최소화하기 위한 공정분석 및 특성의 모니터링을 위한 도구를 설명 • 각 활동과 관련된 체크리스트 사례를 제시

통계적 공정관리(SPC)	• 공정관리 • 통계기법	공정관리에 통계적 기법을 적용할 수 있도록 4부분으로 설명 • 지속적 개선과 통계적 공정관리 • 계량형 관리도 • 계수형 관리도 • 공정측정시스템 분석
계측시스템분석(MSA)	• 계측장비	• 측정시스템의 분석, 연구를 위한 가이드
생산부품승인 절차(PPAP)	• 설계관리 • 공정관리 • 부적합관리	• 부품 공급자가 고객(BIG 3)에게 부품을 승인받는 절차로, 제출준비요령, 제출요건, 수준 등을 안내
잠재고장형태 분석(PFMEA)	• 설계관리 • 공정관리	• 설계 FMEA와 공정 FMEA로 나누어 그 적용과 작성시점, 작성 시 고려할 사항 등을 설명

(16) TS 16949

IATF(International Automotive Task Force)가 작성 LATF는 미국의 자동차 Big 3 회사(다임러 크라이슬러, GM, 포드)와 유럽의 자동차회사(푸조, 르노, 폭스바겐, 피아트, BMW 등), 미국과 유럽의 자동차 협회 등이 참여하여 결성되었다.

자동차 관련 품질시스템 요구사항(설계, 개발, 생산, 설치 및 서비스)으로 유럽과 미국을 통합하는 글로벌 규격으로 탄생.

규격 비교

구 분	QS 9000	TS 16949	TS 16949
적용회사	포드, GM, 다임러 크라이슬러	포드, GM, 다임러 크라이슬러, BMW, PSA, 푸조, 피아트, 시에트론, 르노SA, 폭스바겐	Big 3외 유럽의 주요 자동차가 채택함.
인증기관 지정	각국 인정기관에서 인증기관 지정	IATF가 직접 인증기관 지정	ISO / TS16949의 경우 IATF가 인증기관, 직접승인 및 감독함으로써 세계 자동차 메이커와의 연계성 강화
ISO 9000:2000	계획 없음	IATF가 개정 예정임	IATF와 TC176의 협력 -ISO 9000:2000 개발에 참여 -ISO / TS 16949 자동차 분야규격과의 조화 -자동차 부문 공급자의 품질시스템 요구사항의 기본으로 ISO 9000 채택

(17) 화학물질 관리 촉진법의 지정 화학물질의 법적 한계

화학물질 관리 촉진법(PRTR법, Pollutant Release and Transfer Register)은 특정화학 물질의 환경에의 배출량 등의 파악 및 관리의 개선의 촉진에 관한 법률로 화학 물질의 배출량 등의 신고의 의무 부여(PRTR 제도)

No	물질 그룹명	법적 한계	해당 법과 규칙
1	Polychlor inated biphenyls(PCBs)	의도적 사용 금지	화학물질법, EU위험물질 규칙, ChemG
2	석면	0.11 중량 %(ChemG)	EU위험물질 규칙, ChemG, 산업안전법
3	규정된 유기 주석화합물	0.11 중량 %	EU위험물질 규칙, ChemG, 산업안전법
4	Short-chain paraffin chloride (C10-13)	의도적인 사용 금지	EU위험물질 규칙
5	규정된 브롬-기반 화염 방지제(PBBs, PBDEs)	0.11 중량 %	EU위험물질 규칙, 독일 다이옥신 법령
7	규정된 아민을 만드는 아조계 염료와 안료 *2	30mg / kg(30ppm) (규정된 아민)	독일 소비자 상품 법령, ChemG, EU위험물질 규칙
8	Polychloronaphthalene(3가 이상)	의도적인 사용 금지	화학물질법
19	카드뮴과 그 화합물	75ppm 100ppm(포장물질)	EU위험물질 규칙, ChemG, Chemical Regs(네덜란드, 덴마크), EU포장 & 포장 쓰레기 지침
20	납과 그 화합물	100ppm(포장물질)	EU위험물질 규칙
21	6가 크롬 화합물	100ppm(포장물질)	EU포장 & 포장 쓰레기 지침
22	수은과 그 화합물		EU포장 & 포장 쓰레기 지침
23	규정된 아민 화합물	0.11 중량 %	EU위험물 규칙화학물질법, 산업안전법
24	오존-파괴 물질	의도적인 사용 금지	오존층법, 몬트리올 의정서
25	포름알데히드	0.1ppm(ChemG) 0.15mg / ㎥(Formalin Act) 규칙에 의해 사용 가능	ChemG, Formalin Act(덴마크)

* 포장 소재의 법규: 포장 소재에 함유된 중금속 물질(납, 카드뮴, 수은과 6가 크롬)의 전체 중량을 100ppm 이하로 줄이기 위한 요구 조건
* 플라스틱, 페인트 또는 잉크에서의 허용 가능한 카드뮴 농도는 75ppm(0.0075 중량 %) 또는 그 이하임. 카드뮴 도금은 금지됨.

이 밖의 굴곡탄성률을 보면 열화와 함께 높아지는 경향을 나타내며, 표면이 경화함으로써 갈라지기 쉬운 상태로 된다고 사료된다. 또한 실외 폭로에서는 1년에서부터 2년의 과정에서 인장강도의 급격한 저하가 인지된다. 이와 같이 플라스틱 재료에서는 내충격성의 문제가 크기 때문에 이를 위하여 안료를 첨가하여 착색하기도 하고 도장을 하기도 하여 외관상으로도 매끈하게 할 뿐만 아니라, 표면열화를 방지하기 위하여 행해지고 있다. 촉진내후시험기의 중요한 포인트는 촉진성, 재현성, 선광성 및 조작성이지만, 이들을 만족시키기 위해서는 현재의 시험기에 따라서 다음과 같은 문제점을 포함하고 있다. 또한 점 또는 선광원의 경우 시료를 부착한 위치에 따라 광원과 시료와의 거리의 차로부터 시료 면에서의 에너지 불균일이 발생한다.

촉진 내후시험시간에 따른 물성과 현장 사용품의 물성을 비교하였다. 인장강도나 Izod 충격강도 값을 비교한 경우 촉진 내후시험 1,500시간일 때 현장에서의 30개월 사용품과 거의 유사한 수치를 보이고 있음을 확인할 수 있었으나 신장률에서는 큰 차이가 남을 알 수 있었다(기술표준원 자료).

촉진내후 시험기간에 따른 물성과 현장 사용품의 물성 비교

구 분	시 간	인장강도 (MPa)	신장률 (%)	Izod 충격강도 (J / m)	비 고
촉진 내후시험	시험 전	29	149	78	–
	500시간	27(6.9%)	30(79.9%)	47(39.0%)	–
	1,000시간	27(6.9%)	22(85.2%)	41(47.6%)	–
	1,500시간	25(13.8%)	25(83.2%)	43(44.8%)	–
	2,000시간	24(17.2%)	33(77.8%)	52(32.8%)	–
현장 사용품	11개월	25 / 23(8.0%)	44 / 64(45.0%)	87 / 72(17.2%)	서울지방경찰청
	17개월	30 / 30(0)	345 / 315(8.7%)	21 / 29(38.1%)	동해선
	23개월	30 / 28(6.7%)	12 / 19(+58.0%)	21 / 21(0%)	내부순환도로
	30개월	40 / 36(10.0%)	29 / 15(48.3%)	22 / 11(50.0%)	부산광안대교

※ ( )는 변화율을 나타낸 것임.
현장 사용품의 경우 사용 전 / 사용시간 후(변화율)의 물성치를 나타낸 것임.

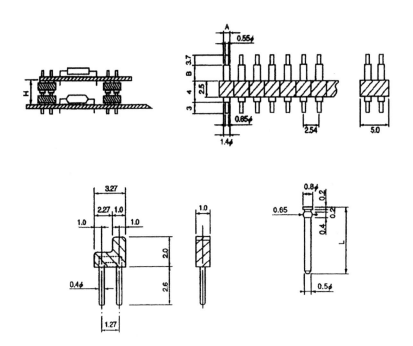

① 냉열충격시험

적용규격(MIL 규격, IEC규격)

시험규격		온도설정		복귀시간 (min)	유지시간 (hr, min)	
		고온(℃)	저온(℃)			
IEC 60749-25 (JESD22-A104B)	A	+85(+10, -0)	-55(+0, -10)	시료 5~14min	1·5·10·15min	규정 없음
	B	+125(+15, -0)	-55(+0, -10)	시료 5~14min		
	C	+150(+15, -0)	-65(+0, -10)	시료 5~29min		
	H	+150(+15, -0)	-40(+0, -10)	시료 5~14min		
	M	+85(+10, -0)	-55(+0, -10)	시료 5~15min		

시험규격		온도설정		온도 변화율	유지시간	cycle수
		고온(℃)	저온(℃)			
IEC－60068－2－14 Na(JIS C 0025Na DIN EN 60068－2014 Na BS EN 60068－2－14 NA)		+200±2 +175±2 +155±2 +125±2 +100±2 +85±2 +70±2	－65±3 －55±3 －40±3 －25±3 －5±3	유지시간의 10%	3hr 2hr 1hr 30min 10min 제품시방이 없는 경우에 3min	5
IPC－9701	A	+85(+3,-0)	-55(+0,-3)	공기 5분	～28g: 1/4 28g～136g: 1/2 136g～1.36kg: 1 1.36kg～13.6kg: 2 13.6kg～136kg: 4 136kg～: 8	1000
	B	+125(+3,-0)	-65(+0,-3)			
	C	+200(+3,-0)	-65(+0,-3)			
MIL－883F Method 1010.8	A	+85(+10,-0)	-55(+0,-10)	시료 15min 이내	이행시각 10min	10 이상
	B	+125(+15,-0)	-55(+0,-10)			
	C	+150(+15,-0)	-65(+0,-10)			
	D	+200(+15,-0)	-65(+0,-10)			
	F	+175(+10,-0)	-65(+0,-10)			
IPC－TM－650 2.6.6	A	+125(+3,-0)	-65(+0,-5)	규정 없음	30min	5
	B	+85(+3,-0)	-55(+0,-5)			
EIAJ ED－4701		최고유지온도	최저유지온도	공기 5min 마다 유지시간+10%	～15g: 10min 이상 15～150g: 30min 이상 150～1500g: 60min 이상 1500g～개별 규정	10
EIAJ ED－7407	A	+125±5	-25±5	규정 없음	시료도달 후 10min	규정 없음
	B	+125±5	-40±5			
	C	+80±5	-30±5			
	D	최고동작온도 ±5℃	최저동작온도 ±5℃			

② Plastic screw Nut

㉮ 재질: PPS UL 94V－0, PEEK UL 94V－0

㉯ 사용온도 범위: －40℃∼＋200℃

㉰ 파단 torgue

M2·······0.8kgf－cm(7.8N－cm)

M2.6·······1.9kgf－cm(18.6N－cm)

M3·······3kgf－cm(29.4N－cm)

M4·······7kgf－cm(68.6N－cm)

㉱ 사용 torque: 파단 torque × 50%

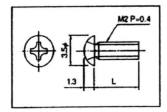

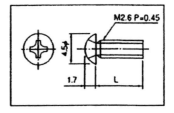

품 번	L(㎜)
2MPS－4	4
2MPS－5	5
2MPS－6	6
2MPS－8	8
2MPS－10	10
2MPS－12	12

품 번	L(㎜)
2.6MPS－6	6
2.6MPS－8	8
2.6MPS－10	10
2.6MPS－12	12

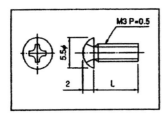

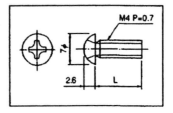

고무의 주요 특성

◎우수, ○양호, ●보통, × 불량

명칭 ASTM기호	천연고무 NR	에틸렌 프로필렌 EPM, EPDM	클로로프렌 CR	부틸고무 BIR	니트릴 부타디엔 NBR	실리콘고무 SI	우레탄고무 URSI	합성고무 SBR
주요 특징	고탄력성 저온특성 양호 내유성부적	내노화, 오존성, 내후, 내약품성, 내마모, 전기특성	내후, 내오존, 내열성, 내 약 품 성 우수	내후, 내 오존, 내 gas, 투과 성, 내극 성, 용재	내유, 내 마모, 내 노 화 성 양호	고도의 내 열, 내한성, 내약품성	기계적 강도, 내유성, 내약품성	내유, 내 마 모 성 부적, 저 질고무
Hs경도범위	10∼100	20∼90	20∼90	20∼90	20∼100	20∼90	30∼100	60
Ts인장강도 (kg／cm)	30∼350	50∼200	50∼250	50∼200	50∼300	40∼100	200∼500	158
Rb신장률 (%)	100∼1000	100∼800	100∼1000	100∼800	100∼800	50∼500	300∼800	400
사용온도범위 (%)	$-70∼+90$	$-60∼+150$	$-60∼+120$	$-60∼+120$	$-50∼+120$	$-120∼+280$	$-60∼+80$	–
체적고유저항 ($\Omega-cm$)	$10^{10}∼15$	$10^{12}∼15$	$10^{10}∼12$	$10^{16}∼18$	$10^{2}∼10$	$10^{9}∼12$	$10^{6}∼10$	–
압축영구성	◎	●	○	●	○	○	◎	–
내마모성	○	○	○	○	○∼◎	●	–	×
내후성	●	◎	◎	◎	●	○	–	–
내열성	●	○	○	○	●	◎	–	–
내한성	○	○	●	●	●	●	–	–
내산성	○	◎	●	◎	○	○	–	–
내유성	×	×	○	×	◎	×	–	–
내연성	×	×	○	×	×	○	–	–
내증기성	○	◎	●	◎	●	○	–	–
내기체투과성	●	●	○	◎	●	●	–	–
비중(g／cm)	1.19	–	–	–	–	1.14	–	1.243

플라스틱렌즈의 발전과 렌즈의 이용성

1. 플라스틱렌즈(plastics lens)의 장점

□ 대량생산을 할 수 있다

○ 플라스틱렌즈는 금형의 정밀도를 좋게 하여 개취수(cavity No)를 8개 및 12개로 하게 되면 성형시간은 약 90초를 1사이클(cycle)로 하여 렌즈를 제조할 수 있다. 그리고 사용처(user)에서 요구하는 수량에 따른 금형을 제작 및 제조하면 매월 생산 100만 쇼트(shot)에서 200만 쇼트 정도를 생산할 수 있다.

□ 품질편중의 불만 시에 작업을 중지하는 것이 용이하다

○ 렌즈금형(lens mold), 배럴금형(barrel mold), 홀더금형(holder mold)을 정밀도가 높고 표면광택 및 조도가 향상되는 제조를 하면 이 금형에서 생산되는 성형품은 정밀도가 편중되지 않는 부품이 된다. 후가공으로 인한 품질편중 공정들은 발생하지 않기 때문에 공정에서 많이 발생하는 가공허용공차는 적게 되어 정밀도가 편중되지 않는 정밀한 성형품을 생산할 수 있다.

□ 성형품의 중심부 두께의 관리가 용이하다

○ 렌즈금형은 렌즈의 집합적 영역(Field nest)과 집합적 영역 간을 설계 값으로 유지하고 있으면 렌즈성형품은 거의 렌즈중심부 두께에서 정밀도를 가지게 되므로 대량생산에 들어가도 이 렌즈중심부 두께는 금형이 고장이 나지 않는 한 치수변화는 없기 때문에 렌즈중심부 두께의 관리가 매우 용이해진다.

□ 가격을 저감 시킨다

○ 수지재료가 사용되기 때문에 유리재료를 사용하는 렌즈와는 가격의 차이가 있으며 또한 금형으로도 플라스틱렌즈용 금형과 유리렌즈용 금형과도 가격의 차이가 있기 마련이다.

□ 조립작업이 용이하다

○ 플라스틱렌즈용 금형으로 렌즈부품을 대량생산, 조립공수도 저감, 조립 작업도 용이하게 할 수 있다.

□ 경량화할 수 있다

○ 플라스틱렌즈는 유리재료보다 경량일 뿐만 아니라 소량이므로 당연히 경량화가 된다.

□ 흐려지기 어렵다

○ 수지재료는 유리재료보다 흐려지기 어려운 것으로 렌즈에서도 흐려짐이 적다.

2. 플라스틱렌즈의 단점

□ 온도 변화에 대한 수축, 팽창이 쉽다

○ 열가소성수지로는 항상 따라다니는 문제이며 성형기에서 추출된 이후의 수축이나 외기온도의 변화에 의하여 수축, 팽창은 유리렌즈에 비해서는 많다. 또한 온도 변화에 따라 굴절률의 변화도 무시할 수 없다.

□ 굴절률, 분산에 의한 자유도가 없어 광학설계가 어렵다

○ 유리재료의 종류에는 약 300종 정도, 고굴절률 저분산에서 저굴절률 고분산에 이르기까지 광학설계자가 자유롭게 선택하는 것이 가능하여 고정밀도의 렌즈도 등장하여 용도에 대응하는 다수의 설계를 할 수 있지만 수지재료에서는 크게 나누면 저굴절률 저분산과 고굴절률 고분산의 2종밖에 없다고 말해도 과언이 아니다. 고굴절이라는 것은 nd=1.7~1.8이며 유리재료와 같이 높은 굴절률은 없으며 겨우 nd=1.6 부근 등에 있어 광학설계자가 얻을 수 있던 수지재료가 적기 때문에 선택의 자유가 좋은 정도는 아니기 때문이다. 이 2종류의 재료를 적용하여 설계하기 때문에 유리재료의 설계가 유리한 것은 사실이다.

□ 흡수성이 높다

○ 수지(resin)는 흡수성이 있기 때문에 프리즘(Prism) 등의 중심부 두께가 두꺼운 렌즈는 일본에서 남방으로 가면 프리즘의 평면이 비뚤어지거나 굴절률이 약해지는 등의 변화를 가져온다. 플라스틱렌즈도 예외 없이 프리즘 등의 영향을 받지만 약간의 초점이동을 가져온다.

□ 표면에 scrach가 나기 쉽다

○ 유리재료는 콘크리트와 같이 견고하지만 수지재료는 딱딱함이 없기 때문에 유리에 비하여 부드러워 긁힘 발생이 용이하다.

3. 플라스틱렌즈의 단점에 대한 보완대책

□ 온도 변화에 대한 수축, 팽창의 시뮬레이션

○ 보완대책으로서 다수의 렌즈를 측정하여 오랜 기간 동안의 데이터에서 얻은 중심부 두께, 재료, 렌즈의 형상, 양 측면의 곡률반경 비율 등을 수축, 팽창에 대한

해석으로 광학설계 시에 시뮬레이션 데이터가 고려된 설계로 진행시켜서 높은 양산 레벨의 렌즈가 수축, 팽창할 시에도 유저의 사양을 밑돌지 않는 광학설계가 가능하도록 한다.

□ 렌즈의 설계를 확실히 한다

○ 각 형상의 렌즈가 곡률반경의 비율, 중심부 두께, 수지의 원격에 의해 방향성, 수축성, 팽창성을 정밀 해석해 두지 않으면 안 된다. 다양 다종의 렌즈의 데이터를 구축하여 최적의 렌즈설계가 필요하다.

□ 재료의 제한된 자유도에 대한 설계기술

○ 광학설계는 재료에 미치는 영향 중의 최고의 성능을 낼 수 있는 것은 최적의 수지(resin grade), 기술DB구축, 시뮬레이션을 통하여 광학기술을 향상할 필요가 있다.

□ 흡수율이 높으면 재료를 심도 있게 선정해야 한다

○ 과거의 PMMA(poly methyl methacrylate)은 흡수율이 0.3%가 주류를 이루었고 최근에는 흡수율이 0.01%인 수지가 등장하고 있다. 또한 온도에 대해서 고온에서 견디는 수지가 개발되고 수지재료의 지속적인 발전으로 고온, 고습보존 후에 안정된 차이를 보인 재료가 최근 판매되고 있다. 이와 같이 재료를 심도 있게 선정하는 것에 따라 흡수율이 낮은 좋은 재료의 선정에 따라 렌즈성능을 더 높일 수 있다.

○ 향후에 요구되는 재료의 특성으로 다음과 같은 것이 거론되고 있다. 굴절률이 크고, 애비(abbe)수가 크고, 흡수율이 적고, 투과율이 크고, 하중굴곡온도가 높고, 오염이 적고, 복굴절을 일으키기 어려운 것들이 요구되는 수지재료의 특성이며 촬영상용 수지재료로서 요구되는 기능은 굴절률이 ASTM D542 1.5 이상, 애비수가 ASTM D542 55 이상, 흡수율이 ASTM D570 0.01% 이하, 전광투과율이 ASTM D1003 90% 이상, 하중굴곡온도가 ASTM D648 섭씨 120도 이상, 오염이 적고 복굴절은 일으키기 어려워야 하는 성능을 가진 resin grade이라야 한다.

□ **표면흠집(surface scrach)의 대책**

○ 표면의 흠집(scrach)의 대책으로 단단한 층(hard coat)으로 하는 방법, 플라스틱 렌즈에 접촉되지 않고 유리커버(cover glass)를 전면에 배치하는 것이다. 다만 하드 코트를 하면 온도 변화에 대한 수축, 팽창, 흡수에 의한 표면의 변화에 코트가 결렬을 일으키는 것이 있기 때문에 필히 신뢰성 시험 시에 그것을 확인할 필요가 있다. 모든 렌즈는 이 시험에서 해상력, 초점거리(back focus), 층(layer)의 균열 등이 모두 합격하지 않으면 양산에 들어갈 수 없으며 이러한 신뢰성 시험에 합격한 렌즈만이 시장에 출하되는 것이다.

□ **보완대책**

○ 이러한 대책을 실행하여 유리용 렌즈와 거의 동등 이상의 성능과 신뢰성을 얻은 렌즈만을 양산하는 방법이며 모든 대책은 신뢰성 시험을 통과한 시중렌즈로서 플라스틱4매구성 렌즈, 메가픽셀 렌즈, VGA용 렌즈이다.

4. 센서(sensor)의 스케일링(scaling)

□ **카메라모듈(camera module)의 소형화**

○ 카메라모듈의 소형화가 급속히 진행되고 있기 때문에 렌즈도 한계 이상의 소형화가 요구된다. 게다가 CMOS, CCD의 고화소화로 해상력의 향상이 바람직하고 센서 측은 센서에 입사되는 광선은 소형, 대형에 관계없이 20도 전후로 소자에 입사되지 않으면 쉐이딩(shading)을 일으켜 버린다. 쉐이딩은 마이크로렌즈(micro lens)에 광선결점의 화상을 보면 주변이 어둡게 되어 버린 현상이다.

○ 렌즈를 화상 측 부근 소형화해가면 당연히 센서의 입사각은 급경사각도가 된다. 광학설계에서 센서의 입사각을 느슨하게 설계는 할 수 있지만 물리적인 한계로 입사각을 우선하며 해상력, 왜곡허용공차에 영향을 미치는 것이다. 거기서 센서 측에도 마이크로렌즈의 스케일링에 의해 급경사각으로 입사하는 광선에서 마이크로렌

즈에 의해 결점이 없게 개선해 갈 필요가 있다.

5. 양산기술

□ 광학설계 소프트(software)

○ 독자적인 광학설계소프트로 양산을 예측한 설계를 하여 모든 공차, 온도 변화에 따른 수축, 팽창을 고려하여 광학설계를 하더라도 양산기술 없이 좋은 렌즈를 완성하지 못한다고 할 수 있다.

□ 금형설계

○ 마일스톤주식회사는 광학설계와 비구면가공을 자체에서 처리하고 그 외의 금형은 외주 생산하는 것이 많다. 비구면가공 소프트도 독자적인 소프트로서 가공법, 가공 후의 표면처리도 마일스톤주식회사의 노하우로 진행되었다. 또 금형베이스가공, 부쉬의 가공에 관해서도 금형공장의 지도와 마일스톤주식회사의 독자적인 방법에 따라 금형을 제작하였다.

□ 성형기술

○ 성형조건은 렌즈경, 중심부 두께에 따른 금형온도, 압력, 냉각시간을 마일스톤주식회사의 독자적인 조건으로 작업되었다.

□ 조립기술

○ 렌즈조립은 마일스톤주식회사의 독자적인 방법을 사용하여 양산되고 있다. 양산 전의 조립조정은 장시간 정밀 조정하지만 일단 정해져 버리면 대단히 용이한 조립방법을 행하고 있다.

□ 오염, 세정

○ 마일스톤주식회사는 IR-Cut-Filter의 대응이 가능하여 마일스톤주식회사의 오염방법으로 이물을 제거해 사용처의 요구에 오염사양을 달성하고 있다.

◁ 전문가 제언 ▷

○ 플라스틱렌즈의 장점으로는 대량생산이 가능, 품질편중 불만 시에 작업의 중지가 용이, 성형품의 중심부 두께관리가 용이, 가격을 저감, 조립작업이 용이, 흐려지기 어렵고, 경량화가 가능하다. 한편 플라스틱렌즈의 단점으로는 온도 변화에 대한 수축과 팽창이 쉽고, 굴절률과 분산에 의한 자유도가 없어 광학설계가 어렵고, 표면에 흠집이 나기 쉽고, 흡수성이 높다. 따라서 장점을 살리고 단점을 보완하기 위해서 시뮬레이션을 통하여 유체역학의 연속식, 운동방정식, 지배방정식을 사용하여 렌즈중심부의 두께수축 변화량과 렌즈의 표면 및 이면 간의 체적수축 변형률이 저하되도록 해야 한다.

○ 렌즈의 데이터를 얻은 중심부 두께, 재료, 렌즈형상, 곡률반경의 비율 등이 렌즈의 사출성형의 냉각과정에서 금형과 접촉에서 렌즈표면 및 이면층이 금형온도, 고화속도 등의 차이로 인하여 발생하고 중심부 두께의 수축, 팽창 등의 수축변화량이 커지는 영향은 수지의 충진온도와 금형온도의 증가에서 주로 발생한다. 플라스틱렌즈는 공정이 까다로워 사출 성형조건을 제어하기가 쉽지 않다. 따라서 최적의 사출성형기를 확보하고 표면형상을 정밀 제어하여 사용처의 사양을 밑돌지 않는 광학설계와 광학을 만족하는 사출성형작업이 이루어져야 한다.

○ 플라스틱렌즈의 재료로는 PMMA(poly methyl methacrylate)가 주로 사용되며 투명수지의 일반적 성질의 상호관계로서 내충격성 PMMA=SAN>GPPS, 내열성 PMMA=SAN>GPPS, 내후성 PMMA>SAN>GPPS, 내약품성 SAN=PMMA>GPPS, 색조 PMMA>GPPS>SAN, 투명도 PMMA>GPPS>SAN, 유동성 GPPS>SAN>PMMA, 가격성 PMMA>SAN>GPPS 등의 장점이 있다. 따라서 플라스틱렌즈의 광학특성을 최적화할 수 있는 수지선정이 우선되어야 한다.

정밀기계용 플라스틱재료의 기술동향

1. 서 론

▢ 플라스틱 구동재료의 개발동향

○ 플라스틱을 무급유의 베어링, 구동부품, 기어, 클러치, 브레이크 등의 구동재료에 의해 이용되는 것이 최근에 활발히 추진되고 있다. 특히 복사기, 프린터 등의 사무기기에 있어서는 소형경량화와 저가격이 요구되어 소정의 마찰, 마모특성을 발휘하는 것이 필요하다. 특히 베어링에 있어서는 저마찰계수와 저마모율이 요구되고 그것을 실현하는 데 플라스틱 구동재료의 개발이 재료메이커, 플라스틱베어링메이커에 의해서 폭넓게 진행되고 있다.

○ 브레이크, 클러치에 있어서 콤팩트(compact)를 위해 고마찰계수, 내열성이 요구된다. 여러 가지의 기기가 요구하는 성능을 만족하기 위하여 마찰공학(tribology) 특성을 만족해야 할 수준까지 도달시킬 필요가 있다. 최근에는 이 마찰특성이 마찰계수, 마찰률만큼 머물지 않고 마찰계수와 마찰속도의 관계를 나타내는 마찰계수 −마찰률 특성이 중시되어 마찰진동, 소음이 발생하지 않는 것 같은 마찰특성이 요구되는 것이다.

▢ 플라스틱 베어링재료

○ 마찰성이 좋은 플라스틱 베어링 재료로는 polyester, PA(polyamide), PTFE (polytetrafluoroethylene), PI(polyimide), PF(phenolformaldehyde), POM(polyoxymethylene), PEEK(polyesteresterketon), LP(liquidpolymer), PF(epoxyresin), PPS(polyphenylenesulfide), TPI(thermoplasticpolyimide), PAI(polyamide−imide) 등의 각종 복합재료, 폴리머공중합 등이 베어링재료로서 사용되고 그 마찰 및 마모특성이 연구 보고되고 있다. 브레이크, 클러치에는 오래된 PF수지가 모재로서 사용되고 있다. 보강을 위해서 유리

섬유가 이용되고 한층 더 열전도를 좋게 하기 위해서는 황동, 동이 사용되고 있다. 고온에 있어서 마찰계수가 저하하지 않는 것, 마찰진동이 발생하지 않는 것은 본질이며 베어링재료의 성질로서 중요하다.

□ 플라스틱 마찰재료

○ 마찰재료의 개발에 해당되는 다수의 시작품의 제작과 함께 특성의 평가를 하여 그중에서 우수한 성질을 가진 부품이 시중에 출현되고 있다. 이 구동재료의 개발에는 많은 경비와 노력이 필요하며 복잡한 마찰, 마모현상에 대처할 수 있기 위해서는 이러한 거동을 숙지해 마찰 면에 생기는 현상을 제어하는 방법, 최적의 재료설계가 필요하다. 우수한 마찰특성을 실현하기 위해서 마찰마모현상을 숙지함과 함께 그것들을 어떤 방법으로 억제, 요구하는 특성을 실현하도록 요구된다. 여기에서는 플라스틱의 마모기구에 대해서 기술하고 그것에 따른 대표적인 재료의 마찰특성에 대해서 서술한다.

2. 응착마모기구와 마찰의 제어

□ PTFE pin 표면의 마찰에 대한 분말궤적

○ 섬유디스크(glass disk)에 대한 PTFE pin을 좌측에서 우측 방향으로 마찰했을 때 정상마모상태에 있어서 PTFE pin 표면에서 상대측 섬유 디스크에 이동하여 부착된 마찰분말이 섬유 디스크 상에서의 반복마찰에 의해 이동하는 궤적을 나타내고 있다. 물체가 마찰할 경우에는 처음에 작은 양으로 이동되어 부착한 마모분말이 상대측에 부착된다. 이 작은 양으로 이동되어 부착된 마모분말은 상대측 디스크(disk)에 견고하게 부착되고 있는 것이 아니라 대부분의 경우는 핀(pin)과의 마찰에 의해서 섬유 면 상에도 이동된다.

○ 각 마모분말의 마찰계수마다 이동궤적을 나타내고 있다. 그때 핀에서 일부의 PTFE를 깎이어 이동 부착한 마모분말은 많아진다. 또한 고속 이동하는 작은 마모량

의 분말이 다른 마모분말과 더불어 많아져서 마침내 커지고 핀의 앞부분에서 없게 된다. 많아진 마모분말은 비교적 견고한 것이 상대측 섬유디스크에 부착된다. 이 섬유 디스크 상에서의 이동은 매우 적고 너무 커진 마모된 분말에는 분열하는 것도 보이고 분열하는 입자의 모양도 궤적으로써 표현되고 있다.

□ 마모과정의 개략모델(schematic model)

○ 유리섬유재 디스크의 미끄럼방향은 왼쪽에서 오른쪽으로 이동하는 마모과정의 개략모델은 정상마모상태에 있어서 PTFE마모분말로서 잡아지는 입자의 모양을 나타내며 작은 파편필름의 이동은 상대측 디스크로 이동 부착된 마모분말, 필름으로서 이동 부착되어 PTFE핀의 절단액션에 의한 전사된 파편의 성장에는 PTFE핀이 깎인 필름을 합해서 많은 입자의 모양을 볼 수 있다. 추가 또는 파편의 붕괴에서 작은 마모분말이 합쳐서 생긴 많은 마모분말의 분열도 생기고 많은 마모분말은 다시 핀과 섬유디스크와의 접촉 면에 들어가지 않고 추가 또는 파편의 붕괴가 이루어진다. 핀의 앞부분이 뒷부분으로 배출된다. 뒤 파편 또는 필름의 이동은 핀 입구부에 부착된 마모분말, 섬유 디스크 상의 이동 부착된 마모분말, 필름 등이 핀들의 이동 면에 다시 부착하는 파편입자를 나타내고 있다.

○ 정상마모상태에는 작은 파편필름의 이동→PTFE핀의 절단액션에 의한 전사된 파편의 성장→추가 또는 파편의 붕괴→전사된 파편의 분리→뒤 파편 또는 필름의 이동까지 동시에 생겨 최종적으로는 이동 부착된 분말에서 다시 이동 부착된 마모분말을 공제한 양이 궤도 이외에 배출되어 마모량이 된다. 이러한 현상으로 분명하게 내마모성을 향상시키기에는 이동부착과 다시 이동하여 부착을 반복해 마모분말로서 궤도 이외에 용이하게 배출되지 않는 것이 필요하다. 자기윤활성을 가진 베어링재료에는 더 많은 연구가 필요하다고 생각된다.

3. 플라스틱 재료의 조직형태 제어(morphology control)와 내마모성의 향상

□ 결정성고분자재료의 조직형태제어

○ 결정성고분자재료의 조직형태를 제어하는 것에 의해 내마모성을 향상시킬 수가 있다. POM에 평균입자사이즈 0.28㎛의 SiC(탄화규소)미립자를 0.5vol% 첨가하는 것에 따라 무충진의 POM에 대해 비마모량을 1/100 이하로 저하하는 것이다. 구립크기와 마모 간의 관계는 채워지지 않은 POM 및 SiC에 의하여 채워지는 POM들을 평가하는 것은 SiC를 충진하는 것에 의해 구립결정성 치수는 작아져 약 0.5vol% 첨가와 무충진의 POM에 비해 약 1/3의 10㎛ 정도가 되는 것을 나타내고 있다.

□ 결정성 고분자재료의 비마모량

○ 이때의 비마모량은 무충진의 1/500 정도로 저하되어 1vol% 이상 SiC를 첨가하면 구립결정성 사이즈는 한층 더 작아지지만 비마모량이 증가하는 것을 알 수 있다. 이와 같이 미립자를 충진하는 것에 의해 조직형태를 제어하여 이것에 의한 파괴인성이 약간 증가하여 내마모성을 향상시킬 수 있다. PP(polypropylene), HDPE(high-density polyethylene)에 있어서 동일한 효과가 인정된다. 그러나 비결정질(amorphous)의 고분자재료에는 이 수법은 효과가 없다.

4. 마찰진동의 발생과 억제

□ 마찰 중에 발생하는 진동과 소음

○ 마찰 중에 발생하는 진동이나 소음은 플라스틱베어링, 클러치, 브레이크에 있어서 바람직하지 않은 것이라고 생각된다. 마찰진동이나 소음이 발생하기가 쉬운 것은 마찰계수와 마찰속도와의 관계에서 $\mu-v$(마찰계수-마찰속도)곡선이 임계치 이상의 부하 기울기를 나타낼 때 동마찰계수와 정마찰계수의 차이가 클 경우, 또한

마찰상대측면 파도의 주기는 마찰장치 용수철계의 고유진동수까지는 정현분의 1, 정수배와 맞을 때에 공진이 발생한다.

□ 마찰진동의 재료고유속도와 마찰계수관계

○ 마찰 진동하는 용수철계가 용수철과 그 스포트로부터 없는 용수철의 점성 감쇄계수 c를 하중을 p, μ−v특성의 기울기를 μ′(v)라 했을 때 다음의 판별식에 의해 나타내면 감쇄진동 시에 c / p + μ′(v) > 0, 발산까지는 지속진동 시에 c / p + μ′(v) ≤ 0이 된다. 실제의 마찰계에는 μ′(v)는 속도의 관계에서 c / p + μ′(v)의 값은 재료고유의 속도 v에 의해 변화하는 곡선으로써 구하여진다.

○ PA66(homopolyamide based on hexamethylenediamine and adipic acid)을 위한 μ−v커브의 기울기를 갖는 계산의 상측에는 PA66가 p = 2.5, f = 42Hz에서의 μ−v곡선을 μ′(v)−v곡선을 하측에 나타내고 있다. 안정과 불안정한 미끄러지는 범위가 동시에 존재하고 c / p = 0.085와 동일한 곳에 나타나고 진동이 f / 4, f / 3과 f / 2로 대응하는 3개의 속도가 생긴다. 횡축은 속도 v와 동시, 위의 상측에 상대측디스크 면의 회전속도도 나타내고 있다.

○ 또한 마찰계의 공진주파수 f의 정수분의 1의 위치도 나타내고 있다. 아래 하측에 나타낸 μ′(v)−v곡선은 전체속도영역의 부하이며 c / p + μ′(v) > 0 때, 즉 1㎧, 2㎧ 이상에는 진동이 감쇄하여 안정된다. 그것 이하의 속도에는 불안정으로 발산, 지속진동이 되어 마찰진동과 소음을 발생시킨다. 마찰진동을 발생하지 않기 위해서는 하중을 작게 하여 점성 감쇄계수를 크게 하는 것에 따라 다소의 부하 기울기가 있어도 오르는 것이 끊어질 수가 있다.

5. 내열성 aluminium축용 베어링재료

□ 플라스틱구동재료

○ 종래에는 강재에 대한 마찰결과는 다소 연구 보고되고 있다. 그런데 복사기의

히터롤러베어링, 피스톤링, 씰 또는 각종 사무기기, 자동차, 농업기계 등의 구동재료로서 상대측면에 aluminium을 사용하는 예가 보인다. 사용온도도 실온이 안 되어 473k에서 573k의 고온에서도 우수한 특성을 나타내는 것을 요구하게 된다. 이 aluminium상대의 경우는 강재상대의 경우에 비하여 플라스틱구동재료가 aluminium 면을 심하게 손상하는 것이다. 상대측면의 손상이 심할 때에는 플라스틱을 크게 마모시킨다. 그 때문에 좋은 aluminium축용의 베어링재료는 적다고 생각된다.

□ 플라스틱 복합재료의 비마모량과 온도관계

○ 마찰계수 및 각종 합성물의 마모비율의 온도의존성에서 PTFE－GF20, PTFE－K, Ti15, PTFE의 마모비율과 온도관계에서 aluminium상대와 마찰했을 때에 PTFE를 모재로 하여 각종 구동재료의 마찰계수 및 비마모량과 온도와의 관계를 나타내고 있다. 시료의 기호는 GF는 유리섬유, CF는 carbon섬유, k, Ti는 치탄산칼리위스커, POB는 폴리파라오키신벤졸, Gr는 graphite, KeVF는 케브러섬유와 배합된 것을 wt% 로 나타낸다.

○ PEEK와 PEEK－KeVF20, PEEK－PTFE15에서 복합재료의 마찰계수 및 비마모량과 온도의 관계와 PTFE－POB30, PTFE－POB25－Gr5, PTFE－POB20－Gr10에서 복합재료의 마찰계수 및 비마모량과 온도의 관계에서 나타내고 있다. 또한 PTFE와 POB, 혹은 Gr을 충진한 복합재료의 비마모량은 10_{-6}㎣/Nm 정도의 비마모량이다. PTFE－PPS15, PTFE－PPS15－Gr10, PTFE－Gr15 복합재료의 마찰계수 및 비마모량과 온도의 관계에서 PTFE－PPS15－Gr10, PEEK－PTFE15는 523k 정도의 온도까지는 10_{-6}㎣/Nm 정도의 비마모량이다. 이것들은 저마모율을 나타낼 때는 상대 aluminium의 거칠음이 작은 것을 알 수 있다.

□ 플라스틱 핀과 aluminium의 비마모량관계

○ 합성 핀의 비마모량과 aluminium디스크의 마모비율의 관계에서 온도 296k와 473k에 있어서 플라스틱 핀의 비마모량과 aluminium디스크의 비마모량의 관계를 시료마다 프로트한 것이다. 플라스틱의 마모량이 큰 것은 aluminium의 비마모량도 큰 것을 나타내고 있다. 상대 aluminium디스크에 플라스틱을 정상마모상태가 될 때까

지 마찰하여 상대 디스크 상에 플라스틱의 이동부착필름이 만들어졌다. 시료로서는 PTFE, PTFE－GF20, PTFE－POB30, PTFE－POB25－Gr5, PTFE－Gr15의 5종류를 이용하여 상대 aluminium디스크에 여러 가지의 이동부착필름을 형성한 다음 이동부착필름 상에 마찰계수 및 접촉전기저항을 측정하여 강구를 헛디딜 수 있어 이동부착필름이 수명이 될 때까지의 마찰횟수를 구한다.

□ 플라스틱전송필름의 마모거동

○ 여러 가지 플라스틱에 전송된 필름의 마모거동에서 플라스틱 이동부착필름의 수명이 도달하는 마찰계수를 각 온도에 따라 나타내고 있다. 실온 296k에 있어서 무충진PTFE는 마찰과 함께 즉시 필름은 파단되지만 373k에서는 상당한 수명을 가지는 것을 나타내고 있다. 296k와 373k의 온도에서 PTFE－POB30, PTFE－POB25－Gr5, PTFE－Gr15의 이동부착필름은 PTFE의 373k 경우와 같이 상당히 긴 수명을 가지고 있다. PTFE의 보고에서 견고한 필름은 할 수 없지만 PTFE에 POB가 있기에는 Gr이 함유된 재료, POB와 Gr을 포함한 재료는 단단한 필름이 만들어지는 것이다. 따라서 aluminium용 베어링에는 윤활성이 있는 단단한 이동부착필름을 상대측면에 만들어 상대측면 aluminium을 보호해 스스로도 내마모성이 있는 플라스틱이 우수한 베어링재료라고 생각된다.

6. 결 론

○ 내마모성이 우수한 플라스틱베어링재료는 다수가 시판되고 있다. 이것들은 교묘하게 상대측면에 얇고 단단한 이동부착필름을 형성해 스스로의 플라스틱베어링과 상대 이동부착필름 간에 상호이동부착을 반복하여 용이한 마모분말에 대한 연구를 하고 있다. 이와 같이 마모과정을 교묘하게 조정하는 것에 의해 우수한 내마모성을 실현하고 있다. 이러한 내마모성에 대한 마찰진동, 소음을 발생하지 않는 것, 내열성을 가지는 것 등이 베어링재료의 성질로서 요구되고 있다.

◁ 전문가 제언 ▷

○ 베어링은 저마찰계수, 저마모율이 요구되고 고분자 복합재료들은 마찰부위에 응용되고 고분자재료에 첨가제와 보강제를 넣어 강도와 미끄럼마모, 연마마모, 충격마모 등 마찰마모 특성을 향상시키는 자체윤활 보강플라스틱 구동재료의 개발이 재료메이커, 플라스틱베어링메이커에 의해서 더욱더 활성화되어야 한다.

○ 베어링은 마찰계수와 마찰속도의 관계에서 마찰진동, 소음이 발생하지 않는 마찰특성이 요구된다. 플라스틱재는 강재보다 열전도도계수, 강도, 열변형온도가 낮은 반면 전기적, 화학적 안정성과 마모저항이 높기 때문에 마찰재료의 용도로서 적합하다. 마찰성능을 향상, 마모를 최소화, 마찰손실의 감소화, 각 부품기능의 요구특성에 맞는 수지(resin)를 선정하여야 한다.

○ 마모저항이 높은 플라스틱 베어링 재료로서 polyester, PA(polyamide), PTFE (polytetrafluoroethylene), PI(polyimide), PF(phenolformaldehyde), POM(polyoxymethylene), PEEK(polyesteresterketon), LP(liquidpolymer), PF(epoxyresin), PPS(polyphenylenesulfide), TPI(thermoplasticpolyimide) PAI(polyamideimide) 등의 각종 복합재료, 폴리머공중합 등이 베어링재료로써 사용되고 브레이크, 클러치에는 PF수지가 모재로써 사용되고 보강을 위해서 유리섬유가 이용되며, 고온에서 마찰계수가 저하하지 않는 것, 마찰진동이 발생하지 않는 것은 베어링재료의 성질로서 중요하다. 따라서 자기윤활성을 가진 베어링재료에는 더 많은 연구가 필요하다고 생각된다.

○ 베어링은 건식(dry bearing)재료로 사용되는 고분자재료에서 GF는 유리섬유, CF는 carbon섬유, k, Ti는 치탄산칼리위스커, POB는 폴리파라오키신벤졸, Gr는 graphite, KeVF는 케브러섬유로 표기하며 PTFE $-$ PPS15, PTFE $-$ PPS15 $-$ Gr10, PTFE $-$ Gr15복합재료의 마찰계수 및 비마모량과 온도의 관계에서 PTFE $-$ PPS15 $-$ Gr10, PEEK $-$ PTFE15는 523k 정도의 온도까지는 $10-6$㎣/Nm 정도의 비마모량이다. 이것들은 저마모율을 나타낼 때는 상대 aluminium의 거칠음이 작은 것을 알 수 있다.

제3장 Boss 설계

1. 보스의 정의

보스는 사출성형품 Pad의 돌기부분에 사용되는 것으로 Hole의 보강과 조립 시 끼워 맞춤이나 적당한 높이로 하여 조립축으로도 사용한다.

2. 보스의 설계

① 길고 얇은 보스는 나사의 파손, 나사의 보강, 응력집중방지 등을 위하여 Rib를 추가하여 보강하고 아래와 같이 설계한다.

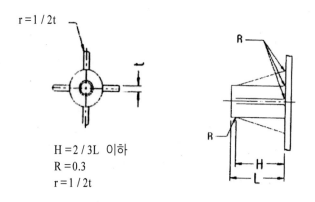

H = 2 / 3L 이하
R = 0.3
r = 1 / 2t

② 다음은 Self-tapping screw용 보스의 발구배에 관한 치수를 예시한 것이다. Self-tapping screw용 Φ3에 대해 H = 30㎜ 이하가 좋다.

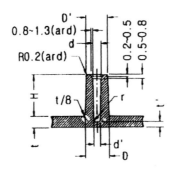

(PS, ABS)

항목	Φ3	Φ4	Φ4	Φ5
ΦD	7.5	8.5	9	9
ΦD1	7	8	8.5	8.5
Φd	2.25	3.25	3.25	4.25
Φd1	2.4	3.4	3.4	4.4
c	0.5	0.5	0.5	0.5
t	1.5	1.5	1.5	1.5
H	30 이하	30 이하	30 이하	30 이하
α	1°	1°	1°	1°
파괴 Torque	16kg·cm	38kg·cm	38kg·cm	57kg·cm

$$F = \pi \cdot d \cdot t \cdot \tau$$

F: Screw를 성형품에서 빼는 데 필요한 전단력

d: Screw의 외경

t: Screw가 끼워져 있는 깊이

τ: 수지의 전단강도

③ Engineering structure foam의 Boss 설계

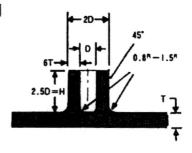

④ 강성이 우수하고 수축이 예민한 Boss 설계

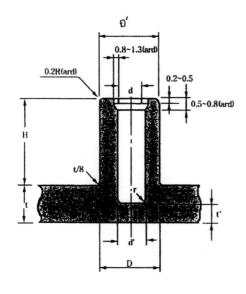

$$\frac{D-D'}{H} = 0.035 - 0.070$$

$$\frac{d-d'}{H} = 0.0177 - 0.035$$

$$t' = t(0.6 - 0.8)$$

$$R = 0.5d'$$

$$H \geqq 2.5d$$

$$H \leqq 2D'$$

$$r \geqq 0.2 \sim d' / 2$$

3. Boss의 일반적인 사항

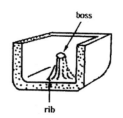

① • 성형품 Pad의 돌기 부분에 사용
  • Hole의 보강
  • 조립 시 끼워 맞춤이나 적당한 높이로
    하여 조립축으로 사용
  • Boss < 2 × 직경
② 길고 얇은 Boss
  • Rib를 주어 보강
  • Rib가 충전 부족 방지
  • Rib를 두껍게 하면 Vent를 좋게 한다.
③ Sink mark
Boss 반대쪽같이 Sink mark가 생기기 쉬운 곳에는 무늬를 넣어 주는 것이 좋다.
④ 이형시킬 때 Core pin에 수축력이 걸려서 휘어지게 되므로 보스를 설치하는

것이 좋다.

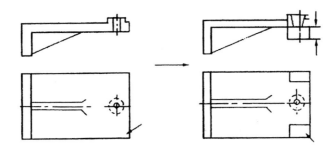

⑤ Boss의 강도를 보강하는 Rib를 주어 모서리에 0.2 Round 지게 한다.

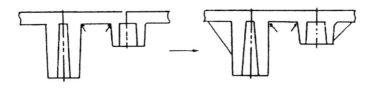

⑥ Corner boss

⑦ PVC Compound boss

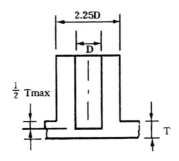

1) Rib가 있는 Wall boss

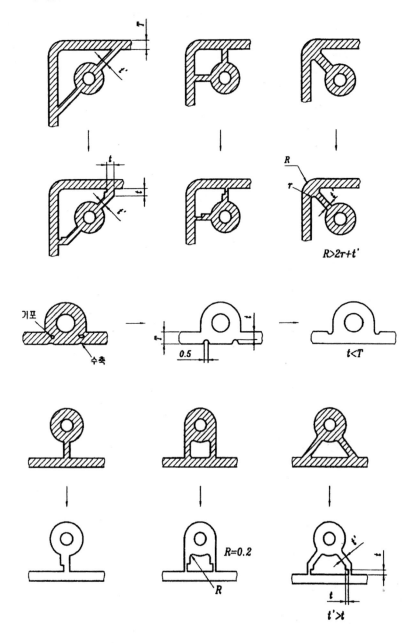

4. 가장 적합한 설계의 Boss

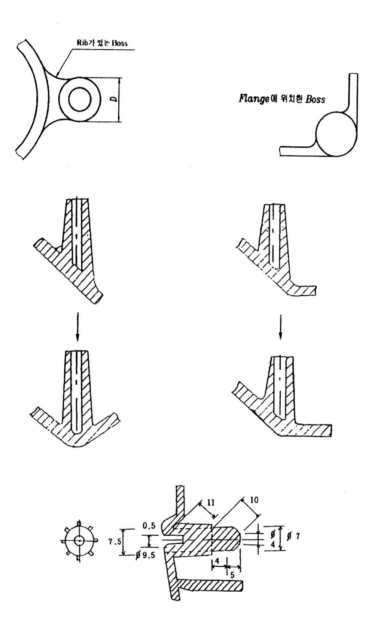

5. Boss부의 Silver와 Weld

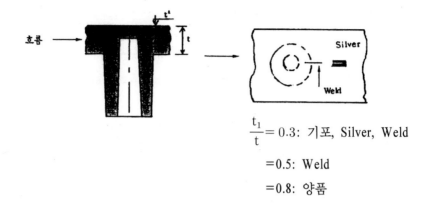

$$\frac{t_1}{t} = 0.3: \text{기포, Silver, Weld}$$

$$= 0.5: \text{Weld}$$

$$= 0.8: \text{양품}$$

6. Mounting bosses

① 수축 고려한 Mounting boss

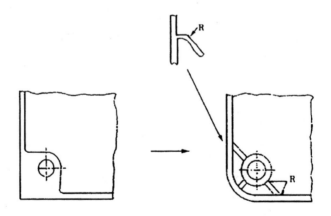

② 보스높이가 30㎜ 이상에서 강도를 요하는 보스의 구배는 아래와 같이 한다.

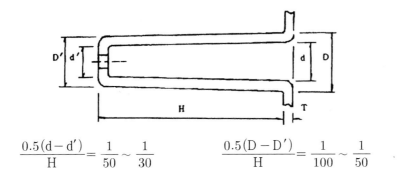

$$\frac{0.5(d-d')}{H}=\frac{1}{50}\sim\frac{1}{30} \qquad\qquad \frac{0.5(D-D')}{H}=\frac{1}{100}\sim\frac{1}{50}$$

③ 경사진 보스 또는 형상은 금형의 구조가 복잡하며 또한 금형이 대형으로 되기 때문에 Parting line에 대해서 직각으로 하는 것이 좋다.

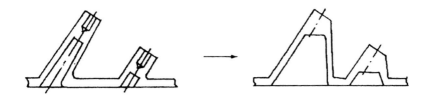

④ Mounting bracket의 1/8″에서 Mounting boss

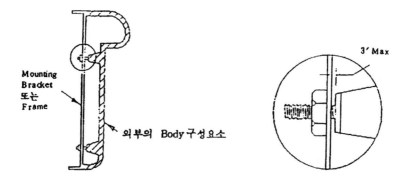

7. Sink mark가 발생하는 Boss

Sink는 Boss 걸림에 의해 일어난다.

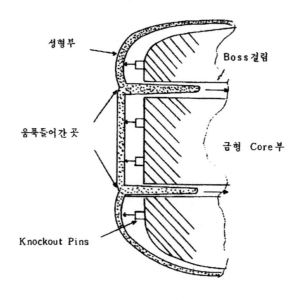

8. Mounting boss의 일반

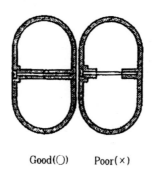

Good(○)   Poor(×)

9. 재질별 Boss 설계

(1) Polypropylene

① Boss

Boss는 구멍의 보강이든가 조립 시의 끼워 맞춤, 또는 적당한 높이에 조립용으로써 이용되고 있다. 다른 성형품 또는 금속부품과 조합시키기 위해 이용되는 Boss는 기부(基部)의 Rounding은 Rib의 기부와 같이 T / 8R가 적당하고 두께는 구멍의 직경과 같아도 좋으나 0.8mm 이하는 바람직하지 않다. 또 Boss의 높이는 직경의 2배 이하로 하고 발구배는 2°가 적당하다.

② 성형공(孔) 및 Sleeve

구멍 및 Sleeve 등의 성형 시 Gate의 반대 측에 Weld를 생기게 한다. Weld부의 단면적이 적으면 깨지기 쉬우므로 주의가 필요하다. 구멍에 있어서는 구멍과 구멍의 간격은 구멍지름의 2배 이상이 적당하고 구멍과 제품선의 거리는 구멍지름의 3배가 적당하다.

③ Tapping screw

Polypro 성형품의 평판에 Tapping screw를 넣은 경우, 그 인발 강도는 대체로 다음과 같은 관계식으로 구해진다.

$$F = \pi \cdot d \cdot t \cdot \tau$$

    F: Screw를 성형품으로 빼는 데 필요한 전단력

    τ: Polypylene의 전단강도(수지의 경우 2.5kg / mm², Film의 경우 2.7kg / mm²)

    d: Screw경

    t: Screw가 끼워져 있는 깊이

    π: 3.14

다음에 Tapping 나사를 취부하는 경우, Tapping 나사를 성형품에 완전히 고정하고 또 고정부의 강도를 유지하기 위해서는 하도와 같은 Boss의 형상을 권한다.

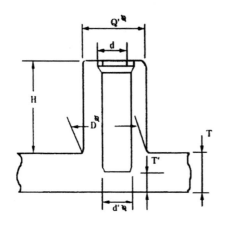

T	2.5~3.0		3.5
D	7	7	8
D′	6	6.5	7
T′	T/2 또는 1.0~1.5		
d	2.6		
d′	2.3		

H는 30mm 이하가 좋다.

발구배

$$\frac{0.5(D-D')}{H} = 1/30 \sim 1/20$$

(2) ABS

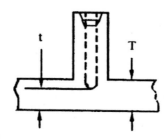

$$t = 0.8T$$

(3) Polyacetal

● Self tapping 용

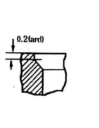
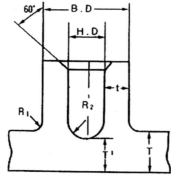

$B.D \geqq 2H.D$

$T \geqq t$

$T^1 = 0.8T$

$0.3 \leqq R^1 \leqq 0.7$ mm

H.D늑나사유효경

Tapping 길이늑2.5 × 나사최대경

(4) Poly carbonate boss 설계

① Boss size의 일반 Type

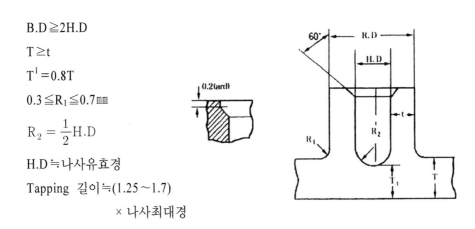

$B.D \geqq 2H.D$

$T \geqq t$

$T^1 = 0.8T$

$0.3 \leqq R_1 \leqq 0.7$ ㎜

$R_2 = \dfrac{1}{2}H.D$

H.D≒나사유효경

Tapping 길이≒(1.25~1.7)

× 나사최대경

② Boss 높이는 내경의 3~5배 정도, 특수한 경우는 내경의 5~10배

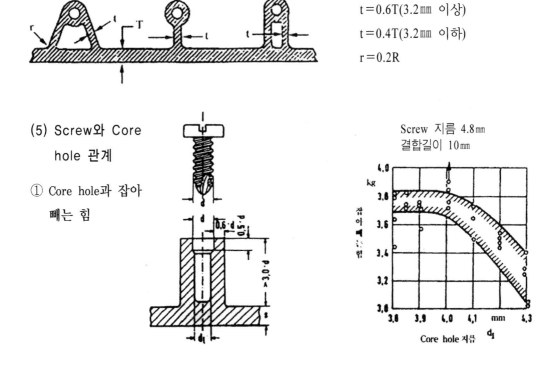

$t = 0.6T(3.2$㎜ 이상$)$

$t = 0.4T(3.2$㎜ 이하$)$

$r = 0.2R$

(5) Screw와 Core hole 관계

① Core hole과 잡아 빼는 힘

Screw 지름 4.8㎜
결합길이 10㎜

② Resin별 Screw와 Core hole

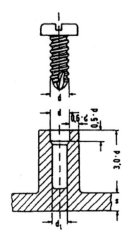
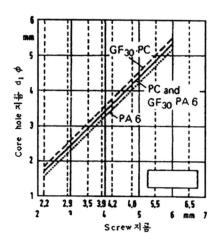

③ Self tapping screw와 잡아 빼는 힘

Screw지름 φ3.9mm

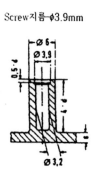
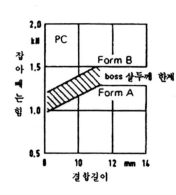

(6) Noryl boss 설계

① Boss size

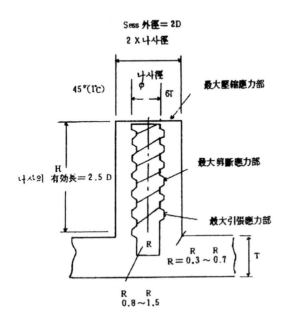

나사경	파괴 Torque	boss경
M3	16 kg – cm	Φ6
M3.5	20	Φ7
M4	38	Φ8
M5	57	Φ10

② Screw

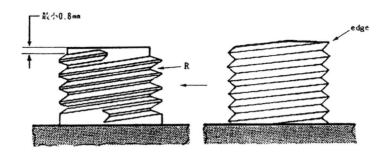

(7) Boss의 Self tapping screw 시험 예

① Boss의 개략

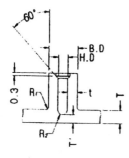 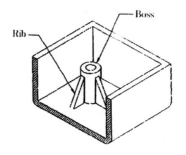

② 사출성형 조건
- 사출기: 140 OZ
- 금형온도: 45℃
- 사출속도: 1.0m / min
- 냉각시간: 35초
- 수지온도: 201~206℃
- 사출압력: 100kg / ㎠(Gauge)
- 사출시간: 25초

③ 측정조건
- Tapping screw JIS 2종 4mΦ L=10.12㎜
- 기초구멍 3.0, 3.2, 3.4, 3.5㎜Φ
- 와셔 외경 16㎜Φ 내경 4.1㎜Φ 두께 1.0㎜
- Torque driver 동일제작소 FTD-40형
- Test piece 변조 20℃ × 24hrs, 65%RH

④ 재질별 Boss 강도
- 나사조립 Torque: Tapping 나사의 Screw 취부 Torque
- 파괴 Torque: Torque를 가하여도 나사 파괴가 발생하지 않는 최대 Torque

(8) PPHOX Boss 설계

$$\frac{(D - D')}{H} = 0.035 \sim 0.070$$

$$\frac{(d - d')}{H} = 0.0177 \sim 0.035$$

$$t' = t \times (0.6 \sim 0.8)$$

$$R = 0.5d'$$

$$H \geqq 2.5d$$

$$H \leqq 2D'$$

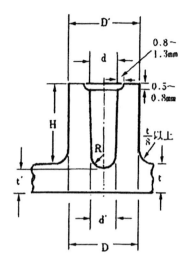

(9) Engineering structure foam boss 설계

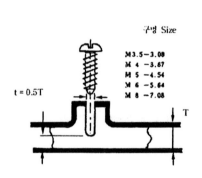

(10) Boss의 Self tapping 시험

① FR ABS는 전단 강도가 크고 Self tapping 시의 체결 Torque는 충분히 높은 값이 유지 가능하다. 따라서 기초구멍이 작은 경우에는 Thermal shock에 의한 Crack 를 발생하는 것이 없다.

Boss경 mmΦ	Screw	Screw 길이 mm	Torque kg · cm	FR ABS V - 0	V - 0	HIPS HB	V - 0	ABS / PVC V - 0	PPHOX V - 0
3.0	2종 4mmΦ	10	나사깊이	6	8	9	6	4	7
			파괴	16	21	26	16	10	23
		12	나사깊이	6	7	12	5	4	10
			파괴	21	27	30	20	11	27
		14	나사깊이	–	7	–	–	–	–
			파괴	–	32	–	–	–	–
		16	나사깊이	6	–	–	–	6	–
			파괴	23	–	–	–	16	–
3.2	1종 4mmΦ	10	나사깊이	7	8	–	7	3	–
			파괴	18	24	–	19	10	–
		10	나사깊이	5	6	7	5	4	6
			파괴	15	20	25	16	9	22
3.2	2종 4mmΦ	12	나사깊이	4	6	8	6	4	7
			파괴	20	24	27	19	10	27
		14	나사깊이	6	6	–	7	–	11
			파괴	21	28	–	22	–	28
		16	나사깊이	6	6	–	5	5	–
			파괴	23	32	–	22	14	–
	1종 4mmΦ	10	나사깊이	6	7	–	6	4	–
			파괴	17	21	–	18	10	–
3.4	2종 4mmΦ	10	나사깊이	4	4	–	–	–	–
			파괴	15	18	–	–	–	–
		12	나사깊이	3	4	4	–	–	7
			파괴	16	22	24	–	–	22
		14	나사깊이	4	4	6	5	–	6
			파괴	19	25	25	21	–	23
		16	나사깊이	4	–	–	4	3	–
			파괴	21	–	–	20	12	–

Boss경 mmΦ	Screw	Screw 길이 mm	Torque kg·cm	FR ABS		HIPS		ABS / PVC	PPHOX
				V－0	V－0	HB	V－0	V－0	V－0
3.5	2종 4mmΦ	10	나사깊이	3	3	5	－	－	4
			파괴	13	16	17	－	－	18
		12	나사깊이	3	3	5	－	－	5
			파괴	16	21	23	－	－	12
		14	나사깊이	3	3	－	－	－	－
			파괴	19	24	－	－	－	－
		16	나사깊이	3	－	－	－	－	－
			파괴	20	－	－	－	－	－

(11) Tapping set 품의 Thermal shock 시험

① 시 료
- 수지 FR ABS
- 체결부 Torque 20kg·cm
- 나사길이 12㎜ 및 16㎜의 2종
- Screw tapping 2종 외경 4㎜Φ
- Boss 내경 3.0㎜Φ, 외경 8㎜Φ
- 와셔 두께 1㎜

② 시험결과
- 환경조건: 50℃ × 2hr － 10℃ × 2hr을 1cycle로서 8회 반복한다.
  결과: Crack 발생 전혀 없음.
- 환경조건: －20℃ × 50hr
  결과: Crack 발생 전혀 없음.

(12) POM Boss 설계

① Boss는 성형품과 성형품의 조합, 타 성형품을 체결 등에 이용되며 체결법으로는 Self tapping 방법, Metal insert 방법, Metal 압입방법 등이 있고 부적정의 Boss는

체결력을 저하시킨다. 그래서 성형품의 기능을 상실케 한다.

② Self tapping의 Boss 형상

Self tapping으로 체결력을 지속 증가하는 요인으로 Self tapping screw의 Design boss 외경과 내경관계, Screw와 Boss 길이관계 등이 있다.

또한 t는 성형품의 수축, Weld, Flow mark의 요인이 된다.

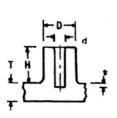

기호	Self tapping screw	
	Φ3	Φ4
D	6.5〜7.5	8.0〜9.0
d	2.5〜2.7	3.4〜3.6
T	2〜4	2〜4
t	T × 0.2	T × 0.2

③ Metal insert의 Boss 형상

㉮ Metal을 수지에 Insert하여 체결력을 유지하는 방법으로써 Metal과 수지의 성질이 완전히 다른 경우에 주의할 필요가 있다.

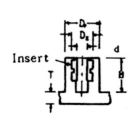

기호	Screw	
	Φ3	Φ4
D1	≧8.5	≧10
D2	5	6
d	M3	M4
T	2〜4	2〜4

㉯ Metal insert가 체결력에 미치는 영향은 Metal의 길이와 Knurling 등이며 Metal 외경과 Boss 외경과의 관계 등이다.

㉰ 수지와 Metal의 선팽창계수가 현격히 다를 경우에 Metal에 응력집중점이 발생한다.

㉱ Boss가 높고 큰 경우에 $D_1 - D_2$를 작게 하고 수축발생을 방지해야 한다.

㉲ Insert로 하는 Metal은 탈지를 행하고 충분히 건조 후 사용해야 한다.

④ Metal 압입의 Boss 형상

　⑦ 체결력에 영향을 주는 요인으로 Metal 외경과 Boss 내경의 차이, Metal의 Design 등이다.

기호＼나사	M3	M4
D1	$\geqq 8.5$	$\geqq 10$
D₂ Boss 내경	D2 − (0.05〜0.1)	D2 − (0.05〜0.1)
D₂ Metal 외경	5	6
d	M3	M4
H	Metal 높이	Metal 높이
T	2〜4	2〜4
t	T × 0.1〜0.5	T × 0.1〜0.5

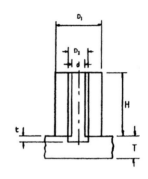

(13) 일반적 Boss 설계

①

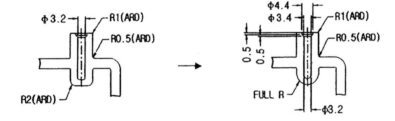

②

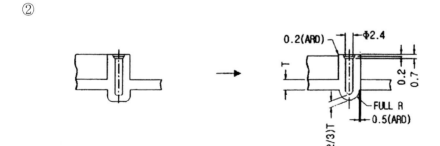

③ Coring

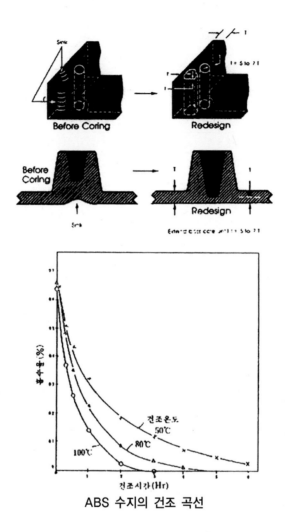

ABS 수지의 건조 곡선

④ Boss design

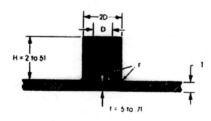

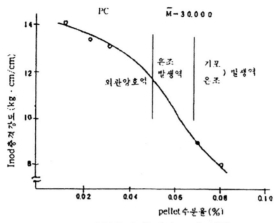

Pellet 수분율과 충격강도 및 외관

⑤ Styrene계 수지에 적용하는 Self tapping boss의 치수

항 목	고충격성 PS	중충격성 ABS 수지	Glass 섬유강화 AS 수지
Screw 외경 − Boss 내경	0.5 mm	0.5 mm	0.3 mm
Boss 상부 두께	Screw 골경 이상	Screw 골경 × 2 / 3 이상	Screw 골경 이상

(주기) 일반용 Poly styrene은 적용 불가능

⑥ Styrene계 수지에 적용하는 Metal insert boss의 치수

Resin	$(T / D) \times 100(\%)$
고충격성 PS, SAN 수지, Glass 섬유강화품	약 70
ABS 수지	약 50

(주기) 일반용 Poly styrene은 적용 불가능

insert boss 상면

⑦ Tubing

㉮ Tube의 내압에 작용하는 Stress

일반적으로 $S_{max} = P \left(\dfrac{r_0^2 + r_1^2}{r_0^2 - r_1^2} \right)$

㉯ 얇은 Tube 경우

t < 10 × r일 때 $S_{max} = P\dfrac{r}{t}$

㉰ Tube의 내압에 작용하는 Stress에 의한 변형

$$R = P\dfrac{r}{E}\left(\dfrac{r_0^2 + r_1^2}{r_0^2 - r_1^2}\right)\left[(1 - \mu) + (1 + \mu)\dfrac{r_0^2}{r_0^2}\right]$$

μ: Poisson ratio(0.3 ~ 0.5)

E: Flexural modulus(kg / ㎠)

r1: Tube 내경의 반지름(㎝)

r0: Tube 외경의 반지름(㎝)

t: Tube 두께(㎝)

P: Tube 내압(kg / ㎠)

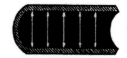

Self-Tapping Screws for Thermoplastics

- Dimensions for screws and screw holes
- Suitable Bayer-Thermoplastics

Disconnectable joints for plastics parts which are achieved through the use of self-tapping screws have been successfully employed for a long time, since they are both reliable and inexpensive. The pull-out strength of self-tapping screws is similar to that of screw connections achieved with moulded-in threaded metal inserts. Providing that the parts are assembled correctly, there will be no greater danger of stress cracking than with threaded metal inserts. If assembly is not performed in the correct manner, however, it is possible for damage to result to the thread.

The quality of a screw connection

The following factors have a key influence on the quality of a screw connection:

A - screw-in torques

B - geometry of the screw and screw boss

C - torque cut-off

D - screw insertion speed

A Screw-In torques

The insertion torque M_E denotes the maximum torque that occurs as the screw is being inserted, prior to the screw head coming into contact with the surface against which it will rest. The torque employed to tighten the screw is the tightening torque, M_A. This should be at least 1.2 times the insertion torque, but should not exceed 0.5 times the stripping torque M_O, required to strip the thread(Fig. 1). The insertion torque and stripping torque should be determined experimentally. The higher the ratio of M_O to M_E, the more reliable the screw connection will be.

B Geometry of the screw and the screw boss

1. Screws:

Geometries with the following characteristics have proved suitable:

−sharp−angle thread＜40°

−small core diameter

　＜0.65 × D(for PA GF＜0.8 × D)

−high thread pitches

　＞0.35 × D(for PA GF＞0.25 × D)

−tight manufacturing tolerances.

Countersunk−head screws are not suitable for thermoplastics on account of their expanding effect.

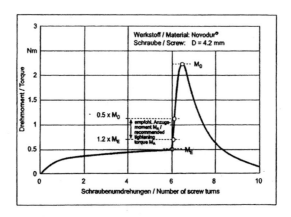

Fig. 1: Screw−in torques
ME＝insertion torque, MA＝tightening torque,
MO＝stripping torque

1.1 Screws with a cutting notch:

These screws cut the thread and are suitable for once−only assembly or for connections that only need to be disconnected and re−assembled a few times. They are characterised by a low insertion torque M_E and a relatively high stripping torque M_O, which means that their M_O / M_E ratio is particularly favourable. The drawback to this type of screw is that repeated assembly is only possible if the screw is carefully inserted into the original thread once again(by hand). In isolated cases it may be necessary, for

Problems can thus be encountered in respect of compliance with DIN 57700 / VDE 0700.

1.2 Screws without a cutting notch:

All the screws of the design shown in Fig. 2 are suitable for thermoplastics, providing that the dimensioning rules for the screw boss are observed(Fig. 3). These will then generally fulfil the DIN / VDE requirements as well.

Advice on less suitable screw geometries

to be modified in the appropriate manner.

logical reasons, to have recourse to less suitable screw geometries, such as sheet-metal screws, which do not comply with the specifications in Fig. 2. Since this can lead to increased strain on the screw boss, it is necessary for the geometry of the boss

Figure 3 shows the design dimensions(in brackets) that have proved successful. In view of the considerably higher loads acting on the plastic, tests should be conducted for purposes of establishing the serviceability of the connection.

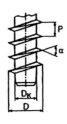

Fig. 2

Kerndurchmesser / Core diameter D_k(㎜)	〈 $0.65 \times D$
Gewindesteigung / Thread lead P(㎜)	$0.35 \times D$ bis / to $0.55 \times D$
Flankenwinkel / Thread angle α	〈 $40°$

D = Gewindedurchmesser[1] / Thread diameter[1]

[1] NB: The nominal diamter may deviate from the actual outside diameter since different tolerances are employed for different screw types.

Self-Tapping Screws without Cutting Notches Recommended dimensions for screw holes
(valid for D = 2.9 to 5.1 ㎜)

Werkstoff Material	Für die Schraubengeometrie entsprechend Bild 2 For the screw geometry as per Fig. 2 valid
Novodur® / Lustran® ABS	$D_i = 0.84 \times D$
Bayblend® (mit niedrigem PC-Anteil / with low PC content)	$D_i = 0.86 \times D$
Bayblend® (mit hohem PC-Anteil / with high PC content)	$D_i = 0.89 \times D$
Makrolon® unverstärkt / unreinforced	$D_i = 0.90 \times D$
Makrolon® glasfaserverstärkt / glass fibre reinforced	$D_i = 0.92 \times D$
Pocan® unverstärkt / unreinforced	$D_i = 0.85 \times D$
Pocan® glasfaserverstärkt / glass fibre reinforced	$D_i = 0.87 \times D$
Durethan® A glasfaserverstärkt, spritzfrisch / glass fibre reinforced, freshly moulded	$D_i = 0.90 \times D$
Durethan® A glasfaserverstärkt, konditioniert / glass fibre reinforced, conditioned	$D_i = 0.87 \times D$

Werkstoff Material	Für die Schraubengeometrie entsprechend Bild 2 For the screw geometry as per Fig. 2 valid
Durethan® B unverstärkt spritzfrisch / unreinforced freshly moulded	$D_i = 0.86 \times D$
Durethan® B** unverstärkt konditioniert / unreinforced conditioned	$D_i = 0.82 \times D$
Durethan® B glasfaserverstärkt, spritzfrisch / glass fibre reinforced, freshly moulded	$D_i = 0.88 \times D$
Durethan® B glasfaserverstärkt, konditioniert / glass fibre reinforced, conditioned	$D_i = 0.86 \times D$
Apec® HT	$D_i = 0.90 \times D$

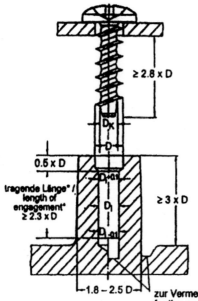

D = tatsächllcher Schrauben−durchmesser (Kann vom Nenndurchmesser abwelchen) /

D = actual outside diameter of screw (may devlate from nominal diameter)

- The greater the scew−in depth, the better the compliance with VDE regulations
- • Recommended length of engagement≥3 × D in order to reliably fulfil VDE regulations

2. Boss geometries

In the case of a standard screw connection, the boss geometry should comply with the recommendations given in Fig. 3. The hole diameters should display a tight tolerance in

C Torque cut−off

When self−tapping screws are employed, the connection is frequently damaged at the assembly stage already on account of excessively high tightening torques being employed. The most

order to guarantee a consistent quality.

If the relatively high tightening torque means that the connection fails to comply with the requirement for assembly and disconnection ten times over, as specified in DIN 57 700 / VDE 0700, then the remedy that is frequently adopted in practice is to reduce the diameter of the hole. This, however, leads to greater expansion of the boss and hence to higher tangential stresses, which, in turn, increases the danger of long −term stress−cracking with ultimate failure. The best way to reliably absorb higher tightening torques is to increase the screw−in depth. This leads to just a slight increase in the insertion torque but raises the stripping torque quite considerably and hence also serves to increase the permitted tightening torque.

−The kinetic energy of rotating nut runner masses that cannot be braked quickly enough, on account of the inertia of the mass(this frequently occurs at high speeds

frequent reasons for this are:

If excessive frictional heat prevails(on account of high nut runner speeds), the area of plastic that melts will become greater while the stripping torque decreases and the quality of the screw connection also deteriorates(Fig. 4).

With only a low level of frictional heat(low nut runner speed, manual screw insertion), high tangential stresses will develop in the screw boss, leading to a poorer−quality screw connection.

Since the frictional heat is additionally influenced by the screw−in depth and the surface characteristics of the screws employed, it is advisable to conduct a number of application−based tests in order to establish the optimum nut runner speed. Screw circumferential velocities of between 3 and 6 m / min have proved successful for moulded parts made of Bayer thermo− plastics. For screws with a nominal

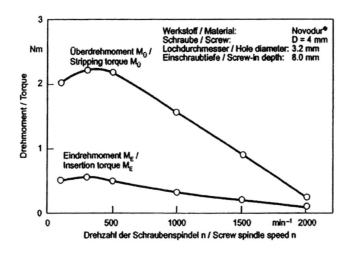

and with small screw diameters)

- An incorrectly estimated or unknown stripping torque
- Excessively small screw-in depths.

D Insertion speed

With the right insertion speeds, sufficient frictional heat will develop to slightly melt the plastic in the region of the thread flanks. This will then make it easier for the thread flanks to penetrate the plastic, thereby reducing the tangential stress and increasing the stripping torque at the same time.

diameter of 4㎜, this corresponds to a nut runner speed of 250 to 500 r.p.m.

NB: The no-load speed specified for standard commercial nut run-ner units is frequently much higher than the speed actually attained under load.

(1) silver streak

① 현 상

㉮ 발생장소가 일정하지 않다.

㉯ 일정장소에 발생한다.

② 대 책

㉮ 발생장소가 일정하지 않은 silver는 재료의 흡습수분분해, screw 회전 시의 공기유입배제

㉯ 발생장소가 일정한 silver는 제품 design 개선

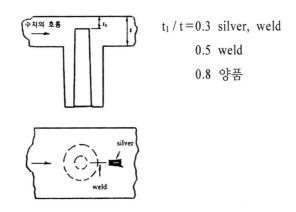

$t_1 / t = 0.3$ silver, weld

0.5 weld

0.8 양품

(2) 기 포

① 현 상

㉮ POM

㉯ PMMA, PC의 투명수지는 두꺼운 제품

② 대 책

㉮ 장소가 불일정한 기포는 휘발분 제거

㉯ 장소가 일정한 기포는 weld부의 공기 배제

제4장 도장하는 Plastic 부품의 설계기준 설계

1. 표면도장

(1) 도장이 나뉘는 계단을 둔다. 계단이 1.5㎜ 이하이면 끝손질할 때 도장 면에 홈, 긁힘 등을 만들기 쉽다.

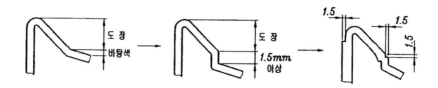

(2) 우묵한 안쪽을 도장하는 경우 폭이 좁고 깊은 도장은 특히 곤란하며 깊이는 폭의 2배 이하가 좋다. 5㎜ 이상의 깊이를 가진 경우는 면의 높이를 같게 하지 않고 한쪽을 낮게 하면 도장능률이 좋다.

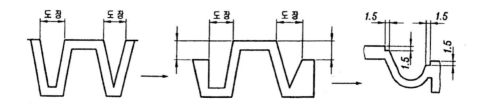

(3) Spray 도장으로서 도장면이 깊고, 도장계단이 좁고 깊은 경우 폭이 좁으면 끝손질에 손가락이 들어가지 않아 곤란하다.

깊을 때의 도장계단은 도장범위를 포함하여 최저 10㎜ 이상을 필요로 한다.

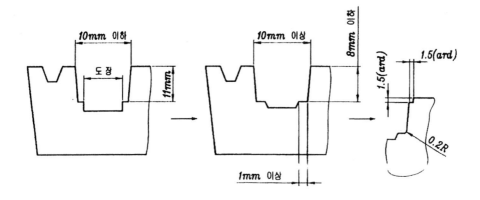

(4) Spray 도장의 경우, 격자의 우묵한 곳의 폭은 깊이의 2배 이상을 필요로 한다.

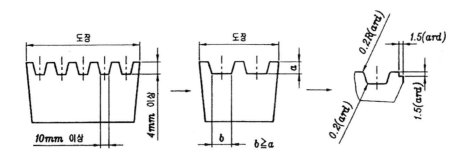

(5) 표면 조각문자는 깊게 한다. 깊이가 얕으면 색충진할 때 닦아내는 액 및 손가락이 도막에 닿아 얼룩점 상처를 내기(만들기) 쉽다. 최저 0.3㎜ 이상 필요하다.

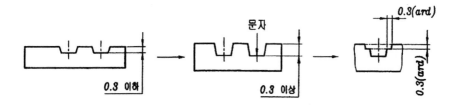

(6) 폭이 넓은 면에 색을 넣을 때는 도장면에 가죽 등의 무늬를 넣으면 좋다.

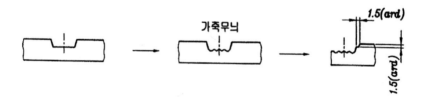

2. 이면도장

(1) 투명부는 높게 한다. 투명부 닦아냄, 끝손질을 할 시 도막에 접한 불량을 만들기 쉽다. 투명부는 높이 0.3㎜ 이상 필요하다.

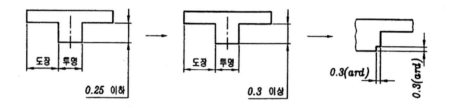

(2) 투명부가 단속(斷續)되는 경우는 투명부의 면 높이를 같게 한다.

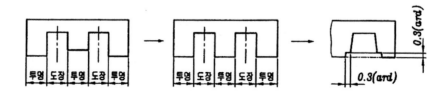

(3) 도장이 바뀌는 경제면은 높게 한다. 도장이 바뀌는 계단은 0.3㎜ 이상이 아니면 경계가 깨끗하게 되지 않고 닦아냄. 끝손질할 때 도장이 침식된다.

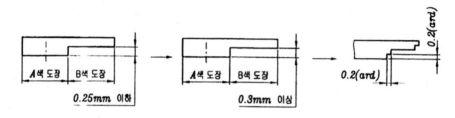

(4) 각종 색도장의 나뉘는 계단을 둘 때는 계단은 직각으로 하고 올라간 끝에 R을 붙인다. ①의 올라간 끝에 R을 붙인다. ②의 도장경계면은 직각으로 한다.

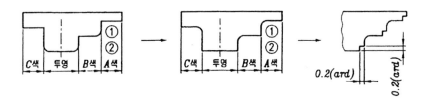

(5) 각종의 Spray 도장은 진한 색(어두운 색) → 옅은 색(밝은 색)으로 설계한다. 옅은 색 도장 시 진한 색 도장을 하면 옅은 색이 변해보이는 경우가 있다.

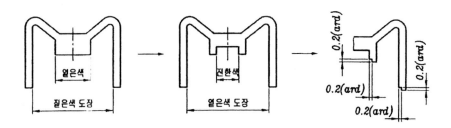

(6) 도장하는 각(脚)은 부착기둥에 R을 주어서 든든하게 한다. R이 없으면 도장에 의해 Crack이 가기 쉽다.

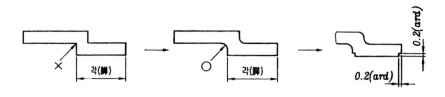

(7) Spray 도장을 하는 우묵한 곳의 깊이와 폭이 좁고 깊은 도장은 Spray 도장으로는 균일하게 되지 않고 얼룩, 덜 됨을 만든다. 깊이는 폭의 2배 이하가 좋다.

(8) Rollet의 도장분할은 정점에서 분할되면 안 된다. Rollet의 접점에서의 도장분할은 매우 곤란하다. ①과 같이 차를 두도록 한다.

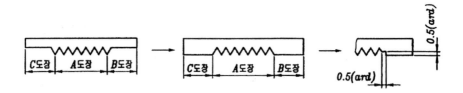

(9) 색을 넣는 색문자의 간격은 가능한 한 띄운다. 너무 가까우면 다른 도장이 섞여 들어온다. 간격은 최소 1㎜ 이상 필요하다.

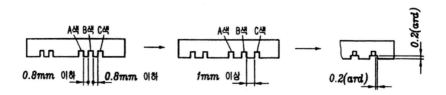

(10) 색을 넣는 문자와 측벽과의 간격을 띄어서 R을 준다. ①에 도료가 새어 나왔을 때 길어진 모서리는 이를 제거하기가 힘들다. 모서리에는 R을 주고 간격을 1.2㎜ 이상으로 하면 좋다.

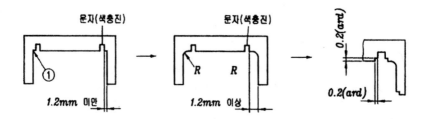

(11) 색을 넣는 문자는 평면의 경우는 凹로 하고 Rollet인 경우는 凸로 한다.

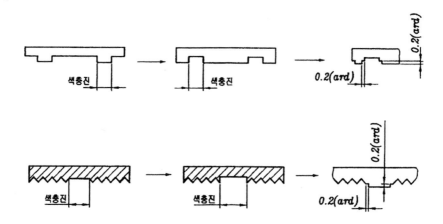

(12) 투명품의 발구배는 충분히 줄 필요가 있다.

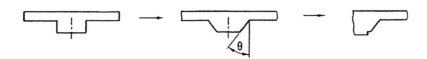

3. Plastic과 명판(銘板)의 접착

(1) 명판접착에는 건조구멍이 필요하다.

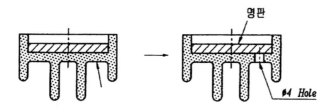

(2) 명판의 접착을 확실히 하기 위해 접착면을 증가시킨다.

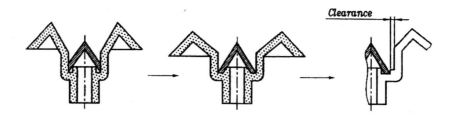

(3) 명판의 주위테를 붙인다.

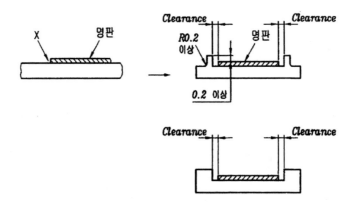

(4) 명판의 위치결정 턱을 붙인다.

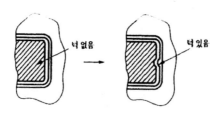

제5장 Element 설계

1. 구조상의 부품 설계

1) Plastic과 금속

(1) 금속의 성질: 탄성적 성질

① 비례한도 내의 계수
② 탄성한도 이상에서의 영구고정
③ 항복응력 × 안전(설계)계수 = 사용응력
④ 응력 - 변형도 곡선(S - S 곡선) 온도에 따라 거의 변하지 않는다.

(2) 플라스틱의 성질: 점 · 탄성적 성질

① S - S 곡선상의 하중률에 따른 효과
② S - S 곡선상의 온도 효과
③ 비례한도가 없다.
④ 항복점이 뚜렷하게 결정되지 않는다.
⑤ 하중이 가해질 때 시간에 크게 영향을 받는 성질(시간척도)

① Stress - strain 관계

Stress $= \sigma = F / A$, Strain $= \varepsilon = (L - Lo) / Lo$

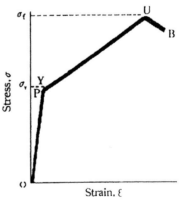

Stress-Strain Curve

OP 영역을 탄성구간이라 하는데 응력 σ를 가했을 때 Strain은 순간적인 값을 가지며 응력제거 시 Strain도 제거된다. 즉 탄성구간에서 Stress와 Strain 관계가 시간에 무관하다. 그리고 OP 구간에서 Stress와 Strain은 선형비례관계를 가지며 그 관계식 Hook's law는 σ=Eε이다.

여기서 E는 Young's modulus로서 재질의 고유성질이다.

그러나 점차 응력이 증가됨에 따라 P점에서 응력과 Strain 관계가 σ=Eε식을 따르지 않으며, 또한 응력이 제거되어도 변형은 영원히 잔류하게 된다.

이 구간을 소성구간이라 하며 P점에 해당되는 응력을 항복점이라 정의한다. 이 소성구간에서 ε를 증가시키기 위해 응력도 증가시켜야 하며, 탄성구간보다 원만한 폭으로 증가시켜야 한다.

결국 U점에 도달했을 때 인장시험편은 파괴된다. 이때의 응력을 파괴강도 σf로 정의하며 파괴 시의 응력을 재질의 연신율(Elongation)이라 한다.

강제설계 시 부품의 응력이 항복점보다 훨씬 낮게 유도되도록 하므로 제품설계 시 Hook's law를 많이 사용한다. 그러나 Plastic 부품의 경우는 부품의 응력이 매우 낮거나 응력적용 시간이 10~20분 비교적 짧은 경우에만 Hook's law를 사용해야 한다.

② Plastic의 Isochronous curve는 아래의 그림과 같고 판재의 경계면은 단단하게 고정되어 있다고 가정하고 세로(a)=20cm, 가로(b)=60cm, 두께(t)=0.32cm인 Plastic 판재 중심부분에 10kg의 하중을 100시간 및 1000시간으로 각각 가했을 때 Deflection은 얼마인가?

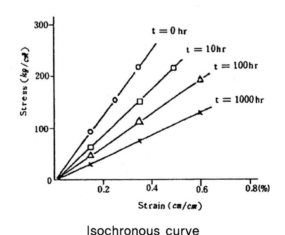

Isochronous curve

$$\mathrm{Deflection}\,(\delta) = \frac{0.00725\mathrm{P}\, \cdot\, \mathrm{a}^2}{\mathrm{D}}$$

P: 하중

a: 판재의 세로길이

D: $\dfrac{\mathrm{E}\, \cdot\, \mathrm{t}^3}{12(1-\mathrm{V}^2)}$

t: 판재의 두께

E: Young's modulus

V: Poisson's ratio 0.4

Isochronous curve로부터 t=100hr일 때 Apparent modulus는 시간에 따른 S−S Curve를 얻을 수 있다. 낮은 응력 구간에서 응력과 변형과의 관계가 선형적으로 비례하며 이때 비례계수는 오로지 시간의 함수이다. 이러한 거동을 Linear visco elastic behavior라 정의하며 이를 수학적으로 표시하면 σ=εE(t)로 된다.

여기서 E(t)는 Apparent modulus라 한다.

시간이 증가함에 따라 감소한다.

$$(E100) = 3.18 \times 10^4 \mathrm{kg}\,/\,\mathrm{cm}^2$$

$$\delta = 0.00725 \times \frac{10 \times (20)^2}{3.18 \times 10^4 \times (0.32)^3} \times 12(1-0.4^2) = 0.28\mathrm{cm}$$

1000hr일 때 $(E1000) = 2.18 \times 10^4 \mathrm{kg}\,/\,\mathrm{cm}^2$

$$\delta = \frac{0.00725 \times 10 \times (20)^2 \times 12 \times (1-0.4^2)}{2.18 \times 10^4 \times (0.32)^3} = 0.41\mathrm{cm}$$

10kg에 유도되는 응력은 $\sigma = \dfrac{6\mathrm{M}}{\mathrm{t}^2}$, M = 0.168 × P

$$\sigma = 98.4\mathrm{kg}\,/\,\mathrm{cm}^2$$

2. 구조상 Plastic의 Creep 성질

1) 세 단계의 Creep 곡선

- 1단계: 크고 빠른 최초의 변형(일반적 S-S시험)
- 2단계: 느리고 일정한 비율로 변형(Creep 계수)
- 3단계: 파괴(Creep 파괴강도)

Creep 시험은 설계에서 사용할 수 있는 것보다 더 큰 실제적 강도와 강성을 나타낸다. Creep 데이터는 탄성적 설계 문제에 대해서 사용되어야 한다.

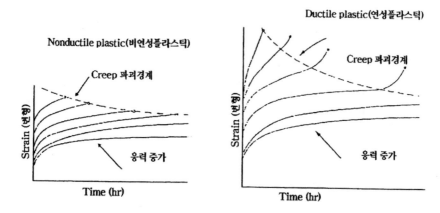

연성과 비연성 플라스틱의 대표적인 Creep 성질

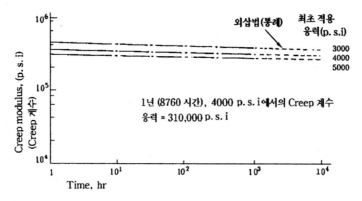

212°F에서 30% 강화 유리의 PBT의 Creep계수는 1년에서의 설계 계수를 얻기 위하여 통계적으로 외삽(外揷)한다.

2) Creep 파괴: 강도에 대한 설계기준

파괴(항복)구획에 대해서 Creep 파괴경계(Envelope) 곡선에서부터 응력-시간곡선까지
예) 주어진 하중을 지지하기 위한 단순보의 폭 설계

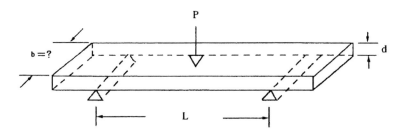

S = 최대 섬유조직 응력

$$b = \frac{3PL}{2Sd^2}$$

① 부품의 설계 수명을 선택한다.

② Creep 파괴 곡선으로부터의 데이터(필요한 곳에서 외삽법을 사용함) 파괴(항복)에 대해서, Creep 파괴응력 대 시간의 구획을 나눈다.

설계 수명에 대응되는 Creep 파괴응력을 읽는다.

③ 사용응력을 계산한다.

④ $b = \frac{3}{2} \times \frac{PL}{Sd^2}$

⑤ Creep 파괴에 대한 온도의 영향을 고려한다.

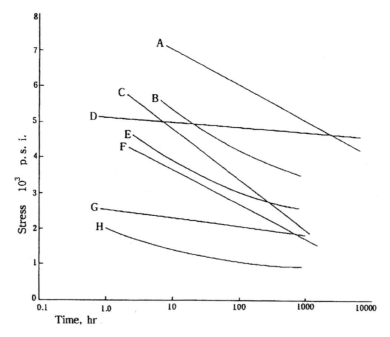

120 A: SAN at 23℃
B: Epoxy MC at 120℃
C: 30% glass－reinforced nylon(dry) at 120℃
D: 30% glass－reinforced PBT at 150℃
E: Mineral－filled phenolic Mc at 120℃
F: Acetal at 80℃
G: Impact polystyrene at 23℃
H: Alkyd Mc at 120℃

인장과 굽힘에 있어서 플라스틱의 Greep 파괴강도

3) Creep 계수: 강성에 대한 설계기준

허용되는 최대 굽힘을 일으키는 주어진 하중을 지지하는 단순보의 폭을 설계한다.

① 부품의 설계 수명을 선택한다.

② 주어진 온도에서 Creep 계수 곡선으로부터 얻은 데이터

③ 설계수명에 대응되는 설계수치를 읽는다.

④ 사용계수를 바꾼다(일반적인 안전계수 0.5∼0.75).

⑤ $b = \dfrac{P}{E} \times \dfrac{L^3}{4d^3}$ (E : 사용계수)

4) POM의 Creep 성질

① 성형품의 구조설계는 최종 제품이 사용 시의 환경을 고려하여 설계응력을 결정한다. 일반적으로 온도 65℃, 연속부하조건에 4만 시간의 Creep 변형이 0.25% 이하에 해당하는 응력을 설계 시 허용응력으로한다.

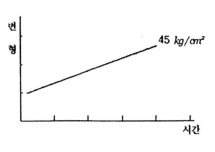

3. 내열성 부품 설계

① 문제점
- 성능=f(T)
- 단순하지 않은 최대 사용 온도 성능=f(t)

② 온도효과의 분류
- 단기효과
- 장-단기 효과
- 장기효과

(1) 성질-단기효과

① 형상 안정성: 과도적 성질
- 비결정 중합체
- 반결정 중합체
- 열경화성

② 치수 안정성-가역성(열팽창, β)
- β, α온도
- 과도점에서의 β

③ 치수 안정성 – 비가역적(수축: 금형 수축과 휨)
- 성형 응력의 이완
- 후–공정 결정화
- 후–공정경화

④ 충격
⑤ 전기적 성질
⑥ 응력–변형도

(2) 성질 – 장·단기 효과

- Creep 계수
- Creep 파괴 강도
- 내 화학성

(3) 성질 – 장기 효과

- 내 열노화성
- UL 온도 Index

(4) 성질 – 자체발생 온도효과

- 피로
- 내마찰성과 내구성
- 가연성
- 내 Arc – Track성

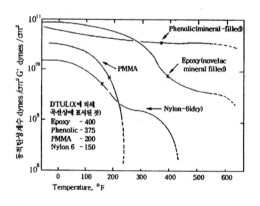

대표적인 열경화성 수지와 열가소성 수지에 대한 동전단(비틀림) 계수 대 온도 곡선으로 하중(DTUL)이 264p.s.i 인 상태에서 편향 온도를 보여준다.

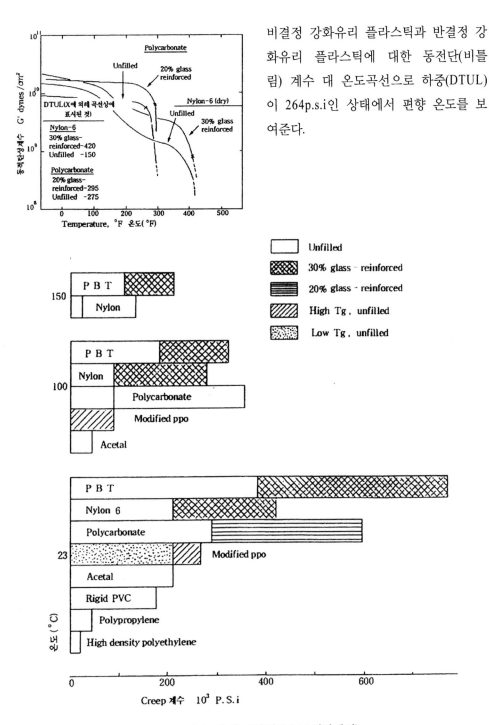

비결정 강화유리 플라스틱과 반결정 강화유리 플라스틱에 대한 동전단(비틀림) 계수 대 온도곡선으로 하중(DTUL)이 264p.s.i인 상태에서 편향 온도를 보여준다.

Creep 계수 대 온도관계(1000시간에서)

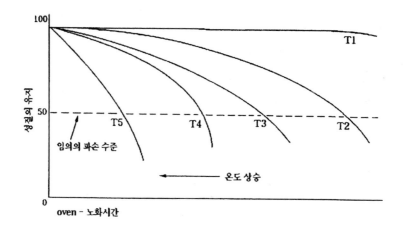

UL온도 Index system에 따른 전형적인 열-노화 곡선

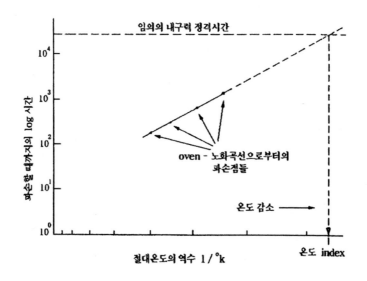

UL온도 Index system에 따라서 열-노화곡선으로부터 얻은 Arrhenius
구획에서 온도 Index를 유도해내기 위한 단순화된 모델

선팽창계수

(UNIT: $mm\,/\,mm\,/\,{}^{\circ}\!C \times 10^{-5}$)

PBT	3.7
아연 합금	2.7
마그네슘 합금	2.7
동합금	1.9~2.1
유 리	0.7~0.9

각종 재료의 내열성 비교

수 지	일변형 온도 (18.6 kg / ㎠)	사용온도 상한치
PBT	215	130
FR-PET	225	(130)
변성 PPO(비강화)	130	(100)
변성 PPO(강화)	157	110
PC(비강화)	140	110
PC(강화)	145	125
FR-PA6	195	110
FR-PA66	240	–
POLYACETAL(비강화)	–	100
POLYACETAL(강화)	–	120
PHENOL 수지	130~170	130
BMC	180	130
AL DIE CAST	335	(200)

(5) 열응력

① 성형품이 금속과 조립하여 사용되는 경우에는 온도 변화에 의하여 생기는 재료의 신축이 열응력에 부하가 걸린다.

$$\sigma_T = E \cdot \alpha(t_2 - t_1)$$

　σ_T: 열응력

　E: 종탄성계수

α: 선팽창계수

t: 온도

재 료	선팽창계수(α)
동	1.9×10^{-5}
강	1.1×10^{-5}
주 철	1.9×10^{-5}
Aluminum	2.4×10^{-5}
Resin(POM)	3.5×10^{-5}

② 열응력은 열팽창계수가 서로 다른 재질의 부품이 상온에서 결합된 후 상온보다 높거나 낮은 온도에서 사용될 경우 열팽창에 의한 상대변형 차이에 의해 발생한다. 특히 Plastic 부품이 금속부품과 결합하여 사용될 때 Plastic의 열팽창계수가 금속의 것보다 10배 정도 높기 때문에 열팽창에 의한 상대변형의 여유를 주기 위하여 연결부위에 Tolerance를 주어야 한다. 열변형의 차이에 의해 유도되는 열응력은

$$\sigma_T = (\alpha\ plastic - \alpha\ metal)\ E\ plastic\ \Delta T$$

로 주어지며 열응력 자체는 높지 않더라도 부품의 잔류응력이나 주어진 응력과 합산되어 재질의 항복강도나 파괴강도를 넘을 수 있다. 만일 압축응력이 유도될 때 그 응력이 Buckling stress보다 커질 경우가 있기 때문에 부품설계 시 여유 있는 Tolerance나 rib 보강을 해주어야 열응력에 의한 파괴를 방지할 수 있다.

그림과 같이 금속에 Plastic을 Bolt로 부착시켰을 경우 Tolerance를 줄 수가 없다. 온도가 증가함에 따라 Plastic은 금속보다 많이 팽창하여 결국 압축응력이 유도된다.

이때 유도된 압축응력이 Buckling stress보다 낮아야 Plastic이 휘지 않는다.

$$Buckling = \frac{4\pi^2 \times EI}{L^2}$$

L: 길이

I: 관성 Moment로 Buckling이 열변형에 의해 유도된 Sexp보다 훨씬 크게 되므로 I를 증가시켜야 한다.

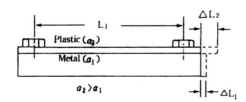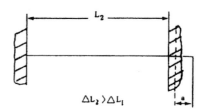

$$S_{exp} = \frac{a}{L} \times E$$

$a = \Delta L_2 - \Delta L_1$

$S_{cr} = P_1 / Area$

$$P_r = \frac{4\pi^2 \times EI}{L^2}$$

Design Criteria = Scr 〉 Sexp

E = Flexural modulus

I = Moment of inertia of cross section

$\Delta L_n = \alpha n \times \Delta T \times L$

α_n = Coefficient of linear expansion

열팽창 고려 시 설계조건

4. 내약품성 부품 설계

(1) 화학적 침투 구조

① 화학반응
- 산화
- 가수분해

② 용해와 가소성화

③ 주변 응력 분해
- 폴리에틸렌에 관한 Non solvent 응력분해
- Solvent 응력분해

(2) 실험 Data의 설명

① 내화학성
- 중량변화
- 치수변화

- 외관변화 　　　　　　　　　 • 성질(성능)변화

② 주변응력-균열

- 긴 조각을 굽히는 시험(Bent strip test)에 의한 균열
- Creep 파괴시험에 의한 균열
- 외팔보 시험에 의한 균열: 임계응력과 임계변형도

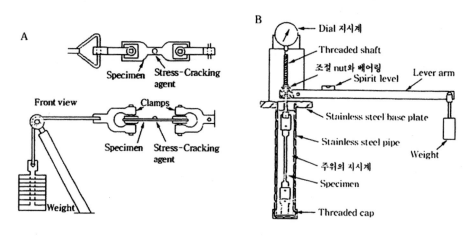

A - 실온에서 주변적 응력 - 균열 저항시험
B - 침수상태에서 상승된 온도의 Creep와 Creep 파괴시험

플라스틱의 내화학성을 측정하기 위한 인장 Creep 시험장치

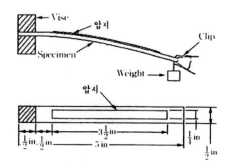

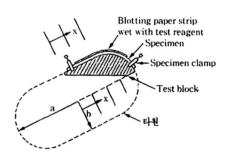

실온에서 주변응력 - 균열 저항에 대한
외팔보 굽힘시험

주변응력 - Cracking 시험에 관한
타원결합 형식

각종 재료의 내약품성 비교

수 지	산		알칼리		유기용제	흡수율 (24hr, %)
	약 산	강 산	약알칼리	강알칼리		
PBT	○	○	△	×	○	0.10
FR-PET	○	○	△	×	○	0.10
변성PPO(비강화)	○	○	○	○	△-×	0.04
변성PPO(강화)	○	○	○	○	△-×	0.04
PC(비강화)	○	○	△	○	△-×	0.14
PC(강화)	○	○	△	×	△-×	0.06
FR-PA6	△	×	○	○	○	1.1
FR-PA66	△	×	○	○	○	1.0
AL 합금	×	×	×	×	○	–
Zn 합금	×	×	×	×	○	–

5. 구동 부품 설계

피 로

기어 이빨
Toggle 기계장치(압력을
옆으로 정하는 기계장치)
축   베어링
커플링 연결봉
⎫ 순환하중

자동차에 관한 부품
항공기에 관한 부품
기계에 관한 부품
기계류의 부품
⎫ 진 동

(1) 피로응력

- 균열의 전파
- 히스테리틱 가열

(2) S-N곡선

- S: 다른 응력의 수준에서 순환하중
- N: Cycle-대-파손의 숫자

① 균열전파에 의한 파손
② 히스테리틱 가열로 인한 연화로 생긴 파손

$$\Delta E = \pi a^2 J''$$

ΔE: 사이클당 소모된 에너지

a: 최고 응력

J'': 이 실험의 T와 진동수에서의 Loss compliance

$$\Delta E = \pi f a^2 J''$$

ΔE: 단위 시간당 소모된 에너지

(3) 온도 상승에 영향을 미치는 피로 변수들

- 진동수
- 두 께
- Loss compliance

(4) 설계에서 히스테리 시의 중요성

① Rib를 만들거나 Flange에 경도를 보강하거나 하중분포를 위하여 설계를 변화시키므로 응력을 감소시킨다.
② 가능하다면 진동수를 감소시킨다.
③ 열전달을 최대화하기 위하여 불필요하게 두꺼운 벽을 피한다.
④ 전도, 대류, 복사를 통하여 주위에 열전달을 증가시킨다.
⑤ 저순환 Loss compliance를 갖는 플라스틱을 선정한다.

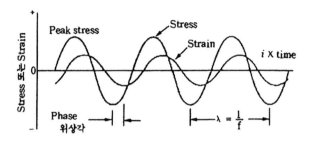

점 탄성재료의 sin파형 피로곡선에 있어서 응력, 변형도,
진동수, 위상각 사이의 관계 평균응력은 0이다.

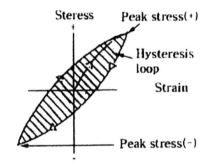

히스테리시스곡선을 나타내는 점탄성재료에 대한 단일피로 Cycle에
있어서 응력-변형도 관계

포위된 면적은 열로써 Cycle당 소모된 에너지이다. 평균 응력은 0이다.

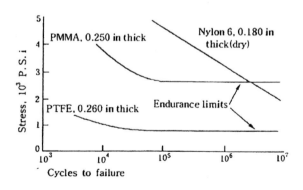

피로한도가 있는 것과 없는 것에 관한 전형적인 S-N곡선

응력은 균일하중하에서의 외고정 굽힘이다. 진동수는 1800Cycles / min.
평균 응력은 0이다.

마찰계수

수지	강철에 대해서	같은 재질에 대해서
PBT	0.12	0.16
ACETAL	0.15	0.22〜0.35
NYLON 6	0.14	0.22
NYLON 66	0.15	0.22
POLYCARBONATE	0.33〜0.35	0.27

6. 응력 이완(Stress relaxation) 부품 설계

(1) 가스켓과 봉인(압축에서의 응력 이완)

① Gasket relaxometer
② 최초 응력의 효과
③ 기하학적 변수들(두께와 면적)

$$형상계수 = \frac{고리모양의\ 면적}{전체측면\ 면적} = \frac{r}{4t}$$

    r: OD－ID
    t: 두께

④ Filler의 효과
⑤ 온 도

(2) 조임쇠－탭핑나사

① 실험장치
② Boss 설계의 최적활용

(3) Force fits－인장에서의 응력 이완

① Force fits

② Snap fits

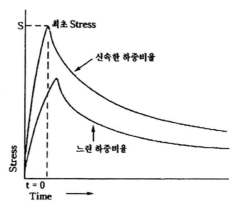

일정 변형에서 하중률의 효과를 보여주는 카테시안 좌표상의 전형적인 응력이완 곡선

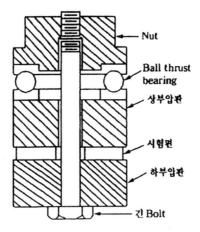

고리모양의 납작한 재료를 압축하여 응력이완을 측정하고자
할 때의 Gasket relaxometer

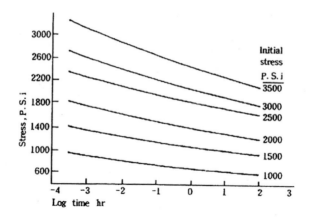

가스킷 Relaxometer를 사용한 압축에서의 응력이완,
73℉에서 혼합되지 않은 Polytetra

fluoroethylene에 대한 최초 응력(변형도), 두께, 고리모양 가스킷
OD 1.65in, ID 0.08in, Semi-log 좌표

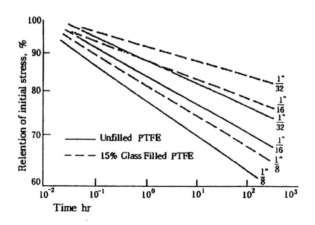

가스킷 Relaxometer를 사용한 압축에서의 응력이완, 73℉에서
혼합되지 않은 PTFE와 15% 유리가 혼합된 PTFE에 관한 두께의
효과, log 좌표, 최초 응력은 2000p.s.i

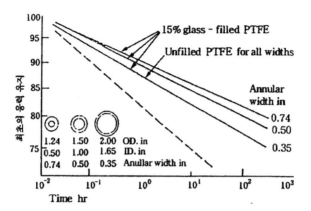

가스킷 Relaxometer를 사용한 압축에서의 응력이완, 혼합되지 않은
PTFE와 15% 유리가 혼합된 PTFE에 대한 고리형 폭의 효과, log
좌표, 최초 응력은 2000p.s.i, 재료두께 1 / 16in, 면적 $1in^2$, 73°F

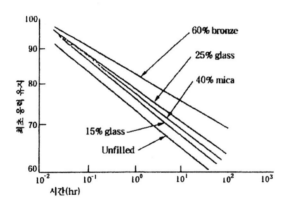

가스킷 Relaxometer를 사용한 압축에서의 응력이완, 73°F의
PTFE에 대한 fillers의 효과, log 좌표, 최초 응력은 2000p.s.i,
고리형 재료 1 / 8in 두께.

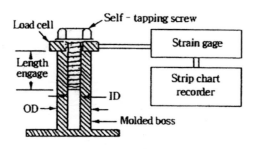

성형된 보스에서 자기-태핑나사에 의해 전개된 clamping
force의 이완 측정을 위한 도식적인 실험

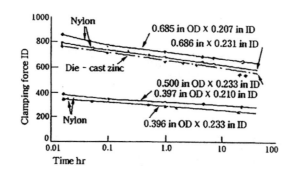

변화하는 OD와 ID의 성형된 boss들 안쪽에 0.56in 죄인 PK14SW-age형 B
자기-태핑나사에 대한 Clamping force의 이완대 시간, 혼합되지 않은 나일론
6과 다이-캐스트 아연. 초기에 나일론의 Strip-out torque의 약 2 / 3 정도를
죈다. Semi-log 좌표

(4) 응력완화

① 시편에 일정한 변형을 가하여 응력은 시간에 따라 저하한다. 이 현상을 응력
완화라 한다. Metal 압입, Self tapping의 체결력이 시간에 따라 저하하는 응력완화
현상이다. 온도 23℃, 시간 1000hrs에서 완화탄성률과 Creep 탄성률은 다음의 예에
서 알 수 있다.

응력완화	응력 σv(kg / ㎠)	초기변형률 εv(%)	완화탄성률 Ev(kg / ㎠)
A grade	240	0.46	53300
creep	초기응력 σc(kg / ㎠)	변형률 εc(%)	creep 탄성률 Ec(kg / ㎠)
A grade	280	0.48	58300

② 응력완화-시간곡선

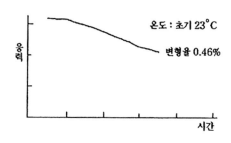

(5) 환경응력 Creep성

① Oil과 Grease류의 영향은 임계변형을 측정하여 사용가부를 판단한다.
② Bending form법에 의한 임계변형 측정
③ 측정온도 65℃, 임계변형 0.5%의 Oil을 사용하여 측정한다.
④ Creep 파단은 일정응력에 따라 시간에 재료의 파괴가 발생하는 것이다.

$$Y^2 = 6X$$

$$\varepsilon = \frac{d\sqrt{3}}{3(3+2X)}$$

   ε: 변형률(%)
   d: 시험편의 두께
   X: X축 위치

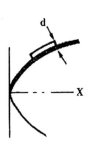

(6) 체결방법과 체결력

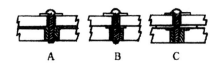

    A   B   C

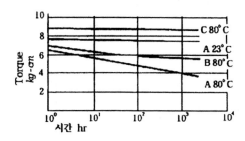

(7) 임계변형과 Creep 파단변형의 관계

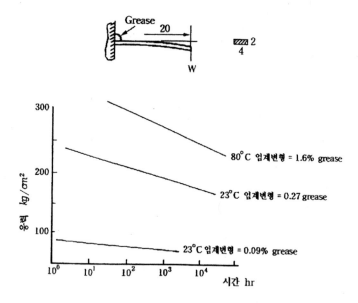

(8) 응력집중계수

① 성형품의 Hole, Corner부, 국부적 두께 변화부, 격자부, Notch부는 응력이 국부적으로 증대되기 때문에 그에 따른 안전율을 취할 필요가 있다.

② 형상에 따른 응력집중계수

$$응력집중계수(K) = \frac{\sigma_{max}}{\sigma_x}$$

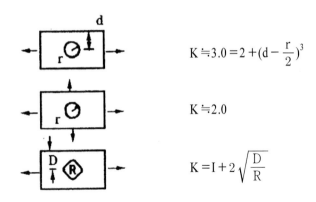

$$K \fallingdotseq 3.0 = 2 + (d - \frac{r}{2})^3$$

$$K \fallingdotseq 2.0$$

$$K = I + 2 \sqrt{\frac{D}{R}}$$

(9) 충격응력

① 충격응력이 가하는 경우, 재료의 탄성한계 내의 응력은 정하중 시의 2배 이상으로 하고 재료가 파단하는 Energy는 1 / 2 이하로 한다.

② 탄성 한계 내의 응력

$$\sigma_l = \sigma_s (1 + \sqrt{1 + \frac{2h}{\varepsilon}}) = 2\sigma_s (h = 0)$$

σ_l: 충격응력   h: 높이

σ_s: 정응력 ε: 정응력의 변형

③ 재료가 파단하는 경우의 인장충격 energy

항 목	부하속도
인장파단 Energy(kg $-$ cm / cm²)	5 mm / min
인장충격 Energy(kg $-$ cm / cm²)	3.4×100 m/s

7. 방진 / 방음 부품(Damping parts)

- 유기질상태와 그물질상태 사이의 Tg 근처(유리전이 영역)
- Glassy state & Rubbery state

- 손실계수와 tan δ의 최대값(에너지 소모상태의 측정)
- 공진계 내에서 진동
- 감쇠된 소음과 진동(방진 / 방음효과)
- 시간－온도 중첩
- 주파수의 구간 Tg에서 6~7℃ 이동
- 정상적인 가정주파수 범위: 20~20,000Hz(3구간)
- 평형온도 범위: 18~20℃

(1) 방진 / 방음 성질 대 혼합

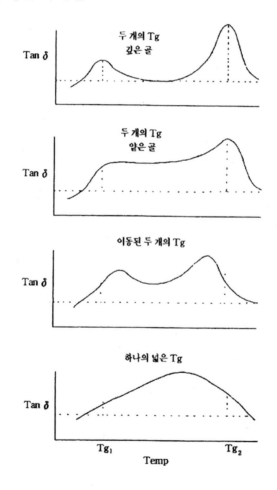

(2) 방진 / 방음 부품 설계 방법

① 중합체 혼합물 또는 합금: 두 개의 다른 Tg
② 연장된 층과 한정된 층: 샌드위치나 라미네이트 구조
③ 경사도
④ 한정된 층 코팅

8. 전단응력

일반적으로 전단응력에 따른 거동이 인장응력의 거동의 것과 비슷하다고 가정하여 전단강성 G와 Young's modulus E와의 관계는

$$Gt = \frac{Et}{2(1+V)}$$

여기서 t는 Time dependent이며 V는 일반적으로 시간에 따른 변화를 무시하여 Plastic 경우는 0.4가 통용된다. 전단 항복강도 Z_y는 항복강도 σ_y로부터 아래와 같이 구하여 사용한다.

$$Z_y = \frac{\sigma_y}{\sqrt{3}}$$

9. Impact behavior

① Plastic의 충격강도는 인장강도처럼 응력의 단위가 아니라 재질의 단위면적당 파괴시키는 데 소요되는 Energy 단위로서 Izod 충격시험법이나 낙후시험법을 흔히 사용한다. 이 시험법이 간단하고 재질의 품질관리 면에서 유용하게 사용되나 Izod 충격강도만으로는 부품설계 시 부품의 충격저항력을 예측하는 데 사용이 될 수 없다.
일반적으로 재질의 파괴 시 탄성에너지 및 많은 소성에너지를 수반하지만 설계된

제품의 충격을 가해서 야기되는 파괴여부를 가리기 위해 흔히 사용하는 방법은 재질의 탄성한계치를 파괴조건으로 보고 동적응력 및 변형량을 구하므로 판별할 수 있다.

동적응력과 변형은 아래와 같이 주어진다.

$$\delta_d = \delta_s \left(1 + \sqrt{\frac{2h}{\delta_s}} + 1\right)$$

$$\sigma_d = \sigma_s \left(1 + \sqrt{\frac{2h}{\delta_s}} + 1\right)$$

σ_d, δ_d: 동적변형량 및 동적응력

σ_s, δ_s: 하중을 정적으로 가한 상태의 변형량과 응력

h: 충격을 가한 하중의 높이

따라서 충격에 의해 예상되는 σ_d가 재질의 항복점 σ_y보다 훨씬 낮도록 제품설계가 되어야 한다.

② Young's modulus $E = 9.8 \times 10^4\,kg / cm^2$, $\sigma Limit = 800\,kg / cm^2$인 세로(a) = 20cm, 가로(b) = 600cm, 두께(t) = 0.3cm Plastic 판재를 높이(h) = 1.5m에서 500gr의 구를 떨어뜨렸을 때 판재가 파괴되는지 여부를 판정하라.

이 문제는 동적거동이므로 Isochronous data를 이용할 수 없다. 그러나 문제에서 제공된 Young's modulus 및 $\sigma Limit$는 dynamic data로서 δap, σap 관계로부터

$$\delta_s = 0.41 \times \frac{0.5}{10} = 0.0205\,cm$$

$$\sigma_s = 98.4 \times \frac{0.5}{10} = 4.92\,kg / cm^2$$

Static data로부터 Dynamic 값을 얻기 위해서 Amplication factor(A.F)를 곱하면 된다.

$$A.F. = 1 + \sqrt{\frac{2h}{\delta_s}} + 1 = 1 + \sqrt{\frac{2 \times 150}{0.0205}} + 1 = 122$$

$$\sigma_D = \sigma_s \times A.F = 4.92 \times 122 = 600\,kg / cm^2$$

따라서 $\sigma_D < \sigma_{Limit}$이므로 이 Plastic 판재는 안전하다.

Mechanical test methods

http://www.ttc.bayermaterialscicnce.com/bpo /bpo_ttc.nsf/id/home_en

Mechanical test methods	Standards
Tensile test with E modulus	DIN EN ISO 527 DIN EN 20527 DIN 53455 / 53457 DIN EN 61 ASTM D638
High speed tensile test	in－house standard
Bending test with E modulus	DIN EN IOS 178 DIN EN 20180 DIN 53452 / 53457 DIN EN 63 ASTM D790
Izod flexural impact test and notched flexural impact test	DIN EN IOS 180 DIN EN 20179 ASTM D256
Charpy flexural impact test and notched flexural impact test	DIN EN ISO 179 DIN EN 20179 DIN 53453 ASTM D256
Penetration test	DIN EN ISO 6603－2
Ball indentation hardness	DIN EN ISO 6603－2 DIN 53456
Rockwell hardness	DIN EN ISO 2039－2 ASTM D785
Shore A and Shore D	DIN EN ISO 868 DIN 53505
Tensile impact test	DIN EN ISO 8256 DIN EN 28256 DIN 53448
Tear propagation / separation / take－off tests	DIN 53515 DIN 53363 DIN 53356 DIN 53507 DIN ISO 34－1 ASTM D1004 ASTM D1938

Mechanical test methods	Standards
Compression test with E-modulus (up to max. 10kN)	DIN EN ISO 604 DIN EN 20604 DIN 53454 / 53457 ASTM D1938
Shear test	ASTM D732
Taber abrasion test	ISO 9352 DIN 53754 ASTM D1044
Tensile creep test	DIN EN ISO 899-1 DIN 53444 ASTM D2990
Flexural creep test	DIN EN ISO 899-2 DIN 54852 ASTM D2990

(1) Tensile Test with E modulus

부품의 산포 관리

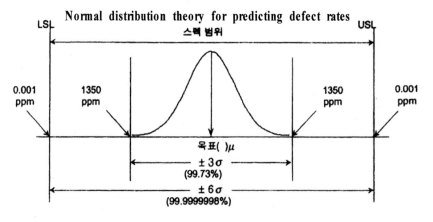

(자료: Mikel J. Harry, "The Nature of Six Sigma Quality," Motorola, Inc., 1988.)

제6장 실린더 내의 다이어프램 행정

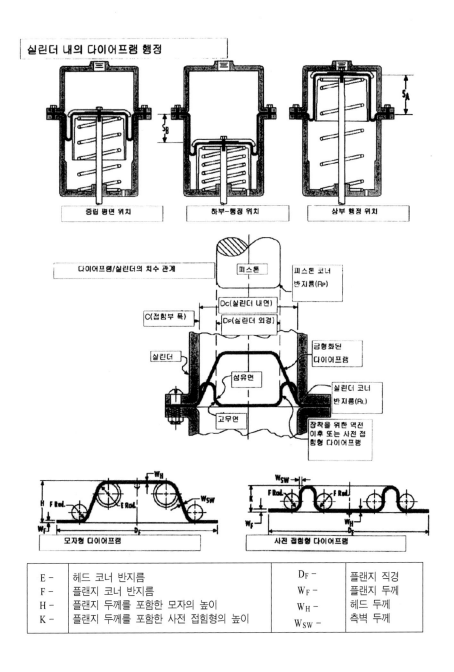

실린더 내의 다이어프램 행정

| 중립 평면 위치 | 하부-행정 위치 | 상부 행정 위치 |

다이어프램/실린더의 치수 관계

피스톤
피스톤 코너 반지름(Rp)

Dc(실린더 내면)
C(접힘부 목)
Dp(실린더 외경)

실린더
금형화된 다이어프램

섬유면
실린더 코너 반지름(RL)

고무면
장착을 위한 역전 이후 또는 사전 접힘형 다이어프램

모자형 다이어프램

사전 접힘형 다이어프램

E –	헤드 코너 반지름	D_F –	플랜지 직경
F –	플랜지 코너 반지름	W_F –	플랜지 두께
H –	플랜지 두께를 포함한 모자의 높이	W_H –	헤드 두께
K –	플랜지 두께를 포함한 사전 접힘형의 높이	W_{SW} –	측벽 두께

롤링 다이어프램 설계

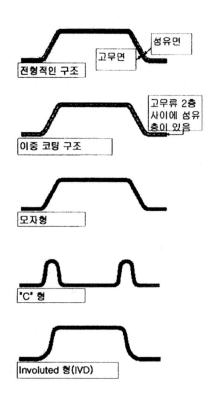

이 설계 매뉴얼의 목적은 적용 가능한 하드웨어 설계 기준을 나타내는 것뿐만 아니라 독자로 하여금 적용에 필요한 적절한 Bellofram 롤링 다이어프램을 선택하게 하는 것이다.

다이어프램을 선정하고 하드웨어를 효율적으로 설계하기 위하여 논리적인 결과에 의해 판단할 것을 권장한다. 이 매뉴얼에서의 정보는 다음과 같은 절차로 이루어졌다.

1단계는 설계인자 양식을 채워 넣는 것이다. 이것은 다음 단계에서 선택하는 데 도움을 줄 기본 정보를 제공할 것이다.

1. 다이어프램 선정(형태의 선정)

아래의 사양들은 이중 코팅된 구조로 설계되었다.

"모자"형 - 긴 행정을 사용할 때 적용한다. 조립 시에 롤링 접힘부 안으로 성형되어 들어간다.

"C"형 - 제한된 행정에 적용하기 위한 사전 접힘 사양으로 성형된다.

Involuted(IVD) - 최소한의 하드웨어 덮개를 요구하는 특수한 적용 분야에서 "모자"형과 "C"형의 장점을 조합하였다.

2. 다이어프램 CLASS

다이어프램 CLASS는 하드웨어 고정 방법을 결정하는 다이어프램의 플랜지 그리고/또는 비드 설계에 적용한다. CLASS는 다음과 같다.

Class 4 – 평면 가스켓 형 플랜지로, 높은 압력 실링과 경제적인 하드웨어 설계용

Class 3 – "D"형 비드가 작은 플랜지 확장면에 성형된 것으로, 낮은 압력에서 능동적인 실링과 조립을 쉽게 하기 위하여 사용

Class 1A – 실린더 직경의 축소를 위하여 "O"링형 비드가 다이어프램 외부 원주에 접하여 성형된다.

Class 1B – 최소의 실린더 직경을 제공하기 위하여 비드가 다이어프램의 내부 원주에 성형된다.

3. 행정 능력

"모자"형 BRD에 대해서, 높이는 행정의 한쪽 끝에서 다른 쪽까지 180° 접힘이 되는 1/2 행정 능력에 대해 계산한다.

"C"형 BRD는 원하는 1/2 행정을 제공하는 데 충분한 접힘 높이(K)를 갖도록 계산된다. Involuted 다이어프램은 그 높이와 같은 1/2 행정 능력을 제공한다.

4. 고무 선정

고무는 적용하려는 온도 범위에서 적용하는 액체나 기체에 적합한 것을 선택해야 한다.

5. 섬유 선정

섬유의 형태가 다이어프램의 작업 압력을 결정하는데, 이것은 강도 인자, 접힘 폭과 온도를 기반으로 하여 선정한다.

6. 하드웨어 설계

하드웨어 설계 인자는 다음과 같다.

다이어프램 플랜지 지지- 다이어프램 플랜지(어떤 Class가 선정되었는지)의 지지 방법이 반드시 선정되어야 한다.

실린더 설계- 실린더의 내경은 D_C(실린더 내면 직경)으로 표시되는 다이어프램 직경에 맞춰서 설계되어야 한다. 실린더 길이는 반드시 피스톤 스커트를 조절하는 데 충분한 길이를 따라 S_B 방향으로 반-행정을 제공할 수 있을 만큼 충분히 길어야 한다.

Bonnet 설계- Bonnet 직경은 피스톤과 다이어프램 측벽 두께에 대해 충분한 틈새를 주어야 한다. 길이는 SA 방향으로 반행정 이상이 되어야 한다.

피스톤 설계- 피스톤 직경은 다이어프램이 설계된 피스톤 직경에 맞도록 설계되어야 한다. 길이는 행정의 한쪽 끝에서 반대편까지 롤링 접힘을 지지할 만큼 충분히 길어야 한다.

지지부 설계- 다이어프램은 평면 또는 굴곡진 가장자리 지지구 또는 접착제를 사용하여 피스톤 헤드에 고정되어야 한다.

CLASS 4 다이어프램

사 양

Class 4 다이어프램은 가장 일반적인 설계로 경
제적인 하드웨어 설계를 제공하고 있다. 이것은 실
린더와 그것의 캡 또는 Bonnet 사이에 평평한 상대
표면을 갖는 메커니즘에 장착하기 위하여 개발되었
다. 이 경우 다이어프램의 플랜지가 이 분리된 면에서의 누설을 방지하기 위한 가
스켓의 역할을 한다. 이 플랜지는 제조자가 볼트로 고정하기 위하여 관통부를 만들
수 있다. 마찬가지로 플랜지 둘레는 상대 부품의 사양에 맞추기 위하여 잘라낼 수
있다. 페이지 28에 트림과 관통부에 대한 고려사항을 참조할 것.(그림 37)

섬유 덧댐부가 고정 금속 표면과 긴밀한 접촉을 하기 때문에 큰 실링 표면을 따
라서 확고하게 지지될 수 있으므로, Class 4 다이어프램은 높은 압력에서 실링을 유
지하는 데 사용될 수 있다.

플랜지 이음매에 작용하는 힘은 복잡하고 가변적이다. 일반적으로 플랜지 압력
부하는 다음과 같은 것에 의해 결정된다: 내부 압력, 작동 온도와 환경 액체와 기
체. 적절한 실링 효과를 제공하기 위해 필요한 실제 플랜지 부하 압력은 일반적으
로 플랜지의 실링 면적을 따라 1000psi의 크기를 갖는다. 만약 이 압력을 심하게 초
과하면 결과적으로 초과된 고무류가 롤링 다이어프램에 손상을 일으키게 된다.

고정 플랜지 표면은 그 접촉면에서 반드시 평평해야 하고 적용된 볼트 하중 하에
서 비틀려서는 안 된다.

플랜지 고정 면에 거친 기계 가공된 하드웨어 마무리와 고무 표면을 자르기 용이
하게 하여 날카로운 모서리를 갖지 않게 하는 것으로 플랜지의 지지 상태를 개선할
수 있다. 극단적으로 높은 압력하에서 또는 플랜지를 잡아당기는 힘이 큰 곳에서의
극히 넓은 접힘을 갖는 적용 분야에서 사용하기 위하여, 깊이 0.006″ 떨어진 곳에서
약 1/32″ 간격의 동심의 "V" 홈의 열이 지지를 위하여 제안되고 있다.

Class 4 설계에 있어서 접힘은 장착 시에 상단 헤드 코너 반지름을 뒤집어서 성
형한다. 피스톤 코너 반지름이 운전 중에 다시-뒤집어지는 것을 방지하기 위하여
굴곡진 가장자리 지지판의 사용이 권장된다.

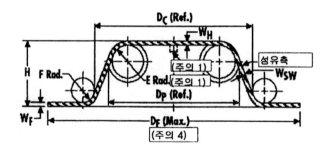

D_C	.25~.99	1.00~2.50	2.51~4.00	4.01~8.00	8.01 and up
H	설계 행정을 만족할 만큼(표준 크기표 & 주의 3을 참조)				
D_C	D_C와 D_P의 공차는 직경 1인치당 ±.010 ″이지만, 이 공차는 ±.010 ″보다				
D_P	크고 ±.060 ″ 이하여야 한다.				
W_H & W_F	.020±.005	.020±.005	.030±.005	.035±.005	.045±.007
W_{SW}	.015±.003 (Code "B")	.017±.003 (Code "C")	.024±.004 (Code "D")	.035±.005 (Code "F")	.045±.007 (Code "H")
E	3 / 32R	1 / 8R	5 / 32R	1 / 4R	1 / 4R
F	1 / 32R	1 / 16R	3 / 32R	1 / 8R	1 / 8R
D_F	D_C +3 / 4 ″ See Note 4	D_C +1 ″ Seed Note 4	D_C +11/2 ″ See Note 4	D_C +2 ″ See Note 4	D_C +2 ″ See Note 4

주의:
1. 재고 공급하는 다이어프램은 내면의 크기 1 ″ 이상에 1 / 8 ″ 직경 × 3 / 32 ″ 높이의 압력 측 버튼을 가진 상태로 공급된다.
2. 헤드 코너가 조립 시 뒤집어지기 때문에, 이 반지름은 피스톤 반지름이 아니다.
3. 높이는 내면(DC)을 초과하면 안 된다. 높이의 공차는 ±.015 ″ 이상 또는 높이 1인치당 ±.015 ″ 이상이어야 한다.

4. 트림 공차
구멍의 직경 OD 트림

직 경	공 차
0~1.00 ″	±.010 ″
1.01~3.01 ″	±.015 ″
3.01 이상	±.020 ″

5. 치수와 공차들은 Bellofram 롤링 다이어프램이 제조 시의 공차로 상대편 부품의 치수와 공차가 아니다.

CLASS 4C 다이어프램

사 양

4C Class은 접힘부가 내재화되어 있다는 것을 제외하면 Class 4와 비슷하다. 플랜지 고정에 대해서 Class(7 페이지 참조)의 "사양"하에 있는 압력과 다른 정보도 또한 마찬가지로 Class 4C 에 적용할 수 있다.

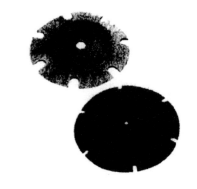

이것이 "장착된 것과 같은" 사양으로 성형되기 때문에, Class 4C 다이어프램은 장착 시 뒤집을 필요가 없다. 사전 접힘 설계는 작은 스프링 gradient 또는 centering 효과를 갖고 있는데, 이것은 다이어프램이 "성형된" 상태 또는 중립 평면 위치로 되돌아가려고 하는 경향을 갖는다. 이것의 설계는 평평한 고정 평면을 갖는 피스톤에 부착될 수 있다.

깊은-성형 접힘부가 제조하기가 쉽지 않으므로 이 다이어프램들의 행정은 제한된다.

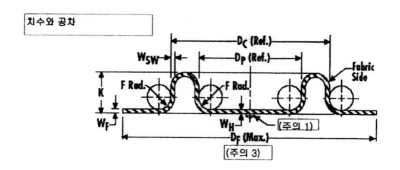

D_C	.26 to .99	1.00 to 2.50	2.51 to 4.00	4.01 to 8.00	8.01 and up
K	설계 행정을 만족할 만큼(표준 크기표 & 주의 2를 참조)				
D_C D_P	D_C와 D_P의 공차는 직경 1인치당 ±.010 ″이지만, 이 공차는 ±.010 ″보다 크고 ±.060 ″ 이하여야 한다.				
W_H & W_F	.020±.003	.020±.004	.030±.004	.035±.005	.045±.007
W_{SW}	.015±.003 (Code "B")	.017±.003 (Code "C")	.024±.004 (Code "D")	.035±.005 (Code "F")	.045±.007 (Code "H")
F	1 / 32R.	1 / 16R.	3 / 32R.	1 / 8R.	1 / 8R.
D_F	DC +3 / 4 ″ See Note #3	DC +1 ″ See Note #3	DC +1 −1 / 2 ″ See Note #3	DC +2 ″ See Note #3	DC +2 ″ See Note #3

주의:

1. 재고 공급하는 다이어프램은 내면의 크기 1 ″ 이상에 1 / 8 ″ 직경 × 3 / 32 ″ 높이의 압력 측 버튼을 가진 상태로 공급된다.
2. 높이 공차는 ±.015 ″이다.
3. 트림 공차
구멍의 직경 OD 트림

직 경	공 차
0〜1.00 ″	±.010 ″
1.01〜3.01 ″	±.015 ″
3.01 이상	±.020 ″

4. 치수와 공차들은 Bellofram 롤링 다이어프램이 제조 시의 공차로 상대편 부품의 치수와 공차가 아니다.

CLASS 4C - 표준 크기

실린더 내면 DC	피스톤 직경 DP	높이 H	측벽 두께 WSW	유효압력면적 Ae(in)²	접힘 C	최대반행정 SA/SB	실린더 내면 DC	피스톤 직경 DP	높이 H	측벽 두께 WSW	유효압력면적 Ae(in)²	접힘 C	최대반행정 SA/SB
.26	.14	.07	.024	.03	.060	.01	.71	.53	.13	.028	.30	.090	.18
.27	.12	.09	.020	.02	.075	.04	.75	.56	.07	.013	.33	.095	.01
.37	.25	.09	B	.07	.060	.05	×.75	.62	.10	B	.36	.065	.07
×.37	.25	.10	B	.07	.060	.07	.75	.57	.10	.015	.34	.098	.01
.37	.14	.10	.015	.05	.115	.02	.75	.56	.14	.028	.33	.095	.12
.37	.25	.12	.020	.07	.060	.11	.75	.31	.20	.017	.22	.220	.16
.37	.25	.12	B	.07	.060	.11	.76	.49	.08	.014	.30	.135	.01
.38	.25	.12	B	.07	.065	.11	.77	.50	.13	.015	.34	.098	.10
.38	.26	.12	B	.08	.060	.11	.81	.69	.18	B	.45	.060	.07
.38	.24	.10	.030	.07	.070	.01	.82	.58	.12	.022	.38	.128	.06
.44	.31	.10	B	.11	.065	.07	×.87	.75	.10	B	.51	0.60	.07
.46	.38	.12	.017	.10	.090	.05	.87	.63	.16	.018	.44	.120	.11
.47	.37	.06	.010	.10	.100	.01	.87	.75	.11	B	.51	.060	.01
×.50	.37	.10	8	.14	.065	.07	.87	.75	.12	.018	.51	.060	.11
.50	.37	.11	.014	.14	.065	.08	.94	.61	.18	B	.60	.065	.07
.50	.31	.18	.028	.12	.095	.20	.96	.77	.18	.016	.58	.095	.04
.56	.44	.10	B	.19	.060	.07	.96	.77	.10	.016	.58	.095	.10
.56	.44	.06	.013	.19	.060	.02	×1.00	.81	.15	C	.64	.095	.08
.58	.54	.07	.011	.22	.010	.03	1.00	.81	.15	.025	.64	.095	.04
.58	.46	.10	.013	.21	.060	.07	1.00	.87	.07	.018	.68	.065	.01
.58	.46	.10	.022	.21	.060	.02	1.05	.89	.15	.012	.73	.080	.18
.61	.48	.10	.015	.23	.065	.05	1.06	.87	.15	C	.73	.095	.08
.61	.48	.11	.023	.23	.065	.07	1.06	.75	.11	.017	.64	.155	.01
.62	.50	.07	.017	.24	.060	.01	1.07	.77	.12	B	.46	.158	.02
×.62	.50	.10	B	.24	.060	.07	×1.12	.91	.15	C	.83	.098	.08
.69	.32	.21	B	.20	.185	.17	1.12	.62	.27	.015	.59	.258	.16
.71	.58	.10	.016	.32	.065	.07							

× 표준(도구 가능)	측벽 두께	B = 약 .015	C = 약 .017
* 특수 접힘 폭	D = 약 .024	F = 약 .035	H = 약 .045

CLASS 3 다이어프램

사 양

 Class 3 Bellofram 롤링 다이어프램은 비드가 있는 플랜지를 갖고 있다. 이 플랜지는 "O"링과 유사하며 "D"형 비드의 축방향 압축으로 실링을 한다.

 이 비드는 상대편 홈(groove)을 갖고 있는 하우징 내에 장착된다. 이 설계는 이 비드가 상대편 홈 안에서 꽉 죄임에 의해 고정되므로 다이어프램 플랜지에 어떤 관통부도 만들 필요가 없다는 것이다.

 측벽 응력의 결과로 인해 높은 압력에서 "D"형 비드가 그 유효성의 일부를 잃어버리기 때문에, 이 설계는 압력차가 150psi를 초과하는 곳에는 권장하지 않는다.

 접힘부는 장착 시 그것의 바깥 둘레 주변에 있는 상면 헤드 코너 반지름이 뒤집어짐으로 인해 만들어진다. 피스톤 코너 반지름이 "성형된" 형태로 복귀되지 못하는 것을 막기 위하여, 곡면 형상의 외곽 지지판의 사용이 일반적으로 요구된다.

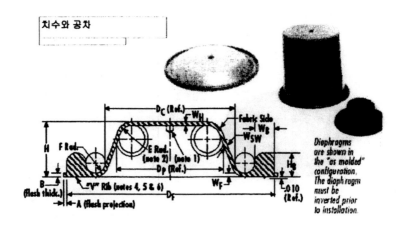

D_C	.37 to .99	1.00 to 2.50	2.51 to 4.00	4.01 to 8.00	8.01 and up
H	설계 행정을 만족할 만큼(표준 크기표 & 주의 3을 참조)				
D_C D_P	DC와 DP의 공차는 직경 1인치당 ±.010″이지만, 이 공차는 ±.010″보다 크고 ±.060″이하여야 한다.				
W_H & W_F	.020±.005	.020±.005	.030±.005	.035±.005	.045±.007
W_{SW}	.015±.003 (Code "B")	.017±.003 (Code "C")	.024±.004 (Code "D")	.035±.005 (Code "F")	.045±.007 (Code "H")
A	.025 Max.	.025 Max.	.035 Max.	.040 Max.	.056 Max.
B	.025 Max.	.025 Max.	.035 Max.	.040 Max.	.056 Max.
E	3 / 32 R.	1 / 8 R.	5 / 32 R.	1 / 4 R.	1 / 4 R.
F	1 / 32 R.	1 / 16 R.	3 / 32 R.	1 / 8 R.	1 / 8 R.
D_F	D_C + 5 / 16″	D_C + 1 / 2″	D_C + 3 / 4″	D_C + 1″	D_C + 1″
W_B	.094±.003	.125±.003	.187±.003	.250±.003	.250±.004
H_B	.095±.004	.135±.004	.200±.005	.270±.007	.270±.008

주의:
1. 재고 공급하는 다이어프램은 내면의 크기 1″이상에 1 / 8″직경 × 3 / 32″높이의 압력 측 버튼을 가진 상태로 공급된다.
2. 헤드 코너가 조립 시 뒤집어지기 때문에, 이 반지름은 피스톤 반지름이 아니다.
3. 높이는 내면(DC)을 초과하면 안 된다. 높이의 공차는 ±.015″이상 또는 높이 1인치당 ±.015″이상이어야 한다.
4. 이 "V"형 리브는 다이어프램 공정만을 위한 것이므로 모든 다이어프램에 안 나타날 수도 있다. 이것은 기능적인 것이 아니고 완전하게 채워질 필요가 없다. 리브는 일반적으로 다이어프램의 고무 측에 만든다.
5. .25 이상의 폭을 갖는 플랜지는 2개의 "V"형 리브가 사용된다.
6. "V"형 리브의 수, 크기, 공간과 위치는 규정된 비드에 맞추어 수정되거나 남겨둘 수 있다.
7. 트림 공차
구멍의 직경 OD 트림

직 경	공 차
0∼1.00″	±.010″
1.01∼3.01″	±.015″
3.01 이상	±.020″

8. 치수와 공차들은 Bellofram 롤링 다이어프램이 제조 시의 공차로 상대편 부품의 치수와 공차가 아니다.

CLASS 3 - 표준 크기

실린더 내면 DC	피스톤 직경 DP	높이 H	측벽 두께 WSW	유효 압력 면적 Ae(in)²	접힘 C	최대 반행정 SA/SB	실린더 내면 DC	피스톤 직경 DP	높이 H	측벽 두께 WSW	유효 압력 면적 Ae(in)²	접힘 C	최대 반행정 SA/SB
.44	.31	.31	B	.11	.065	.06	× 1.12	.94	.44	C	.83	.090	.01
.44	.31	.44	B	.11	.065	.21	× 1.12	.94	.69	C	.83	.090	.32
.44	.31	.31	C	.11	.065	.08	1.12	.62	.80	.011	.59	.250	.18
×.58	.37	.38	B	.14	.065	.15	× 1.12	.94	.94	C	.83	.090	.51
.56	.44	.44	B	.19	.060	.22	1.12	.94	1.12	.010	.83	.090	.75
.62	.50	.37	C	.24	.060	.15	× 1.12	.94	1.12	C	.83	.090	.75
×.62	.50	.58	B	.34	.060	.28	1.19	1.00	.44	C	.94	.095	.06
.69	.56	.56	B	.30	.065	.33	1.19	1.00	.50	C	.94	.095	.22
.69	.48	.71	C	.36	.105	.48	1.19	1.00	1.00	C	.94	.095	.62
.75	.65	.32	.015	.38	.050	.12	1.19	1.00	1.19	C	.94	.095	.81
×.75	.62	.62	B	.36	.065	.39	1.25	1.06	.44	C	1.04	.095	.06
.75	.62	.75	B	.36	.065	.52	× 1.25	1.06	.50	C	1.04	.095	.12
.81	.68	.62	B	.44	.062	.48	1.25	1.06	.68	C	1.04	.095	.30
.81	.69	.69	C	.44	.060	.47	× 1.25	1.06	.75	C	1.04	.095	.37
.82	.73	.33	.015	.47	.015	.13	× 1.25	1.06	1.00	C	1.04	.095	.62
.87	.75	.32	B	.51	.040	.18	× 1.25	1.06	1.25	C	1.04	.095	.87
.87	.75	.34	.015	.51	.060	.12	1.31	1.12	.44	C	1.15	.095	.06
× .87	.75	.35	B	.51	.060	.53	1.31	1.12	.56	C	1.15	.095	.16
.87	.75	.83	B	.51	.062	.71	1.31	1.12	.81	C	1.15	.095	.43
.94	.81	.63	B	.60	.065	.39	1.31	1.12	1.06	C	1.15	.095	.68
.94	.81	.81	B	.60	.065	.58	1.31	1.12	1.31	C	1.15	.095	.93
× 1.00	.81	.41	C	.44	.095	.06	× 1.37	1.19	.44	C	1.28	.090	.07
× 1.00	.81	.62	C	.44	.095	.24	1.37	1.16	.56	C	1.25	.105*	.17
1.00	.81	.75	C	.44	.095	.37	× 1.27	1.19	.56	C	1.28	.090	.19
× 1.00	.81	.81	C	.61	.095	.43	× 1.37	1.19	.87	C	1.28	.090	.58
× 1.00	.81	1.00	C	.64	.095	.62	× 1.27	1.19	1.12	C	1.28	.094	.75
1.06	.87	.44	C	.73	.095	.06	× 1.37	1.19	1.37	C	1.28	.094	1.00
1.06	.87	.62	C	.73	.095	.24	1.44	1.25	.44	C	1.42	.095	.06
1.06	.87	.67	.018	.73	.095	.29	1.44	1.25	.62	C	1.42	.095	.26
1.06	.87	.67	C	.73	.095	.49	1.44	1.25	.94	C	1.42	.095	.56

× 표준(도구 가능)		측벽 두께	B = 약 .015	C = 약 .017
* 특수 접힘 폭		D = 약 .024	F = 약 .035	H = 약 .045

CLASS 3C 다이어프램

사 양

　　Class 3C 다이어프램은 접힘부가 안에 성형되어 있다는 것을 제외하면 Class 3과 유사한 사양을 갖고 있다. Class 3에 대한 플랜지 설계 사양에 대한 정보도 또한 Class 3C에 적용할 수 있다.

　　이 다이어프램은 영구적인 접힘부를 갖는 "장착된" 형태로 만들어지기 때문에, 조립 시 뒤집을 필요가 없다. 이것은 다이어프램으로 하여금 "성형된" 상태로 또는 중립 평면 위치로 돌아가려고 하는 작은 centering force를 갖고 있다. 뒤집을 필요가 없기 때문에 다이어프램의 헤드를 피스톤에 고정하기 위해서는 오직 평면 지지판만 있으면 된다.

　　깊은-성형 접힘부가 제조하기가 쉽지 않으므로 이 다이어프램들의 행정은 제한된다. 이 설계는 압력차가 150psi를 초과하지 않는 곳에는 권장한다.

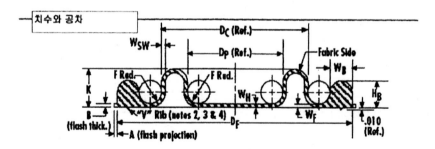

D_C	.37 to .99	1.00 to 2.50	2.51 to 4.00	4.01 to 8.00	8.01 and up
K	설계 행정을 만족할 만큼(표준 크기표 & 주의 3을 참조)				
D_C	DC와 DP의 공차는 직경 1인치당 ±.010 ″이지만, 이 공차는 ±.010 ″보다				
D_P	크고 ±.060 ″ 이하여야 한다.				
W_H & W_F	.020±.003	.020±.004	.030±.004	.035±.005	.045±.007
W_{SW}	.015±.003 (Code "B")	.017±.003 (Code "C")	.024±.004 (Code "D")	.035±.005 (Code "F")	.045±.007 (Code "H")
A	.025 Max.	.025 Max.	.035 Max.	.040 Max.	.056 Max.
B	.025 Max.	.025 Max.	.035 Max.	.040 Max.	.056 Max.
F	1 / 32 R.	1 / 16 R.	3 / 32 R.	1 / 8 R.	1 / 8 R.
D_F	DC + 5 / 16 ″	DC + 1 / 2 ″	DC + 3 / 4 ″	DC + 1 ″	DC + 1 ″
W_B	.093±.003	.125±.003	.187±.003	.250±.003	.250±.004
H_B	.094±.004	.135±.004	.200±.005	.270±.006	.270±.008

주의:
1. 높이의 공차는 ±.015 ″ 이상이어야 한다.
2. 이 "V"형 리브는 다이어프램 공정만을 위한 것이므로 모든 다이어프램에 안 나타날 수도 있다. 이것은 기능적인 것이 아니고 완전하게 채워질 필요가 없다. 리브는 일반적으로 다이어프램의 고무 측에 만든다.
3. .25 이상의 폭을 갖는 플랜지는 2개의 "V"형 리브가 사용된다.
4. "V"형 리브의 수, 크기, 공간과 위치는 규정된 비드에 맞추어 수정되거나 남겨둘 수 있다.

5. 트림 공차
구멍의 직경 OD 트림

직 경	공 차
0〜1.00 ″	±.010 ″
1.01〜3.01 ″	±.015 ″
3.01 이상	±.020 ″

6. 치수와 공차들은 Bellofram 롤링 다이어프램이 제조 시의 공차로 상대편 부품의 치수와 공차가 아니다.

CLASS 3C – 표준 크기

실린더 내면 DC	피스톤 직경 DP	높이 H	측벽 두께 WSW	유효 압력 면적 Ae(in)^2	접힘 C	최대 반행정 SA / SB	실린더 내면 DC	피스톤 직경 DP	높이 H	측벽 두께 WSW	유효 압력 면적 Ae(in)^2	접힘 C	최대 반행정 SA / SB
.37	.25	.12	8	.07	.063	.11	2.25	2.06	.15	C	3.65	.094	.28
.68	.37	.21	.014	.19	.183*	.11	2.27	2.18	.15	C	4.07	.091	.96
.91	.73	.15	.015	.52	.095*	.14	2.50	2.31	.15	C	4.54	.095	.68
1.00	.75	.16	C	.48	.125*	.07	3.00	2.69	.25	D	6.85	.155	.15
1.12	.93	.15	C	.83	.094	.08	4.25	2.75	.37	F	12.54	.250	.24
1.37	1.18	.15	C	1.26	.094	.08	6.00	5.50	.37	.035	25.96	.250	.24
1.50	1.31	.15	C	1.55	.094	.08	6.75	6.25	.38	F	33.14	.250	.26
1.75	1.56	.15	C	2.15	.094	.08	7.50	7.00	.37	F	41.28	.250	.24
1.18	1.60	.15	.016	.93	.093	.08	8.00	7.50	.37	.035	47.17	.250	.31
2.00	1.□1	.15	C	2.85	.094	.08							

* 특수한 접힘 폭		측벽 두께	B = 약 0.015	C = 약 0.017	F = 약 0.035

CLASS 1A 다이어프램

사 양

Class 1A Bellofram 롤링 다이어프램은 고정 모서리의 원주를 둘러서 "O"링형의 비드를 갖고 있다. 이것은 설치 시에 최소의 외곽 플랜지 직경을 원하는 경우의 설계이다.

이 구조는 넓은 플랜지가 필요 없고, 일부 경우에는 플랜지 볼트나 플랜지 스터드를 사용할 필요가 없다.

다른 모자형 다이어프램과 마찬가지로 Class 1A 다이어프램은 장착 시 뒤집어야 하고, 피스톤 코너 반지름이 "성형된" 형태로 되돌아가는 것을 막기 위해서 굴곡진 가장자리 지지부를 제안하고 있다.

Class 1A 다이어프램의 특수한 설계가 영구적으로 성형된 접힘을 갖는 사전-접힘형으로 제공될 수 있다. 이 사전 접힘형 설계는 조립하기가 더 쉽다. 그러나 이것은 다른 사전 접힘된 설계에서 나타나는 것과 마찬가지로 작은 스프링 gradient와 centering 효과를 갖고 있다. 사전 접힘된 Class 1A 다이어프램의 헤드 일부에 플랜지 지지판이 사용될 수 있다.

비드 홈과 비드를 지지하기 위한 하드웨어의 단면적은 Bellofram 비드 자체의 단면적과 같아야 한다. 이 홈의 코너는 최소한의 필렛을 갖는 사각형 기계 가공으로 되어야 한다. 이러한 관례는 비드 내에 있는 고무나 섬유에 과응력이 걸리지 않고 비드를 최적으로 지지하기 위하여 권장되고 있다. 만약 홈의 면적이 너무 작으면, 고무류가 과도하게 압축되어 롤링 다이어프램에까지 손상을 준다.

이 설계는 압력차가 150psi를 초과하지 않는 부위에 사용하는 것을 권장한다.

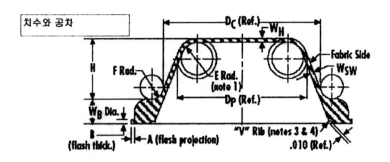

치수와 공차

D_C	1.00 to 2.50	2.51 to 4.00	4.01 to 8.00	8.01 and up
H	설계 행정을 만족할 만큼(표준 크기표 & 주의 3을 참조)			
D_C D_P	D_C와 D_P의 공차는 직경 1인치당 ±.010 ″이지만, 이 공차는 ±.010 ″보다 크고 ±.060 ″ 이하여야 한다.			
W_H	.020±.005	.030±.005	.035±.005	.045±.007
W_{SW}	.017±.003 (Code "C")	.024±.004 (Code "D")	.035±.005 (Code "F")	.045±.007 (Code "H")
A	.025 Max.	.035 Max.	.040 Max.	.056 Max.
B	.025 Max.	.035 Max.	.040 Max.	.056 Max.
E	1 / 16 R.	3 / 32 R.	1 / 8 R.	1 / 8 R.
F	1 / 32 R.	3 / 64 R.	1 / 16 R.	1 / 16 R.
W_B Dia	.121±.005	.151±.005	.242±.010	.242±.010

주의:
1. 헤드 코너가 조립 시 뒤집어지기 때문에, 이 반지름은 피스톤 반지름이 아니다.
2. 높이는 내면(DC)을 초과하면 안 된다. 높이의 공차는 ±.015 ″ 이상 또는 높이 1인치당 ±.015 ″ 이상이어야 한다.
3. 이 "V"형 리브는 다이어프램 공정만을 위한 것이므로 모든 다이어프램에 안 나타날 수도 있다. 이것은 기능적인 것이 아니고 완전하게 채워질 필요가 없다. 리브는 일반적으로 다이어프램의 고무 측에 만든다.
4. "V"형 리브의 수, 크기, 공간과 위치는 규정된 비드에 맞추어 수정되거나 남겨둘 수 있다.

5. 트림 공차
구멍의 직경 OD 트림

직 경	공 차
0〜1.00 ″	±.010 ″
1.01〜3.01 ″	±.015 ″
3.01 이상	±.020 ″

6. 치수와 공차들은 Bellofram 롤링 다이어프램이 제조 시의 공차로 상대편 부품의 치수와 공차가 아니다.

실린더 내면 DC	피스톤 직경 DP	높이 H	측벽 두께 WSW	유효 압력 면적 $Ae(in)^2$	접힘 C	최대 반행정 SA / SB	실린더 내면 DC	피스톤 직경 DP	높이 H	측벽 두께 WSW	유효 압력 면적 $Ae(in)^2$	접힘 C	최대 반행정 SA / SB
1.00	.81	.67	C	.64	.094	.24	3.75	3.43	2.25	B	10.14	.156	1.69
1.68	1.50	.75	C	1.90	.093	.36	4.54	4.03	5.25	.034	14.18	.250	4.22
1.75	1.53	.44	.017	2.11	.110*	.61	5.25	4.75	9.18	.034	19.63	.250	2.34
2.00	1.81	1.03	C	2.85	.094	.53	5.50	5.08	5.50	F	21.64	.250	4.47
2.51	3.05	3.51	.025	3.64	.234*	2.87	6.25	5.75	5.25	F	24.27	.250	4.22

* 특수한 접힘 폭		측벽 두께	B = 약 0.015	C = 약 0.017	F = 약 0.035

CLASS 1B 다이어프램

사 양

Class 1B 설계는 고정 모서리의 원주를 둘러서 사각형 비드를 사용하여 플랜지 비드가 실린더 내면 안으로 고정되도록 한다. 이 설계는 다이어프램 실린더 내면보다 약간 큰 최소한의 외부 하우징 직경을 제공한다.

일부 경우에 이 설계는 플랜지 볼트나 플랜지 스터드가 필요 없게 해 준다. 이것은 다이어프램의 플랜지에 볼트 구멍 또는 관통부를 만들 필요가 없다.

접히기 위해서는 피스톤 코너 반지름의 뒤집기가 필요하다. 피스톤 코너 반지름을 지지하고 이것이 "성형된"

형태로 돌아가는 것을 막기 위해서 굴곡진 가장자리 지지 수단을 권장한다.

Class 1B 설계는 플랜지 비드를 실린더 내면에 고정할 수 있도록 하기 때문에, 행정 능력은 일반적으로 S_B 방향으로만 반-행정으로 제한된다.

비드를 지지하기 위한 홈의 단면적은 Bellofram 비드 자체의 단면적과 같아야 한다. 이 홈의 코너는 최소한의 필렛을 갖는 사각형 기계 가공이 되어야 한다. 이러한 관례는 비드를 최적으로 지지하기 위하여 권장되고 있다. 고무는 압축되지 않으므로, 만약 홈의 면적이 너무 작으면 롤링 다이어프램을 확실하게 손상된다. 이 설계는 압력차가 150psi를 초과하지 않는 부위에 사용하는 것을 권장한다.

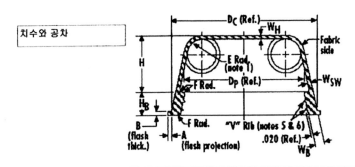

D_C	1.00 to 2.50	2.51 to 4.00	4.01 to 8.00	8.01 and up
H	설계 행정을 만족할 만큼(표준 크기표 & 주의 2를 참조)			
D_C D_P	D_C와 D_P의 공차는 직경 1인치당 ±.010 ″ 이지만, 이 공차는 ±.010 ″ 보다 크고 ±.060 ″ 이하여야 한다.			
W_H	.020±.005	.030±.005	.035±.005	.045±.007
W_{SW}	.017±.003 (Code "C")	.024±.004 (Code "D")	.035±.005 (Code "F")	.045±.007 (Code "H")
A	.025 Max.	.035 Max.	.040 Max.	.056 Max.
B	.025 Max.	.035 Max.	.040 Max.	.056 Max.
E	1 / 16 R.	3 / 32 R.	1 / 8 R.	1 / 8 R.
F	1 / 32 R.	3 / 64 R.	1 / 16 R.	1 / 16 R.
W_B	.080±.003	.100±.003 See note #3	.120±.003 See note #3	.160±.003 See note #3
H_B	.150±.005	.200±.005	.260±.005	.300±.005

주의:	5. 이 "V"형 리브는 다이어프램 공정만을 위한 것이므로 모든 다이어프램에 안 나

주의:
1. 헤드 코너가 조립 시 뒤집어지기 때문에, 이 반지름은 피스톤 반지름이 아니다.
2. 높이는 내면(DC)을 초과하면 안 된다. 높이의 공차는 ±.015″ 이상 또는 높이 1인치당 ±.015″ 이상이어야 한다.
3. 이 공차는 측벽의 변화를 포함하지 않는다.
4. 트림 공차
구멍의 직경 OD 트림

직 경	공 차
0~1.00″	±.010″
1.01~3.01″	±.015″
3.01 이상	±.020″

5. 이 "V"형 리브는 다이어프램 공정만을 위한 것이므로 모든 다이어프램에 안 나타날 수도 있다. 이것은 기능적인 것이 아니고 완전하게 채워질 필요가 없다. 리브는 일반적으로 다이어프램의 고무 측에 만든다.
6. "V"형 리브의 수, 크기, 공간과 위치는 규정된 비드에 맞추어 수정되거나 남겨 둘 수 있다.
7. 치수와 공차들은 Bellofram 롤링 다이어프램이 제조 시의 공차로 상대편 부품의 치수와 공차가 아니다.

CLASS 1B – 표준 크기

실린더 내면 DC	피스톤 직경 DP	높이 H	측벽 두께 WSW	유효 압력 면적 $Ae(in)^2$	접힘 C	최대 반행정 SA / SB	실린더 내면 DC	피스톤 직경 DP	높이 H	측벽 두께 WSW	유효 압력 면적 $Ae(in)^2$	접힘 C	최대 반행정 SA / SB
3.00	2.68	1.19	B	6.25	.156	.63	4.75	4.25	3.60	.035	15.90	.250	2.55
3.06	2.57	3.32	.035	6.22	.245	2.34	4.75	4.25	5.21	.035	15.90	.250	4.08
3.62	3.12	3.31	.035	6.94	.250	2.31	6.50	6.00	4.34	.040	30.67	.250	3.01
3.62	3.12	3.87	.035	6.94	.250	2.38	6.50	6.00	7.35	.040	30.67	.250	6.02
4.15	3.65	1.95	.035	11.94	.250	.95	7.00	6.50	4.81	.040	35.78	.250	3.48
4.15	3.65	3.19	.035	11.94	.250	2.19	7.00	6.50	5.25	.040	35.78	.250	6.85

* 특수한 접힘 폭		측벽 두께	D = 약 0.024	F = 약 0.035

EL Diaphragm Valves

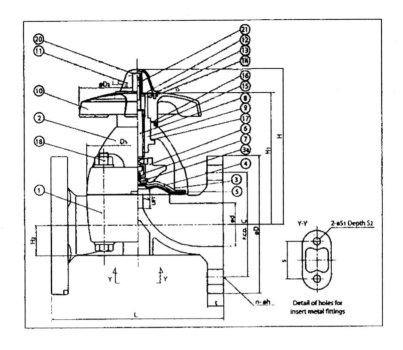

Parts (Sizes $1/2'' - 2''$)

PARTS			
NO.	DESCRIPTION	PCS.	MATERIAL
1	Body	1	PVDF(EL Spec.)
2	Bonnet	1	PPG, PVDF
3	Diaphragm	1	PTFE(EL Spec.)
3a	Diaphragm Metal Insert	1	Palladium Titanium
4	Cushion	1	EPDM
5	PVDF Gas Barrier	1	PVDF
6	Compressor	1	PVDF
8	Stem	1	Copper Alloy
8a	Indicating Rod	1	Stainless Steel 304
9	Sleeve	1	Copper Alloy
10	Hand Wheel	1	PP
11	Gauge Cover	1	PC
12	Name Plate	1	PVC
13	Retaining Ring C Type	1	Stainless Steel 304
14	O-Ring(A)	1	EPDM
15	O-Ring(B)	1	EPDM
16	Thrust Ring(A)	1	UHMEPE
17	Thrust Ring(B)	1	UHMEPE
18	Bolt, Nut, Washer	4 Sets	Stainless Steel 304
20	Stopper(A)	1	Copper Alloy
88	Grease Nipple	1	Copper Alloy
89	Compressor Pin	1	Stainless Steel 304
90	Stud Bolt, Nut	4 Sets	Stainless Steel 304, Others
94	Metal of Compressor	1	Stainless Steel 304
1a	Inserted Nut	4	Stainless Steel 304

Dimensions (Sizes $1/2'' - 2''$)

NOMINAL SIZE		d	ANSI CLASS 150				D1	D2	I	L	t	H	H1	H2	S	S1	S2
INCHES	mm		C	D	n	h											
1/2	40	0.63	2.38	3.50	4	0.62	2.13 × 2.60	3.46	0.39	4.25	0.43	4.09	3.39	0.49	0.98	0.28	0.51
3/4	50	0.79	2.75	3.88	4	0.62	2.13 × 2.60	3.46	0.39	5.88	0.51	4.17	3.46	0.57	0.98	0.28	0.51
1	65	0.98	3.12	4.25	4	0.62	2.64 × 3.15	3.46	0.47	5.88	0.59	4.37	3.66	0.73	0.98	0.28	0.51
11/4	80	1.26	3.50	4.62	4	0.62	2.64 × 3.15	3.46	0.47	6.38	0.63	4.57	3.82	0.89	0.98	0.28	0.51
11/2	100	1.57	3.88	5.00	4	0.62	4.25 × 4.25	6.14	0.83	6.94	0.63	6.97	5.67	1.08	1.77	0.35	0.59
2	125	2.05	4.75	6.00	4	0.75	4.84 × 4.84	6.14	0.98	7.94	0.79	7.52	6.22	1.42	1.77	0.35	0.59

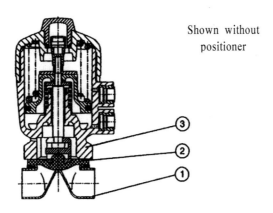

Shown without
positioner

1 Valve body: PVC, PVDF
2 Diaphragm: EPDM, PTFE / EPDM
3 Actuator housing: Polyphenysiloxan

Diaphragm Materials

CODE	MATERIALS	TEMPERATURE RANGE	SIZE RANGE	TYPICAL APPLICATIONS
R	Natural Rubber	0 to 180F	1/2″ –8″	Wet or Dry Abrasives at moderate temperatures
N	Neoprene	0 to 200F	1/2″ –8″	Acids, Alkalies, Alcohol and Oil
H	Hypalon*	–30 to 250F	1/2″ –8″	Acids, Caustics and Oil
E	Ethylene Propylene Rubber	–30 to 300F	1/2″ –8″	Excellent chemical and abrasive resistance at elevated temperatures
V	Viton*	–20 to 350F	1/2″ –8″	Aggressive chemicals, acids and oil. High temperature service
T	TFE Faced	–30 to 300F	1/2″ –8″	Maximum resistance to aggressive chemicals and solvents at elevated temperatures. Excellent ant–stick properties
B	Butyl	–15 to 212F	1/2″ –8″	Acids and Alkalies
WE	White EPR	–30 to 300F	1/2″ –8″	Excellent chemical and abrasive resistance at elevated temperatures Food Grade– F.D.A. approved
WB	White Butyl	–15 to 212F	1/2″ –8″	Acids and Alkalies. Food Grade

* –Hypalon and Viton are registered trademarks of Dupont Dow Elastomers.

소형전동 사출성형기의 시리즈 특징

1. 서 론

□ 고정밀도 안정성형의 요구성능

○ 전동사출성형기(J-EL Ⅲ series)는 JSW의 독자적인 제어 알고리즘으로 전용 서버드라이브시스템(servo drive system)을 탑재하여 고강성 형체장치, 고사출 능력을 갖추었다. 특히 형체력 55톤(ton) 이하의 기종은 정밀성형용으로 전용기술을 탑재하여 제조 판매되고 있다. 이 성형기시리즈에서 성형되는 제품은 주로 휴대전화부품, 전자기기부품, 광학부품 등이 주류를 이루고 있다.

○ 휴대전화부품, 전자기기부품, 광학부품들은 고품질, 고정밀도가 요구되어 그 요구정밀도에 대한 사출성형기로 전개되는 성형은 고정밀안정 성형성능, 환경성능, 하이사시클(high cycle)성능의 3개의 성능으로 이루어진다. 고정밀 안정 성형성능으로 스크류 디자인(screw design)고속 고응답사출, 노즐(nozzle), 시린더(cylinder)온도 제어의 성능을 발휘하며 환경성능으로는 소비전력저감, 성스페이스이다. 또한 형개폐 시간저감, 복합동작, 위치결정정밀도 등의 성능으로 하이사이클에 의한 정밀사출성형을 하게 된다.

2. 고성능 사출성형장치의 개요

□ 고응답 사출성형장치

○ 두께가 있는 렌즈(lens)부품 등을 제외한 정밀성형품은 많지만 고속충진 및 가속, 감속응답성능이 요구되고 있다. 특히 웰드(weld line)강도의 개선, 흐름장의 확보

를 위해서 고속 충진영역에의 가속특성이 중요한 포인트(point)이다. 또 코어핀(core pin)의 부러짐, 성형귀(burr)의 방지에 대해서는 감속응답특성이 중요한 포인트가 된다. 통상 인라인(in line)식의 전동사출성형기에 있어서는 스크류의 직선운동에서 사출동작이 행해지지만 그 구동계에는 볼스크류(ball-screw), 서버모터(servo motor)본체 등의 회전체가 존재하기 위한 이 회전체의 관성모멘트(moment)를 저감하는 것이 고응답화에 대한 과제가 된다.

○ 이러한 저관성의 전용 구동계를 장치하여 구동계의 저감비에 의해 부하에너지의 저감효과를 이용하면서 AC서버모터본체의 관성과 부하관성의 벨런스설계를 실시해 사출속도50㎜/s에서 250㎜/s에의 도달시간은 약 25㎳와 고응답화를 실시하였다.

□ **KC nozzle**

○ 실제의 사출성형에 있어서 노즐의 선단부는 이 온도보다 더 낮은 금형온도이기 때문에 금형과의 접촉부근에는 축방향의 온도구배는 급격히 커지고 이 온도제어 불량이 각 현상으로 기인되는 예가 많다. 또한 초소형사출기에서 성형된 성형품은 다음 쇼트(shot)의 충진을 고려할 경우 노즐의 내경에 잔류하여 내부의 온도상태가 성형품의 품질을 좌우한다. 그 때문에 KC nozzle은 선단부에서 정밀하게 컨트롤이 가능하여 콜드 슬러거(cold slug), 잡아 늘리고 달러링(dollar ring) 현상을 개선하는 선단부의 온도 조정죤(temp control zone)과 노즐내부의 수지온도를 설정온도에 안정되는 노즐후부의 온도 조정죤을 마련하고 있다.

○ 노즐 내의 수지온도는 설정온도에 유지되어 있지만 선단부에서 봉형상의 온도센서(sensor)를 삽입시켜 축방향에서 온도분포의 측정결과는 수지온도와 노즐터치(nozzle touch)점에서의 거리와의 관계를 나타내고 있다. 이 관계에서 설정치는 섭씨 250도이다. 선단에서 20㎜ 강하하는 부분적인 온도상승도 없으며 거의 균일한 제어가 되어 있는 것을 알 수 있었다. 또한 이것에 있어서 각종 인자(parameter)를 적용함에 따라 정상열전대에 있어서 이론적 해석을 나타내고 있다.

○ 실험결과와 이론결과는 거의 일치하고 이 성형기는 히터(heater)용량, 히터길이, 제어주기, 열전대의 위치 및 길이 등은 설계 시에 예측해석에 의하여 결정되지만 충분한 타당성이 검정되었다. 또한 실제로 연속성형 중의 열전대출력온도를 샘

플링(sampling)한 것으로 샘플링주기는 1.0sec이며 통상 사출공정 시에는 노즐의 선단홀(hole)부위에 있어서의 압력손실이 생겨 압력손실분이 온도상승으로 전환한다고 생각된다. 또 KC nozzle은 온도가 안정되어 있는 상태하에서 조종을 하십시오(Keep temperature stable under control)의 의미이다.

□ 소형사출성형기용 screw

○ 유저의 사용성형재료에 대한 올라운드(all round)에 대응 가능한 소형 사출표준 스크류, 또한 LCP, PPA, PA 등의 엔지니어링 플라스틱(engineering plastic)에 대한 전용디자인으로서 수지별 스크류를 선택 가능하게 하였다. 표준 스크류 및 수지별 스크류는 종래디자인과 비교하여 주로 수지의 고체운송부의 디자인의 개량과 더불어 재생재료의 안정가소화도 대응 가능토록 하였다. 또 스크류 헤드(screw head)부의 수지유로면적이 불충분하면 가소화 시에 수지유동의 저항이 과대하거나 충분한 교반효과를 얻을 수 없는 현상을 가져온다.

○ JSW에는 스크류 헤드부의 최적유로설계에도 고려되어 다른 회사의 스크류 성능과의 비교효과에서 ① 가소화능력의 향상, ② 성형시작 직후의 가소화 시간의 조기안정화, ③ 가소화 시간편차의 감소, ④ 교반(혼련)과 온도의 균일성이 우수하다.

○ 소형성형기 표준 스크류는 스크류경이 16㎜를 사용해 베플금형에 연속 성형함에 따라 가소화 시간의 변동, 또한 이때의 질량변동을 나타내고 있다. 공급시료의 재료는 PA46수지 및 PBT수지로서 함께 재생재를 포함하지 않는 재료의 데이터이다. 연속성형 중에 가소화 시간 및 질량은 양호한 안정도에서 추이되고 있는 것이다. 한층 더 이 안정성을 오랜 기간에 걸쳐서 유지하기 위해서는 내마모성, 내부식성 스크류로써 분말야금법에 의하여 오리지널 스크류(LSP2screw)에 대응하고 한층 더 그것을 초과하는 초내마모, 초내부식성을 필요로 하는 경우에 스크류(LSP4screw)와 (LSP-Hscrew)를 구비하여 선택의 폭을 넓혔다.

□ hopper hole의 최적형상

○ 인라인(in line)식 사출성형기에 있어서 스크류의 이동속도가 낮은 보압공정에

는 고체 페레트(pellet)는 스크류 플라이터(screw flight)와 수지공급홀에 협소한 장치의 추력이 충분히 용융수지에 전달되지 않는 케이스가 있다. 그 때문으로 JSW에는 수지 공급홀의 가공형상을 독자적인 이론을 전개하여 수지를 사이에 두기 어려운 형상으로 하고 있다.

□ 고내마모, 내부식성 cylinder

○ 소형사출성형기에 표준 탑재되어 있는 가열통은 JSW제(N-ALOY200F cylinder)가 있고 고Ni합금을 베이스로 고경질의 텅스텐 카바이트를 분산 함유시킨 라이닝 시린더이다. 특히 내마모성이 우수한 유리섬유수지, 슈퍼엔지니어링플라스틱 등에 대한 안정된 사출성능의 유지와 사용수명의 연장을 가능하도록 하였다. 또한 특히 초내식성능을 필요로 하는 경우에 있어서는 Cu, Mo원소를 첨가한 HIP(열간정수압 press)라이닝을 갖춘 N-ALOY61H cylinder도 제공하고 있다.

3. 고강성형체기구

□ 정밀안정 성형

○ 정밀안정 성형에 있어서 중요한 점으로 금형을 유지하는 가동받침과 이동받침의 강성에서 가동받침, 고정받침의 굴곡은 성형품중앙부의 두께 불균일성, 성형귀, 치수정밀도 악화 등의 성형불량의 원인이 된다. 또 금형코어부와 캐비티(cavity)의 형합 클리어런스(clearance)에 따라 금형의 파손, 수명저하의 원인이 될 수 있다.

□ J-ELⅢseries

○ J-ELⅢseries는 특히 형체강성에 중점을 두고 일반적인 유압성형기에 대한 형받침 강성을 약 30% 향상시키고 있다. 고정받침에는 종래 타이바(tie bar)일단부에 넛트(nut)에 의해 체결되어 있지만 J-ELⅢseries의 성형기는 금형 적출면 측에 고정하여 고정받침을 사이에 둔 구조로서 고정받침과 타이바로 견고하게 일체화한 것으로 특히

고속 형개폐 시에 동적 불안정이 되기 쉬운 형체장치의 거동을 안정시키고 있다.

4. 제어기술의 개선

□ 배압제어의 연속안정성 향상

○ 인라인 스크류식 사출성형기에 있어서는 스크류 자신이 후퇴하기 위한 계량공정의 후반부의 수지압력의 제어가 중요하다. 그 때문에 계량공정의 후반부의 제어방법을 개선해 계량완료 직전에 계량수지 압력의 급격한 상승을 억제하여 균일한 용융상태를 실현할 수 있도록 하고 있다.

○ 고정밀도 안정성형의 요구성능에서 J35EL사출성형기는 GPPS재료를 이용하여 100쇼트 정연속시킨 샘플로 평균질량($x-bar$)과 변동폭(range)에 대하여 종래의 제어방식과 신제어방식을 비교하여 신제어방식으로 약 70%의 변동폭을 개선된 것이다. 또 J35EL사출성형기는 보압 공정 시의 최전진 위치(cushion위치)의 평균치와 그의 변동폭을 나타내고 잔량의 변동폭이 반감되었다.

□ 개량완료 후 특수(IWCS)제어

○ 정밀성형품을 안정시켜 연속생산하기 위해서는 계량완료 후에 사출시작 직전의 수지밀도를 일정하게 유지해 두는 것이 중요하다. 인라인식 성형기는 역류방지 기구를 가지기 위한 계량공정에서 제어되거나 서버부의 압력이 역류방지 기구를 넘어와서 수지에 의해 변화하는 경우가 있었다. JSW에는 이 압력변화를 최소로 하는 것을 목표로 하여 계량완료부터 다음 쇼트의 사출시작까지의 스크류 회전수동작에 의해 서버부의 압력변화를 특수한 제어로서 옵션(option)으로 대응하고 있다.

○ 잔량 변동폭에 있어서 100쇼트에서 보압공정 시의 최전진위치(cushion위치)의 변동폭에 대해서 종래제어와 특수제어의 비교를 실시한 것이다. 수지는 여러 가지 PBT수지, PA수지, PP수지를 사용하였지만 어느 결과도 변동폭은 종래제어의 절반 이하이므로 특수 IWCS제어의 실효성이 명확화되었다.

5. 결 론

○ 소형사출성형기의 형체력 55톤 클래스 이하를 기술했지만 JSW에는 전동식 사출성형기로서 형체력 1300톤까지 폭넓게 생산 제조되고 있다. 향후에 사출성형기의 기본성능의 재정비를 계속하여 JSW고유기술의 향상과 고객만족에 대응하는 것을 목표로 하고 있다.

◁ 전문가 제언 ▷

○ JSW의 독자적인 제어 알고리즘으로 고강성 형체장치, 고사출능력을 갖추고 형체력 55톤 이하의 기종은 정밀성형용으로 전용기술을 탑재하여 사출 성형하는 부품들은 고정밀 안정성형성능, 환경성능, 하이사시클성능으로 구성되고 고속 고응답 사출, 노즐, 시린더온도제어성능 등의 고정밀 안정성형 성능과 소비전력저감, 성스 페이스 등의 환경성능과 형개폐 시간저감, 복합동작, 위치결정 정밀도성능 등의 하이사이클성능을 갖춘 소형전동사출성형기라고 생각된다.

○ 소형사출성형기에 시린더는 JSW제N-ALOY200F cylinder이며 고Ni합금을 베이스로 고경질의 텅스텐카바이트를 분산 함유시킨 라이닝시린더로서 초내식성능을 필요로 하는 경우에 있어서 Cu, Mo원소를 첨가한 HIP라이닝을 갖춘 N-ALOY61H cylinder도 제공되고 있다.

○ J-ELⅢseries는 JSW(THE JAPAN STEEL WORKS LTD)개발의 서버라이브시스템과 새로운 컨트롤러시스템 SYSCOM2000을 탑재한 J-ELⅢ은 고속연산처리기능으로 정밀성형, 하이사이클성형에서 안정성형을 실현시킨 소형정밀사출성형기는 사출압축기능, 형받침 고강성화, FEM해석에 의한 신설계 토글기구(toggle mechanism)를 구성하고 있다.

○ J-ELⅢseries는 35, 55, 85, 110, 180, 220, 280, 350, 450톤으로 구성된 소중형 전동사출성형기로서 ① 여유성능(형체력, 강성 / 고응답사출 / 고속형개폐ejecter), ② 독자기술의 제어(고성능사출력 feedback제어 / 독자기술사출기 전용servo drive system

/ soft back servo control), ③ 충실한 장비(사출압력성형기능 / N200 Fcylinder / grease
자동급유), ④ 용이한 조작성(touch panel식 TFTcoler액정화면 / built in배치 controller
/ high touch조작 keyboard / maintenance표시), ⑤ 매력 cost(성전력 / 설비비저감) 등의
장점을 가지고 있는 정밀사출성형기이다.

고무 사출성형기

(1) 횡형 고무용 사출성형

① 특징

    ㉮ 고정도의 성형품과 불량률의 저감

    ㉯ 양산 요구에 speedy 대응

    ㉰ 전자동화에 대응하는 유리한 설계

    ㉱ 재료 loss 저감

    ㉲ optimum 설계 및 중량

② 성형기 방식

    ㉮ core 인발 방식

        고무원통 bush 성형품의 취출을 인발 방식으로 제품을 취출

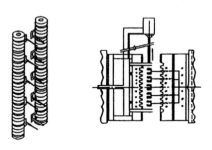

    ㉯ ejector plate 삽입 방식

        제품 외주의 undercut가 있는 성형품의 성형 방법

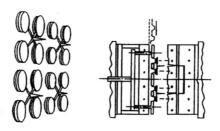

ⓓ 유압 ejector 방식

방진고무 등 두꺼운 제품에 이용되고 가동 측 금형에 깊게 유압된 제품을 직접 형으로부터 밀어내어 이형하는 방법

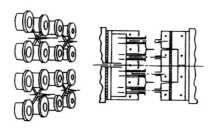

ⓔ air ejector 방식

주름살 hose 등 undercut가 있는 원통, 원뿔 모양의 성형품을 core 인발에 의한 취출 방식

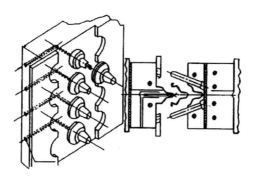

ⓕ 제품취출기 이용 방식

diaphragm 등 비교적 간이한 제품 형상, 가동 축 금형에 부착하는 제품 취출에 이용하는 방식

고무의 주요 특성

명칭 ASTM기호	주요특징	Hs 경도범위	Ts 인장강도 kg/cm	RB 신장률 (%)	사용온도범위 ℃	체적고유저항 Ω-cm	압축영구변형	내마모성	내후성	내열성	내한성	내신성	내유성	내연성	내증기성	내기투과성	비중 g/cm
NR 천연고무	고탄력성, 저온특성 양호, 내마성 부적	10~100	30~350	100~1000	-70~+90	$10^{10\sim15}$	◎	○	●	●	○	○	×	×	○	●	1.19
EPM, EPDM 에틸렌프로필렌	내노화, 오존성, 내마모, 내후성, 전기특성	20~90	50~200	100~800	-60~+150	$10^{12\sim15}$	●	○	◎	●	○	◎	×	×	◎	●	-
CR 클로로프렌	내후, 내오존, 내열성, 내약품성 우수	20~90	50~250	100~1000	-60~+120	$10^{10\sim2}$	○	○	◎	○	○	◎	○	○	○	○	-
BIR 부틸고무	내후, 내오존, 내열성, 투과성, 내구성	20~90	50~200	100~800	-60~+120	$10^{16\sim8}$	●	●	◎	○	●	◎	×	×	◎	◎	-
NBR 니트릴부타디엔	내유, 내마모, 내노화성 양호	20~100	50~300	100~80	-50~+120	$10^{2\sim10}$	○	◎	○	○	●	○	◎	×	○	●	-
Si 실리콘 고무	고도의 내열성, 내약품성	30~90	40~100	50~500	-120~+280	$10^{9\sim12}$	○	●	○	◎	○	○	×	○	○	●	1.14
U 우레탄 고무	기계적 강도, 내마성, 내약품성	30~100	200~500	300~800	-60~+80	$10^{8\sim10}$	◎	×	-	-	-	-	×	-	-	-	-
SBR 합성 고무	내마, 내마모성 부적, 저질고무	60	158	400	-	-	-	×	-	-	-	-	×	-	-	-	1.243

<주기>
- 시험범위는 공업용 고무 패킹 재료에 관한 규격 규격 및 공업용 O-ring에 관한 규격
- 내후성 시험(Weathing test) 및 변색 시험 조건: 직사광선이나 불꽃이 통하는 장소에 7일 이상 방치 후 육안상 이상이 없을 것
- 산화 시험(ozone test): 오존 농도 50ppm, 온도 50℃
  -신장 20%, 침적 후 100시간 이후 Sampling 10% 이상이 없을 것
  -100phm × 24H × 40℃ no crack
- 균열발생 시험(Tearing strength test): 섭씨 +63±5℃40시간~-10℃ 이하
  40시간 방치 후 손으로 제품을 변형시켰을 때 육안 상에 이상이 없을 것
- 이성항 시험: Acryl판 사이에 고무 시험편을 기우고 250g의 압력을 가하여 50℃에 24시간 방치 후 분리했을 때 Acryl판에 고무의 묻어남이 없어야 한다.

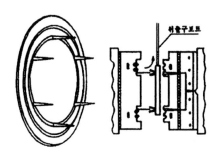

고무 재료 시험 예

시험항목		표준규격		시험결과		표준규격	
		JIS K -6380 B - II		OR -69 D		JIS B -2401	
1	상태시험 경도 Hs 모듈러스(100%) kg / cm² 인장강도 kg / cm² 신장률 %	70±5 – 170 300		71 45 195 350		70±s 28 이상 100 이상 250 이상	
2	노화시험	노화조건 100℃ × 70hrs					
	경도변화(도) 인장강도 변화율 % 신장 변화율 %	+15 이상 –20 이상 –50 이상		+3 +3.5 –20		+10 이상 –15 이상 –45 이상	
3	압축영구 굽힘시험	시험조건 100℃ × 70hrs					
	곡률 %	75 이상		22		40 이상	
4	마모시험	노화온도 100℃ × 70hrs					
	마모지수 %	–		–		–	
5	내유성시험	시험조건 100℃ × 70hrs					
		ASTM#1	ASTM#3	ASTM#1	ASTM#3	ASTM#1	ASTM#3
	경도변화(도) 인장강도 변화율 % 신장 변화율 % 체적 변화율 % 중량 변화율 %	–5～+10 –20 이내 –40 이내 –10～+5 –	–10～+5 –40 이내 –40 이내 0～+30 –	+1 +3 –10 –3.2 –	–2 –8 –18 +3.5 –	–5～+8 –15 이하 –40 이하 –8～+5 –	–15～0 –25 이하 –35 이하 0～+20 –
6	저온굽힘 시험 –30℃～–35℃	–		–		–	

- JIS K -6380 B - II 717: 공업용 고무패킹 재료에 관한 규격
- JIS B -2401: 공업용 O -Ring에 관한 규격임

Plastic의 종류와 구분

결정성에 의한 plastic의 종류

결정성 plastic		무정형 plastic
	6	PV
	6.6	PVC
polyamide	11	MS
	12	
		PC
POM		PPHOX
PBT		POLYSUFUNE
PE		
PP		
PPS		
TPX		

결정성 plastic과 무정형 plastic 특징

plastic	우수한 성질	불리한 성질
결정성 plastic	• 내약품성(내용제성)이 양호 • 내열성이 양호 • 기계적 성질이 우수(탄성내마모성)	• 열변형온도에 대한 하중의존성이 크다. • 일반적인 내후성이 양호(예외 PBT) • 일반적인 불투명(예외 TPX) • 성형수축률이 크다(치수정밀도)
무정형 plastic	• 투명 • 성형수축률이 적다. • 실용 범위 내 강도, 탄성계수의 온도의존성은 결정 plastic보다 적다.	• 내약품성이 양호(내용제성) • 피로강도가 적다(PMMA는 비교적 크다.).

PA 수지의 장점과 단점

장 점	단 점
내충격성이 좋고 강인하다. 마찰마모특성이 좋다. 내약품성이 좋다. 진동률 흡수하는 성능이 좋다. 내열성이 좋다. 내한성이 좋은 grade가 있다. 내후성이 좋은 grade가 있다(PA_{12}).	흡습성이 크다. glass 전이온도가 50℃ 부근에 있다. 변형온도가 낮다. 내후성은 일반적으로 나쁘다.

POM 수지의 장점과 단점

장 점	단 점
기계적 성질 피로강도가 크다. 환경하에 내creep성이 좋다. 마찰마모특성이 좋다. 내약품성이 좋다. 내열성이 우수하다.	내산성이 나쁘다. 내후성이 나쁘다.

PC수지의 장점과 단점

장 점	단 점
내충격성이 우수하다. glass전이온도가 높다. 저온특성이 좋다. 전기적 성질이 좋다(고주파수 영역). 내후성이 좋다. 투명하다.	내약품성이 나쁘다. 내열수성이 나쁘다. 피로강도가 낮다.

PBT수지의 장점과 단점

장 점	단 점
내열성이 좋다. 내약품성이 좋다. 전기적 특성이 우수하다. 내수성이 작다. glass섬유가 없는 grade는 마찰마모특성이 좋다.	내열수성이 나쁘다. glass전이온도가 40~60℃이다.

변성 PPO수지의 장점과 단점

장 점	단 점
전기적 특성이 우수하다. 유전손실이 적고, 절연성이 좋다. 내열수성이 좋다. 내열성이 좋다. 비중이 작다.	내약품성이 좋다.

제7장 Creep을 고려한 변형량의 계산

낮은 응력수준의 탄성률

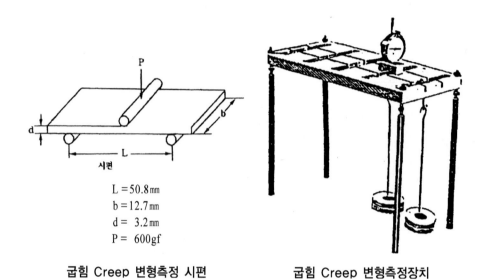

L = 50.8mm
b = 12.7mm
d = 3.2mm
P = 600gf

굽힘 Creep 변형측정 시편   굽힘 Creep 변형측정장치

위의 측정장치를 사용하여 굽힘 Creep 변형을 측정하면 아래와 같은 결과를 얻는다.

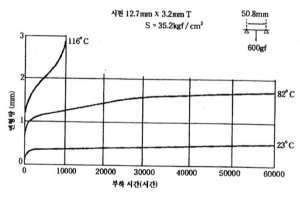

Creep 변형(1) C′ D′ grade

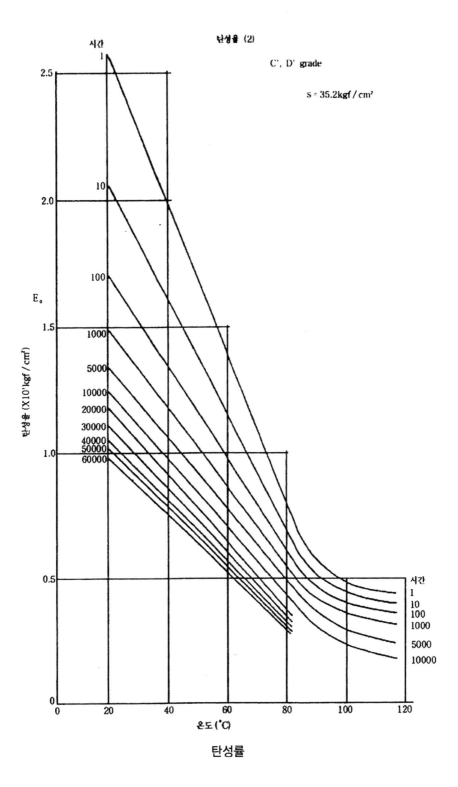

탄성률

1. 변형량 계산

1) 장방향 단면의 변형량 계산(1)

폭 20㎜, 두께 2㎜의 장방향 단면의 성형품을 Span 50㎜의 양단을 자유단에 지지하고 Span 중앙에 집중하중을 가하여 5㎜의 변형을 가져왔을 때의 하중을 추정하라. 단, 온도는 20℃ 및 100℃, 부하시간은 1시간, 10시간, 100시간으로 한다.

(1) 식으로부터

$$P = \frac{4E\,bd^3Y}{L^3} \tag{3}$$

b=2.0㎜, d=0.2㎝, y=0.5㎝, L=5.0㎝를 (3)식에 대입하면

$$P = \frac{4 \times E \times 3.0 \times 0.2^3 \times 0.5}{5.0^3} = 0.000256E \tag{4}$$

각 시간, 각 온도에 대응하는 E_0(저응력 수준의 탄성률)을 앞의 Graph에 굽힘변형률 γ를 구하면

$$\gamma = \frac{6dY}{L^2} \tag{5}$$

$$\gamma = \frac{6 \times 0.2 \times 0.5}{5^2} = 0.024 = 2.4\%$$

다음 Graph에서 변형 2.4%에 대응하는 E_s / E_0는 $E_s / E_0 = 0.70$
따라서

$$E = E_0 \times \frac{E_s}{E_0} \tag{6}$$

에서 E를 구하고 (4)식에 대입하여 p를 구한 수치는 다음과 같다.

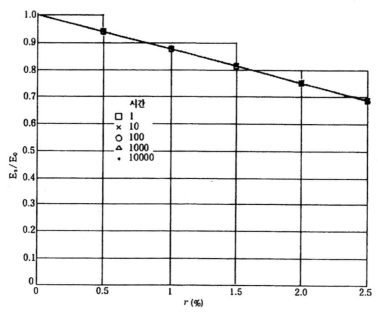

E_s / E_0와 변형과의 관계

20℃ / 100℃의 경우의 p수치

시간(hr)	E_0(kgf / ㎠)	$E = E_0 \times \dfrac{E_s}{E_0} = 0.7E_0$(kgf / ㎠)	p(kgf)
1	25700 / 4800	18000 / 3360	4.61 / 0.86
10	20400 / 4400	14300 / 3080	3.66 / 0.79
100	16800 / 4150	11800 / 2900	3.02 / 0.74
1000	14800 / 3700	10400 / 2590	2.66 / 0.66

그래서 실측치와 비교한 아래의 Graph와 일치한다.

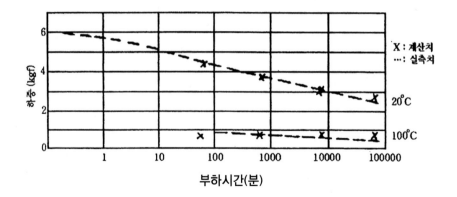

부하시간(분)

(1) 원통형 성형품 계산(1)

외경 9.7㎜, 내경 4.5㎜의 원통형 성형품을 Span 101.6㎜의 양단을 자유단에 지지하고 Span의 중앙에 하중을 가하면 최대 ΦBar Stress가 200kg/㎠가 된다. 온도는 30℃, 50℃, 70℃ 경우, 부하시간 300시간으로 할 때 Span 중앙의 변형량을 추정하라.

$$\text{원통의 경우 } Y = \frac{4PL^3}{3E\pi(d_2^4 - d_1^4)} \tag{7}$$

$$P = \frac{S\pi(d_2^4 - d_1^4)}{8Ld_2} \tag{8}$$

(7) (8)식으로부터

$$Y = \frac{4L^3}{3E\pi(d_2^4 - d_1^4)} \times \frac{S\pi(d_2^4 - d_1^4)}{8Ld_2} = \frac{L^2S}{6Ed_2} \tag{9}$$

위의 예제에서 L=10.16㎝, S=200kgf/㎠, d=0.97㎝를 (9)식에 대입하면

$$Y = \frac{10.16^2 \times 200}{6 \times E \times 0.97} = \frac{3550}{E} \tag{10}$$

(2) 원통형상의 내압용기 성형품 계산(1)

외경 39.3㎜, 두께 1.27㎜의 원통형상의 내압용기를 내압을 가하여 49℃의 온도에서 Hoop stress는 175kgf / ㎠이다. 1시간, 10시간, 100시간, 1000시간 후의 직경의 증가량을 구하라.

$$Y = \frac{R}{E}(1 - \frac{\mu}{2})\frac{PR}{t} \tag{13}$$

$$Sh = \frac{PR}{t} \tag{14}$$

$$\therefore\ Y = \frac{R}{E}(1 - \frac{\mu}{2})Sh \tag{15}$$

Y: 반경의 증가량(㎝)

R: 평균반경 $= \frac{1}{2} \times \frac{1}{2}(\text{내경} + \text{외경}) = \frac{1}{4}(39.3 - 2.54 + 39.3) = 19.0\text{㎜}$

E: 탄성률

μ: Poisson 비 0.35

Sh: Hoop stress 175kgf / ㎠

P: 내압

t: 두께 1.27㎜

$$Y = \frac{1.9}{E}(1 - \frac{0.35}{2}) \times 175 = \frac{274}{E} \tag{16}$$

Graph에서 얻은 변형량 γ(%)를 산출하면

$$\gamma = \frac{2\pi(R + Y) - 2\pi R}{2\pi R} \times 100 = 100\frac{Y}{R} \tag{17}$$

온도변화에 따른 계산치

시간 (hrs)	$E_0(\text{kgf}/\text{cm}^2)$	$Y_0(\text{cm})$	$\gamma(\%)$	E_s/E_0	$E(\text{kgf}/\text{cm}^2)$	$Y(\text{cm})$	$2Y^*$ (mm)
1	1.70×10^4	1.61×10^{-2}	0.85	0.89	1.51×10^4	1.81×10^{-2}	0.36
10	1.37×10^4	2.00×10^{-2}	1.05	0.87	1.19×10^4	2.30×10^{-2}	0.46
100	0.16×10^4	2.36×10^{-2}	1.24	0.84	0.975×10^4	2.80×10^{-2}	0.56
1000	0.03×10^4	2.66×10^{-2}	1.40	0.82	0.847×10^4	3.23×10^{-2}	0.65
산출법	graph	(16)식	(17)식	graph	$E = E_0 \times \dfrac{E_s}{E_0}$	(16)식	×20

$2Y^*$=직경에 대한 증가량(mm)

실측치와 계산치의 비교한 Graph는 아래와 같다.

각 온도, 시간에 대응하는 E_0를 Graph에서 읽고 (10)식의 E를 대입하면 아래의 표와 같다.

E_0와 Y_0 관계

온 도	E_0	Y_0
30℃	$1.45 \times 10^{4\,\text{kg f}/\text{cm}^2}$	0.25 cm
50℃	$1.10 \times 10^{4\,\text{kg f}/\text{cm}^2}$	0.32 cm
70℃	$0.76 \times 10^{4\,\text{kg f}/\text{cm}^2}$	0.47 cm

온도에 의한 굽힘 변형률을 구하면

$$\gamma = \frac{6d_2Y}{L^2} \tag{11}$$

30℃일 때 $\gamma = \dfrac{6 \times 0.97 \times 0.25}{10.16^2} = 0.014 = 1.4\%$

50℃일 때 $\gamma = \dfrac{6 \times 0.97 \times 0.32}{10.16^2} = 0.018 = 1.8\%$

$$70℃일 \ 때 \ \ \gamma = \frac{6 \times 0.97 \times 0.47}{10.16^2} = 0.026 = 2.6\%$$

Graph에서 E_s / E_0를 구하면

30℃일 때 $\gamma = 1.4\%$	$E_s / E_0 = 0.81$
50℃일 때 $\gamma = 1.8\%$	$E_s / E_0 = 0.77$
70℃일 때 $\gamma = 1.4\%$	$E_s / E_0 = 0.67$

그래서 $E = E_0 \times \dfrac{E_s}{E_0}$를 구하여 (10)식에 대입하면 아래의 표와 같다.

E, Y와 실측치 관계

온 도	E	Y	실측치
30℃	$1.18 \times 10^{4 \, \text{kg f}/\text{cm}^2}$	0.30 cm	0.27 cm
50℃	$0.85 \times 10^{4 \, \text{kg f}/\text{cm}^2}$	0.42 cm	0.40 cm
70℃	$0.51 \times 10^{4 \, \text{kg f}/\text{cm}^2}$	0.70 cm	0.58 cm

실측치와 비교하면 약간의 오차는 있으나 추정은 가능하다.

(3) 원통형 성형품 계산(2)

외경 9.7㎜, 내경 4.5㎜의 원통형 성형품을 Span 101.6㎜의 양단을 자유단에 지지하고 Span의 중앙에 하중가하며 최대 Bar stress 100kgf / ㎠이다.

온도는 30℃, 50℃, 70℃의 분포일 때 Span 중앙의 변형량을 추정하라.

$$Y = \frac{L^2 S}{6 E d_2} = \frac{10.16^2 \times 100}{6 \times E \times 0.97} = \frac{1775}{E} \qquad (12)$$

온도변화에 따른 계산치와 실측치

온도(℃)	E_0(kgf / cm²)	Y0(cm)	γ(%)	E_s / E_0(–)	E(kgf / cm²)	Y(cm)	실측치(cm)
30℃	1.45×10^4	0.12	0.7	0.91	1.32×10^4	0.13	0.10
50℃	1.10×10^4	0.16	0.9	0.88	0.97×10^4	0.18	0.20
70℃	0.76×10^4	0.23	1.3	0.83	0.63×10^4	0.28	0.26
산출법	graph	(12)식	(11)식	graph	$E = E_0 \times \dfrac{E_s}{E_0}$	(12)식	–

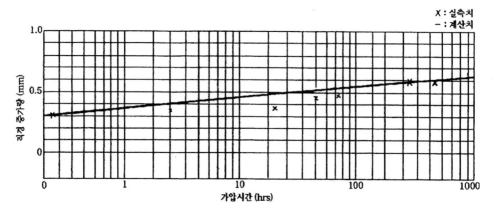

직경 증가량과 가압시간 관계

(4) Plastic과 금속 Insert 성형품 계산 (1)

직경 3.4mm의 Plastic과 금속 Insert에 걸리는 20kgf이다.

공기 중의 온도는 60℃ 일정하다.

Rod에 생기는 인장응력

$$S = \frac{4P}{\pi d^2}$$

S: 인장응력 kgf / cm²

P: 하중 kgf

d: rod 직경 cm

$$S = \frac{4 \times 20}{\pi \times 0.34^2} = 220 \text{kgf} / \text{cm}^2$$

아래의 Graph에서 S=220kgf/cm에 대하여 A Resin의 K는 K=7890

하중 일정의 경우 Creep 파괴를 간단하게 추정하는 방법으로 금속재료의 열간 Creep에 적용하는 식으로 Larson-Miller의 식은 아래와 같다.

$$K = T(C + \log t) \tag{18}$$

K: 응력수준에 의하여 정하는 상수

T: 절대온도(℃+273)

t: 파괴시간(hr)

C: 재료에 의하여 정하는 상수

공기 중에 D′ resin 경우	C=40
공기 중에 C′ resin	C=25
공기 중에 C′ resin	C=18.5
공기 중에 A′ resin	C=21
공기 중에 B′ resin	C=20

$$7890 = (273 + 60)(20 + \log t)$$

$$\log t = 2.6937, \quad t = 494 \text{hrs}$$

Resin grade에 따라 Creep 파괴시간의 차가 크므로 Grade 선정에 주의를 요한다.

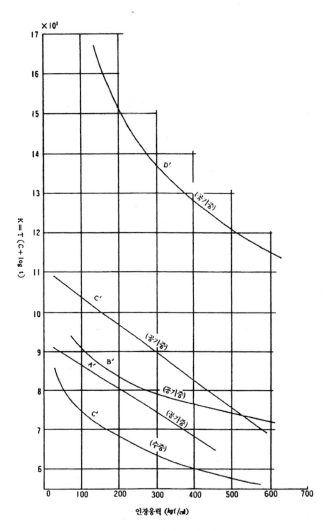

인장응력과 K의 관계

Grade에 따른 파괴시간

resin grade	K	t
A ′	7890	494
B ′	8225	50084
C ′	9525	4014
D ′	14800	27826

(5) 압력용기 성형품 계산(1)

상용수압 4kgf / ㎠, 최대외경 3㎝, 수명연수 5년의 압력용기를 Plastic으로 제작할 때 두께를 결정하라.

아래의 Graph에서 온도 45℃, 5년간(약 4400시간)에 대응하는 파괴 Creep, Stress＝약 160kgf / ㎠, 안전계수를 2로 하면 설계응력 s는 s＝160 / 2＝80kgf / ㎠

원통두께는

$$t = \frac{PD}{2S} \qquad\qquad (19)$$

  t: 두께(㎝)

  D: 외경(㎝)

  S: creep stress(kgf / ㎠)

  P: 내압(kgf / ㎠)

$$t = \frac{4 \times 3}{2 \times 80} = 0.075\,\text{cm} = 0.75\,\text{mm}$$

따라서 최소두께는 0.75㎜로 한다.

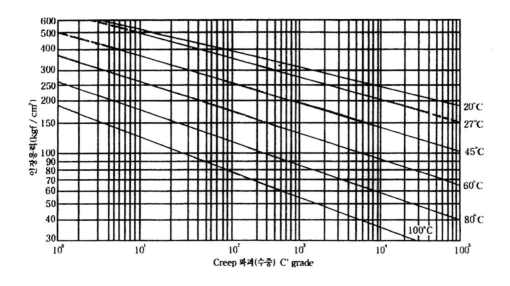

(6) Pipe 성형품 계산(1)

상용공기압 10kgf / ㎠, 내경 35㎜, 두께 2.5㎜, 환경온도 70℃의 Plastic pipe의 평균 수명을 추정하라.
(18)식을 이용하고 (19)식으로부터

$$S = \frac{PD}{2t} = \frac{10 \times (3.5 + 0.5)}{2 \times 0.25} = 80 \text{kgf} / \text{cm}^2$$

인장응력과 K관계의 Graph에서 S = 80kgf / ㎠에 대응하는 K는 K = 10526이다. 또한 (18)식으로부터 10526 = (273 + 90)(25 + log t)

$$\log t = \frac{10526 - (363 \times 25)}{363} = 3997$$

t = 3997 hrs ≒ 1년 2개월

C′ Grade의 Creep 파괴 Graph에서 60℃와 80℃선의 중간에 70℃선을 인출하면 S = 80kgf / ㎠의 선과 교차점을 구하면 약 4000시간이다.

2) 보의 계산식

(1) 양단자유단의 양지지보로 집중하중

P: 하중
ρ: 단위길이당 하중
E: 탄성률
M: 최대 굽힘 Moment
L: Span 간격

단면 형상	단면이차 Moment I	단면형상 Z	최대변형량 Y	최대 Stress S	최대 휨률 γ
일반	I	Z	$Y = \dfrac{PL^3}{48IE}$	$S = \dfrac{M}{Z} = \dfrac{PL}{4Z}$	$\gamma = \dfrac{S}{E} = \dfrac{PL}{4Z}$ $\dfrac{48IY}{PL^3} = \dfrac{12IY}{ZL^2}$
▭	$I = \dfrac{bd^3}{12}$	$Z = \dfrac{bd^2}{6}$	$Y = \dfrac{PL^3}{4bd^3E}$	$S = \dfrac{3PL}{2bd^2}$	$\gamma = \dfrac{6dY}{L^2}$
◇	$I = \dfrac{h^4}{12}$	$Z = \dfrac{\sqrt{2}h^3}{12}$	$Y = \dfrac{PL^3}{4h^4E}$	$S = \dfrac{3PL}{\sqrt{2}h^3}$	$\gamma = \dfrac{12hY}{\sqrt{2}L^2}$
◯	$I = \dfrac{\pi d^4}{64}$	$Z = \dfrac{\pi d^3}{32}$	$Y = \dfrac{4PL^3}{3\pi d^4E}$	$S = \dfrac{8PL}{\pi d^3}$	$\gamma = \dfrac{6dY}{L^2}$
◎	$I = \dfrac{\pi}{64}(d_2^4 - d_1^4)$	$Z = \dfrac{\pi(d_2^4 - d_1^4)}{32d_2}$	$Y = \dfrac{4PL^3}{3\pi(d_2^4 - a_1^4)E}$	$S = \dfrac{8PLd_2}{\pi(d_2^4 - a_1^4)}$	$\gamma = \dfrac{6d_2Y}{L^2}$
◯(타원)	$I = \dfrac{\pi}{4}a^3b$	$Z = \dfrac{\pi a^2b}{4}$	$Y = \dfrac{PL^3}{12\pi a^3bE}$	$S = \dfrac{PL}{\pi a^2b}$	$\gamma = \dfrac{12aY}{L^2}$

(2) 양단자유단의 양지지보로 분포하중

단면 형상	단면이차Moment I	단면형상 Z	최대변형량 Y	최대 Stress S	최대 휨률 γ
일반	I	Z	$Y = \dfrac{5pL^4}{384EI}$	$S = \dfrac{M}{Z} = \dfrac{pL^2}{8Z}$	$\gamma = \dfrac{S}{E} = \dfrac{pL^2}{8Z}$ $\dfrac{384YI}{5pL^4} = \dfrac{48IY}{5ZL^2}$
▭	$I = \dfrac{bd^3}{12}$	$Z = \dfrac{bd^2}{6}$	$Y = \dfrac{5pL^4}{32bd^3E}$	$S = \dfrac{3pL^2}{4bd^2}$	$\gamma = \dfrac{24dY}{5L^2}$
◇	$I = \dfrac{h^4}{12}$	$Z = \dfrac{\sqrt{2}h^3}{12}$	$Y = \dfrac{5pL^4}{32h^4E}$	$S = \dfrac{3pL^2}{2\sqrt{2}h^3}$	$\gamma = \dfrac{48hy}{5\sqrt{2}L^2}$
◯	$I = \dfrac{\pi d^4}{64}$	$Z = \dfrac{\pi d^3}{32}$	$Y = \dfrac{5pL^4}{6\pi d^4E}$	$S = \dfrac{4pL^2}{\pi d^3}$	$\gamma = \dfrac{24dY}{5L^2}$
◎	$I = \dfrac{\pi}{64}(d_2^4 - d_1^4)$	$Z = \dfrac{\pi(d_2^4 - d_1^4)}{32d_2}$	$Y = \dfrac{5pL^4}{6\pi(d_2^4 - d_1^4)E}$	$S = \dfrac{4pL^2d}{\pi(d_2^4 - d_1^4)}$	$\gamma = \dfrac{24d_2Y}{5L^2}$
◯(타원)	$I = \dfrac{\pi}{4}a^3b$	$Z = \dfrac{\pi a^2b}{4}$	$Y = \dfrac{5pL^4}{96\pi a^3bE}$	$S = \dfrac{pL^2}{2\pi a^2b}$	$\gamma = \dfrac{48aY}{5L^2}$

(3) 양단고정단의 양지지보로 집중하중

단면형상	단면이차 Moment I	단면형상Z	최대 변형량Y	최대 StressS	최대 휨률γ
일반	I	Z	$Y = \dfrac{PL^3}{192EI}$	$S = \dfrac{M}{Z} = \dfrac{PL}{8Z}$	$\gamma = \dfrac{S}{E} = \dfrac{PL}{8Z}$ $\dfrac{1921Y}{PL^3} = \dfrac{241Y}{ZL^2}$
	$I = \dfrac{bd^3}{12}$	$Z = \dfrac{bd^2}{6}$	$Y = \dfrac{PL^3}{16bd^3E}$	$S = \dfrac{3PL}{4bd^2}$	$\gamma = \dfrac{12dY}{L^2}$
	$I = \dfrac{h^4}{12}$	$Z = \dfrac{2\sqrt{2}h^3}{12}$	$Y = \dfrac{PL^3}{16h^4E}$	$S = \dfrac{3PL}{2\sqrt{2}h^3}$	$\gamma = \dfrac{24hY}{\sqrt{2}L^2}$
	$I = \dfrac{\pi d^4}{64}$	$Z = \dfrac{\pi d^3}{32}$	$Y = \dfrac{PL^3}{3\pi d^4E}$	$S = \dfrac{4PL}{\pi d^3}$	$\gamma = \dfrac{12dY}{L^2}$
	$I = \dfrac{\pi}{64}(d_2^4 - d_1^4)$	$Z = \dfrac{\pi(d_2^4 - d_1^4)}{32d_2}$	$Y = \dfrac{PL^3}{3\pi(d_2^4 - d_1^4)E}$	$S = \dfrac{4PLd_2}{\pi(d_3^4 - d_1^4)}$	$\gamma = \dfrac{12d_2Y}{L^2}$
	$I = \dfrac{\pi}{4}a^3b$	$Z = \dfrac{\pi a^2 b}{4}$	$Y = \dfrac{PL^3}{48\pi a^3 bE}$	$S = \dfrac{PL}{2\pi a^2 b}$	$\gamma = \dfrac{24aY}{L^2}$

(4) 양단고정 양지지보로 분포하중

단면형상	단면이차 Moment I	단면형상 Z	최대변형량 Y	최대 Stress S	최대 휨률 γ
일반	I	Z	$Y = \dfrac{pL^4}{384EI}$	$S = \dfrac{M}{Z} = \dfrac{pL^2}{12Z}$	$\gamma = \dfrac{S}{E} = \dfrac{pL^2}{12Z}$ $\dfrac{3841Y}{pL^4} = \dfrac{321Y}{ZL^2}$
	$I = \dfrac{bd^3}{12}$	$Z = \dfrac{bd^2}{6}$	$Y = \dfrac{pL^4}{32bd^3E}$	$S = \dfrac{pL^2}{2bd^2}$	$\gamma = \dfrac{16hY}{L^2}$
	$I = \dfrac{h^4}{12}$	$Z = \dfrac{\sqrt{2}h^3}{12}$	$Y = \dfrac{pL^4}{32h^4E}$	$S = \dfrac{pL^2}{\sqrt{2}h^3}$	$\gamma = \dfrac{32bY}{\sqrt{2}L^2}$
	$I = \dfrac{\pi d^4}{64}$	$Z = \dfrac{\pi d^3}{32}$	$Y = \dfrac{pL^4}{6\pi d^4E}$	$S = \dfrac{8pL^2}{3\pi d^3}$	$\gamma = \dfrac{16d_2Y}{L^2}$
	$I = \dfrac{\pi}{64}(d_2^4 - d_1^4)$	$Z = \dfrac{\pi(d_2^4 - d_1^4)}{32d_2}$	$Y = \dfrac{pL^4}{6\pi(d_2^4 - d_1^4)E}$	$S = \dfrac{8pL^2 d_2}{3\pi(d_2^4 - d_1^4)}$	$\gamma = \dfrac{16d_2Y}{L^2}$
	$I = \dfrac{\pi}{4}a^3b$	$Z = \dfrac{\pi a^2 b}{4}$	$Y = \dfrac{pL^4}{96\pi a^3 bE}$	$S = \dfrac{pL^4}{3\pi a^2 b}$	$\gamma = \dfrac{32aY}{L^2}$

(5) 편지지보로 선단하중

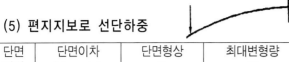

단면 형상	단면이차 Moment I	단면형상 Z	최대변형량 Y	최대 Stress S	최대 휨률 γ
일반	I	Z	$Y = \dfrac{PL^3}{3EI}$	$S = \dfrac{M}{S} = \dfrac{PL}{Z}$	$\gamma = \dfrac{S}{E} = \dfrac{PL}{Z}$ $\dfrac{3YI}{PL^3} = \dfrac{3IY}{ZL^2}$
▭	$I = \dfrac{bd^3}{12}$	$Z = \dfrac{bd^2}{6}$	$Y = \dfrac{4PL^3}{bd^3E}$	$S = \dfrac{6PL}{bd^2}$	$\gamma = \dfrac{3dY}{2L^2}$
◆	$I = \dfrac{h^4}{12}$	$Z = \dfrac{\sqrt{2}\,h^3}{12}$	$Y = \dfrac{4PL^3}{h^4E}$	$S = \dfrac{12PL}{\sqrt{2}\,h^3}$	$\gamma = \dfrac{3hY}{\sqrt{2}\,L^2}$
●	$I = \dfrac{\pi d^4}{64}$	$Z\dfrac{\pi d^3}{32}$	$Y = \dfrac{64PL^3}{3\pi d^4 E}$	$S\dfrac{32PL}{\pi d^3}$	$\gamma = \dfrac{3d_2 Y}{2L^2}$
◎	$I = \dfrac{\pi}{64}(d_2^4 - d_1^4)$	$Z = \dfrac{\pi(d_2^4 - d_1^4)}{32d_2}$	$Y = \dfrac{64PL^3}{3\pi(d_2^4 - d_1^4)E}$	$S = \dfrac{32d_2 PL}{\pi(d_2^4 - d_1^4)}$	$\gamma = \dfrac{3d_2 Y}{2L^2}$
⬭	$I = \dfrac{\pi}{4}a^3 b$	$Z = \dfrac{\pi a^2 b}{4}$	$Y = \dfrac{4PL^3}{3\pi a^3 bE}$	$S = \dfrac{4PL}{\pi a^2 b}$	$\gamma = \dfrac{3aY}{L^2}$

(6) 편지지보로 분포하중

단면 형상	단면이차 Moment I	단면형상 Z	최대변형량 Y	최대 Stress S	최대 휨률 γ
일반	I	Z	$Y = \dfrac{pL^4}{8EI}$	$S = \dfrac{M}{Z} = \dfrac{pL^2}{2Z}$	$\gamma = \dfrac{S}{E} = \dfrac{pL^2}{2Z}$ $\dfrac{8YI}{pL^4} = \dfrac{4IY}{ZL^2}$
▭	$I = \dfrac{bd^3}{12}$	$Z = \dfrac{bd^2}{6}$	$Y = \dfrac{3pL^4}{2bd^3E}$	$S = \dfrac{3pL^2}{bd^2}$	$\gamma = \dfrac{4dY}{2L^2}$
◆	$I = \dfrac{h^4}{12}$	$Z = \dfrac{\sqrt{2}\,h^3}{12}$	$Y = \dfrac{3pL^4}{2h^4E}$	$S = \dfrac{6pL^2}{\sqrt{2}\,h^3}$	$\gamma = \dfrac{4hY}{\sqrt{2}\,L^2}$
●	$I = \dfrac{\pi d^4}{64}$	$Z = \dfrac{\pi d^3}{32}$	$Y = \dfrac{8pL^4}{\pi d^4 E}$	$S = \dfrac{16pL^2}{\pi d^3}$	$\gamma = \dfrac{2dY}{L^2}$
◎	$I = \dfrac{\pi}{64}(d_2^4 - d_1^4)$	$Z = \dfrac{\pi(d_2^4 - d_1^4)}{32d_2}$	$Y = \dfrac{8pL^4}{\pi(d_2^4 - d_1^4)E}$	$S = \dfrac{16pL^2 d_2}{\pi(d_2^4 - d_1^4)}$	$\gamma = \dfrac{2d_2 Y}{L^2}$
⬭	$I = \dfrac{\pi}{4}a^3 b$	$Z = \dfrac{\pi a^2 b}{4}$	$Y = \dfrac{pL^4}{2\pi a^3 bE}$	$S = \dfrac{2pL^2}{\pi a^2 b}$	$\gamma = \dfrac{4aY}{L^2}$

3) 원판, 원통 계산식

양단고정의 분포하중, 양단자유지지로 분포하중, 얇은 원통의 내압

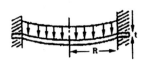 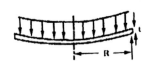

A: 양단고정의 분포하중　　**B:** 양단자유지지로 분포하중　　**C:** 얇은 원통의 내압

상 태	최대변형량 Y	최대응력 S	휨률 γ
A	$Y = \dfrac{3PR^4(1-\mu^2)}{16Et^3}$	$S = \dfrac{3PR^2(1+\mu)}{8t^2}$	$\gamma = \dfrac{S}{E} = \dfrac{3PR^2(1+\mu)}{8t^2} \cdot \dfrac{16t^3Y}{3pR^4(1-\mu^2)}$ $= \dfrac{2tY}{(1-\mu)R^2}$
B	$Y = \dfrac{3PR^4(5-4\mu-\mu^2)}{16Et^3}$	$S = \dfrac{3PR^2(3+\mu)}{8t^2}$	$\gamma = \dfrac{S}{E} = \dfrac{3PR^2(3+\mu)}{8t^2} \cdot \dfrac{16t^3Y}{3pR^4(5-4\mu\mu^2)}$ $= \dfrac{2(3+\mu)tY}{(5-4\mu-\mu^2)R^2}$
C	$Y = \dfrac{R}{E}(1-\dfrac{\mu}{2})\dfrac{PR}{t}$	$Sh = \dfrac{PR}{t}$	$\gamma = \dfrac{S}{E} = \dfrac{Sh-\mu S_z}{E} = \dfrac{Sh}{E}(1-\dfrac{\mu}{2})$ $= \dfrac{Sh(1-\dfrac{\mu}{2})Y}{R(1-\dfrac{\mu}{2})Sh} = \dfrac{Y}{R}$

μ: Poisson비

ρ: 단위 면적당의 하중(내압)

s: 최대응력

Sh: Pipe stress

S_z: 축방향응력

Y: 최대변형량(원통경우는 반경의 증가량)

4) Coil spring 계산식

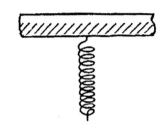

D: Coil 중심경	d: 선경	N: 유효권수
G: 횡탄성률	μ: Poisson비	P: 축하중
E: 종탄성률	S_s: 전단응력	Y: 변형량

상 태	변형량 Y	전단응력 S_s	휨률 γ
위 그림	$Y = \dfrac{8NPD^3}{Gd^4}$ $G = \dfrac{E}{2(1+\mu)}$	$S_s = k\dfrac{8PD}{\pi d^3}$ $k = \dfrac{4C-1}{4C-4} + \dfrac{0.615}{C}$ $C = \dfrac{D}{d}$	$\gamma = \dfrac{S_s}{G} = K\dfrac{8PD}{\pi d^3} \cdot \dfrac{d^4}{8NPD^3} = \dfrac{Kd}{\pi ND^2}$

2. 제품 Design의 Check list

1) 사용수지에 관하여

① 사용하는 수지

② 결정성 수지, 비결정성 수지

③ 투명, 불투명

④ 명판 부착 여부

⑤ 충진제 함유 재료(Glass 섬유, Talk)

⑥ 요구특성(강도, 내열, 내약품성) 만족 여부

⑦ 성형수축률

⑧ 유동성 L / t에 의한 설계 여부

⑨ 광택 여부 및 성형조건 변화 여부

⑩ 색상 지정 여부

⑪ Metalic색의 재료, Flow mark, Weld 한계 여부

⑫ 발포재료의 외관

2) 구조에 관하여

① 성형품의 용도, 사용 방법, 기능

② 형합 방법

③ 형상의 단순화 여부

④ 기본 두께

⑤ 하중, 부분적인 응력 집중

⑥ R

⑦ 도장품, 도금품의 충격 강도

⑧ 유사한 예

3) 요구 특성에 관하여

① 온도, 사용온도, 두께의 설정과 변형 방지책

⑦ 연속 사용 한계온도(열열화)

⑭ 변형하는 최고온도(이상 승온 시의 열변형)

⑮ 응력하의 변형온도

⑯ 금속취부상태의 열팽창 차에 의한 변형온도

⑰ 최저온도(비화온도)

② 하 중

⑦ 필요강도

⑭ 이상 시의 충돌, 낙하, 피로 파괴, Creep

③ 내약품성

    ㉮ 기름, 용제, 산, 알칼리의 약품 접촉

    ㉯ LDPVC와 접촉 Insert, Gate부 Boss

④ 정　도

    ㉮ 허용공차

    ㉯ 두께 및 형상에 의한 성형수축률의 차이

    ㉰ 휨에 대한 형상

⑤ 내구성

    ㉮ 내구기간

    ㉯ 내후성, 내광성 필요 여부

    ㉰ 경시변화에 의한 강도 저하, 외관 변색(변색, 광택) 두께 여부

4) 외관에 대하여

① 형상 최적설계

    ㉮ Parting line

    ㉯ 금형 Core선

    ㉰ 발구배

    ㉱ 두　께

    ㉲ R

    ㉳ Undercut

    ㉴ Rib

    ㉵ Boss

② 색

    ㉮ 흑　색

    ㉯ 투명은 두께차로 색차

③ 표면다듬질

    ㉮ Embossing 가공의 구배

㉯ Hot stamping 고려 여부

㉰ 인쇄 고려 여부

㉱ 도장 고려 여부

㉲ 도금 고려 여부

5) 경제성에 관하여

① 희망하는 중량

② 제품의 경량화

③ 현행 부품 Cost

④ 조립부품의 삭감과 취부 Cost 절감

⑤ 접착 방법

제8장 Hole 설계

1. Hole의 기능

성형품에 형성되는 Hole은 다른 성형품과의 조립, 장식효과 및 통풍기능 등에 사용된다.

2. Hole 형상

Hole의 형상에는 원형, 정사각형, 직사각형, 타원형 등이 있다.

3. Hole의 분류

- 관통되지 않은 Hole(Blind)
- 관통되는 Hole(Through)
- 단이 있는 Hole(Step)
- 경사와 단이 있는 Hole(Recessed step)
- 2구멍이 교차하는 Hole(Intersecting)

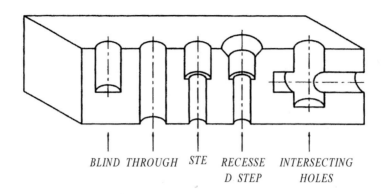

BLIND THROUGH STE RECESSE INTERSECTING
D STEP HOLES

4. Hole의 설계

Hole이 성형될 때는 Gate로부터 Hole 반대편이나 Hole과 측면 사이에 Knit line이 생기므로 위 그림 같은 설계가 필요하다. 강도가 요구될 때는 Hole과 측면과의 거리가 최소 3.175㎜ 이상이어야 한다.

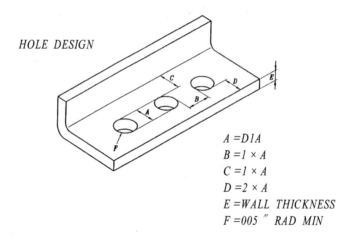

HOLE DESIGN

A = D1A
B = 1 × A
C = 1 × A
D = 2 × A
E = WALL THICKNESS
F = 005 ″ RAD MIN

① 이형방향의 Hole의 설계는 구조상 용이하지만 측면방향의 구멍에 대해서는 슬라이드 코어를 설치하는 수가 있다. 그러나 제품의 구조설계상 허용하는 범위에서 Slide core를 사용하지 않는 구조로 하는 것이 좋다.

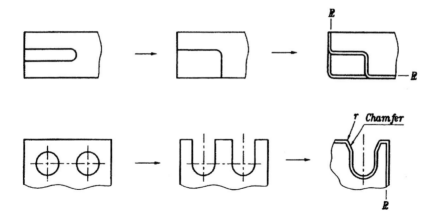

② Hole과 Hole의 중심거리는 직경의 2배 이상으로 한다.

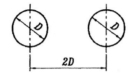

③ Hole 주변의 살두께는 두껍게 한다.

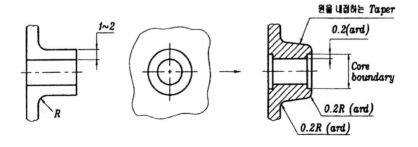

④ Hole과 제품끝과의 거리는 3배 이상이 되어야 한다.

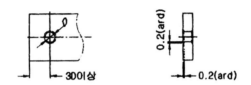

⑤ 성형재료가 흐르는 방향에 대하여 수직이고 막힌 구멍으로 Φ1.5 이하인 경우 핀이 휘어질 염려가 있으므로 깊이(L)는 구멍직경(D)을 넘지 않도록 한다.

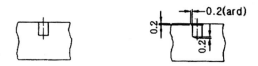

⑥ 핀으로 제품의 중간에서 맞추어지는 경우 상하 구멍의 편심이 염려되므로 어느 한쪽의 것을 크게 한다.

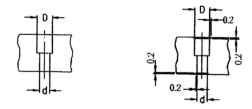

⑦ 다수의 Hole을 성형하는 경우에 Weld line 및 내부응력 등을 고려하여 재질 및 성형조건에 따라 구멍의 위치 및 간격을 아래표에 따른다.

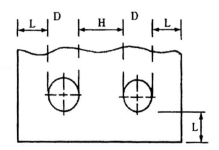

구멍직경(D)	끝단에서 구멍까지의 거리(L)	두 구멍 간의 거리(H)
1.5	2.5	3.5
2.5	3.0	5.0
3.0	4.0	6.5
5.0	5.5	8.5
6.5	6.5	11.0
8.0	8.0	14.0
10.0	10.0	18.0
12.5	12.5	22.0

⑧ 구멍의 깊이는 잔류두께에 주의하지 않으면 변형을 일으킬 우려가 있고 너무 엷으면 재료가 충진되지 않는 수가 있다.

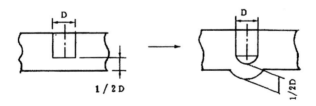

⑨ 접시꼴 나사홈 등의 경우에는 상단부에 0.4~0.5㎜ 층을 남기는 것이 좋다. 가늘고 긴 구멍을 성형하는 경우에는 긴 핀을 피하고 상하양측에서 핀을 세워 구멍중간에서 서로 핀 끝끼리 맞물림이 형성되도록 하여 핀이 부러지거나 굽어지는 것을 피할 필요가 있다.

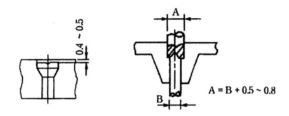

⑩ 성형품에서 Hinge 부위는 Slide core를 사용하여 핀구멍을 만들고 있다. 그러나 아래와 같이 형상을 약간 변경함으로써 Slide core를 사용하지 않고 목적하는 Hinge 를 형성할 수 있다.

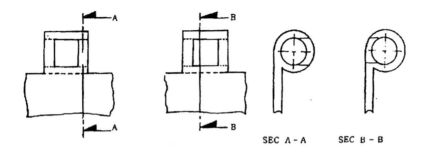

⑪ 구멍을 관통하여 뚫기 어려울 때는 적당한 위치로 옮기거나 구멍위치에 Drill support만 하는 것이 좋다.

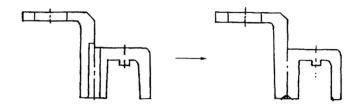

⑫ 측벽의 구멍은 가능하면 타공방식으로 뚫는 것이 좋다.

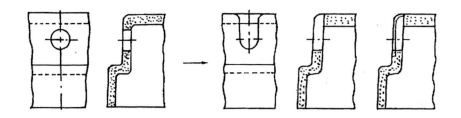

⑬ 큰 Core에 수직으로 Slide core를 관통하면 금형의 고장원인이 되어 2개의 방향으로 Core를 가로지르는 편이 좋다.

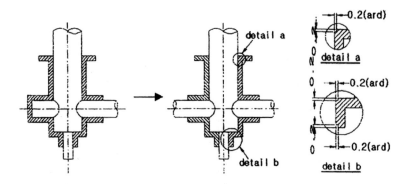

5. 성형구멍

성형구멍은 Gate의 반대쪽에 웰드라인을 남겨 강도상 60~70%밖에 유지할 수 없게 된다. 그러므로 충분한 고려가 필요하다. 강도상으로 문제가 될 때는 후가공을 할 수밖에 없다.

이형방향의 구멍의 설계는 구조상 용이하지만 측면 방향의 구멍에 대해서는 슬라이드 코어를 설치하는 수가 있다. 그러나 제품의 구조 설계상 허용하는 범위에서 슬라이드 코어를 사용하지 않는 구조로 하는 것이 요망된다. 그림에서는 구조를 간단히 하기 위한 개선 예를 나타낸다.

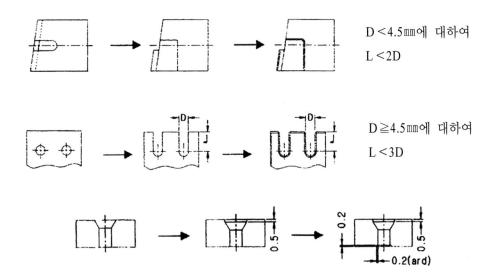

D<4.5㎜에 대하여
L<2D

D≧4.5㎜에 대하여
L<3D

(1) 구멍설계에 있어서 다음과 같은 점에 주의할 것.

① 구멍과 구멍의 중심거리는 경의 2배 이상으로 한다.

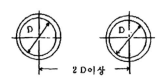

② 구멍 주변의 살 두께는 두껍게 한다.

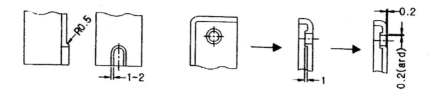

③ 구멍과 제품 끝과의 거리는 구멍경의 3배 이상이 요망된다.

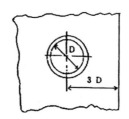

④ 성형재료가 흐르는 방향에 대해 수직이고 막힌 구멍으로 1.5Φ 이하인 경우 핀이 휘어질 염려가 있으므로 깊이(L)는 구멍경(D)을 넘지 않도록 한다.

⑤ 핀으로 제품의 중간에서 맞추어지는 경우 상하 구멍의 편심이 염려되므로 어느 한쪽의 것을 크게 한다.

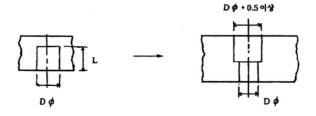

성형구멍의 디자인을 그림에서 파－팅라인에 수직인 면에 택한 것을 나타낸다.

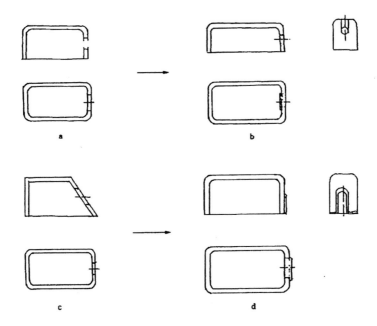

　그림의 a는 슬라이드 코어를 사용하여 구멍의 Undercut를 피해야 하므로 성형품은 될 수 있는 한 b와 같은 구멍으로 또는 d와 같은 구멍으로 함이 좋다. 다수의 구멍을 성형하는 경우에 웰드라인 및 내부응력 등을 고려하여 재질 및 성형조건에 따라 구멍의 위치 및 간격에 대한 위의 주의사항을 알기 쉽게 보통 사용되는 것을 나타냈다.

(단위: mm)

구멍직경 D	단에서 구멍까지의 거리 W	두 구멍 간의 거리 A
1.5	2.5	3.5
2.5	3.0	5.0
3.0	4.0	6.5
5.0	5.5	8.5
6.5	6.5	11.0
8.0	8.0	14.0
10.0	10.0	18.0
12.5	12.5	22.0

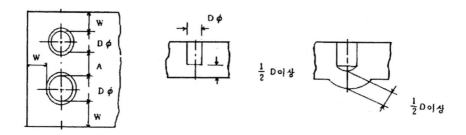

또 구멍의 깊이는 그림처럼 잔류두께에 주의하지 않으면 변형을 일으킬 우려가 있고 너무 엷으면 재료가 충진되지 않는 수가 있다.

⑥ 내부의 Bracket에 구멍을 뚫고 싶을 때는 충분한 경제성을 고려한다. 관통구멍 은 금형의 구조가 복잡하게 되어 Cost가 높아진다.

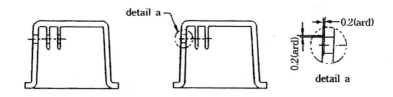

6. 관통 Hole의 설계

① 관통 Hole

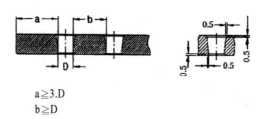

$a \geqq 3.D$
$b \geqq D$

② 관통과 불관통 Hole 설계

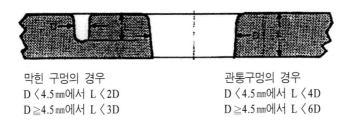

막힌 구멍의 경우
D 〈 4.5㎜에서 L 〈 2D
D ≥ 4.5㎜에서 L 〈 3D

관통구멍의 경우
D 〈 4.5㎜에서 L 〈 4D
D ≥ 4.5㎜에서 L 〈 6D

7. Hole과 Rib의 Taper 관계

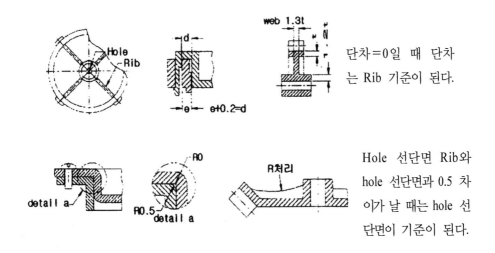

단차＝0일 때 단차
는 Rib 기준이 된다.

Hole 선단면 Rib와
hole 선단면과 0.5 차
이가 날 때는 hole 선
단면이 기준이 된다.

8. Phenolics의 Hole 설계

① Holes

성형 Part에 Holes는 Steel mold pin 또는 Core에 의해 구성된다. 이러한 Pin들은 파손이나 Bending되기 때문에 알아둬야 할 Minimum 실용 지름이 있다. 지름의 길이 비율을 다음 값을 초과해서는 안 된다.

항 목	금형 Type			
	압 축		Transfer 또는 Injection	
Pin지지 지름길이	1 end 1 : 1	2 ends 6 : 1	1 end 6 : 1	2 ends 15 : 1

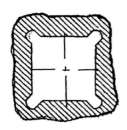

4각형 코너에서는 위
에서 보는 바와 같이
틈을 허용하고 코너에
서 지름들을 허용한다.

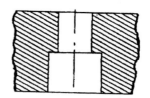

두 개의 통핀을 사용할
때 하나는 잘못된 배열을
보정하기 위해 다른 편보
다 적어도 0.020″ 더
커야 한다.

② 한쪽만으로 지지되어 있는 1 / 16″ Pin 또는 그 이하 Pin들은 압축성형에서 1:1
비율을 초과해서는 안 된다. 지름 1 / 6″보다 가는 표면의 Holes은 반대 성형표면에
서 부푸는 경향이 있다.

Holes와 Side wall의 다음 사이에 살두께는 아래와 같다.

Hole의 지름	Minimum to sidewall	Minimum Between Holes
1 / 16	1 / 16	1 / 16
1 / 8	3 / 32	3 / 32
3 / 16	1 / 8	1 / 8
1 / 4	1 / 8	5 / 32
3 / 8	5 / 32	3 / 16
1 / 2	3 / 16	7 / 32

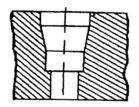
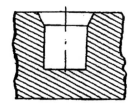

Screw 머리를 막기 위해 파는 구멍은 가볍게 눌러져야 한다. 그리고 구멍의 근처에 부딪치지 말아야 한다.

성형 후에 Tapping 되기 위한 Holes 이나 Self tapping screw용 Holes 는 미미하게 구멍을 내야 한다.

③ Duration과 Initial stress 사례

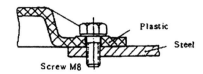

$$P_v = \frac{2 \cdot TM_t \cdot y \cdot \pi}{h}$$

P_v = 최초 Stressing 힘

M_t = 최초 Locking torque

y plastic

y steel $0.12 \leftrightarrow 0.15$

h = thread pitch

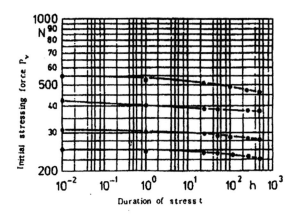

시간에 따르는 최초 Strssing force의 떨어짐. PC로 측정했다

9. Hole, Hole의 응력

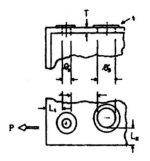

mm	Φ2 ⟨ Φ3
L_1	⟩ Φ2
L_2	⟩ Φ3
L_3	⟩ Φ3 × 2
T	2~4

(1) 개구부의 응력

$$\sigma_0 = \frac{P}{[(2L_1 + \phi_2) - \phi_2]_T} = \frac{P}{2L_1 \times T}$$

$2L_1$의 의미는 $L_{1+}L_3$, $2L_2$, $2L_3$이다.

Hole은 Gate와 반대 측에 Weld가 생기고 외부응력에 L_1, L_2, L_3의 안전율을 감안할 필요가 있다.

10. Hole의 설계 예

(1)

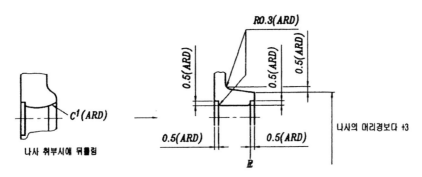

나사 취부시에 뒤틀림

나사 취부 시의 *Torgue*에 대한
정교하게 하는 대책.

(2)

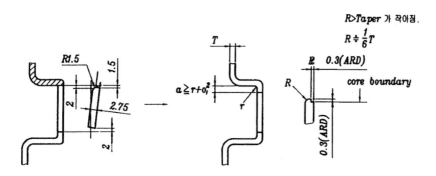

(3)

품번	품명코드
3610303610 ⟶	3610303610

(4)

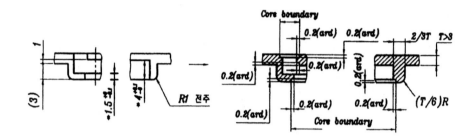

(5)

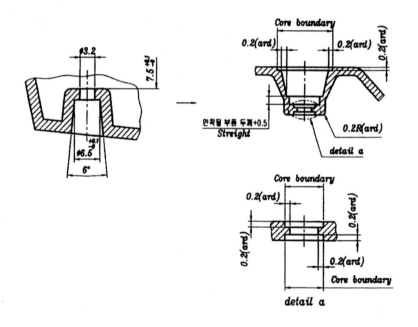

제9장 Insert 설계

1. Insert의 목적

사출 성형품에 Insert를 하는 것은 수지로서 감당할 수 없는 기계적 성질인 응력 전달, 장식효과, 전류전달, 금속부품과의 조립 등이 요구되는 부위에 적용한다.

2. Insert의 재질

Insert의 재질은 그 용도에 따라 청동, 알루미늄, 철강, 유리, 세라믹스, 플라스틱 등 다양한 재료가 사용된다.

3. Insert 장착방법

Insert 장착에는 사출성형 시 Mold 금형을 이용한 사출성형 시 정착과 사출 성형 후에 Pressed in, Staked, Ultrasonic 등을 이용한 사출성형 후 장착 등이 있다.

4. Insert 설계

<Insert를 사용하는 경우 설계상 유의할 점>

① Insert 밑 부분의 성형품의 두께가 너무 얇으면 Flow-mark나 수축이 생길 우려가 있다.

② Insert 밑 부분의 두께는 Insert 외경의 1 /6 이상으로 하고 외경은 내경의 2배 이상으로 한다.

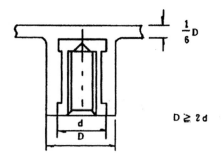

③ Insert의 간격은 3㎜ 이상으로 하고 Insert와 Plastic의 열팽창계수가 다르므로 Insert 외주에 Crack이 생기는 경우가 있으므로 안전신도는 5~6%로 고려해야 한다.

④ Insert 외주에 회전을 방지할 수 있는 로렛트를 한다.

⑤ 날카로운 Edge가 있는 Insert는 사용하지 않는다.

⑥ Bolt나 Nut를 Insert하는 경우에는 나사부에 재료가 들어가지 않도록 단을 만들어 재료의 유입을 방지한다.

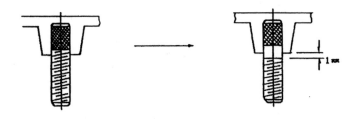

⑦ 사출성형 시 Insert가 확실히 고정되도록 Insert 단면으로 Core pin을 분할하여 Insert가 움직이지 않도록 눌림여유를 준다.

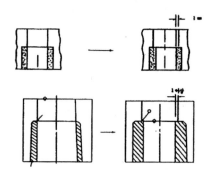

⑧ 체결부위를 고려하여 Insert는 성형품 표면보다 약간 나오도록 설계한다.

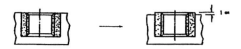

⑨ Insert용 Boss 주위에는 가능한 한 보강용 Rib를 설치한다.

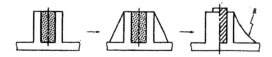

⑩ 체부를 고려하여 Insert는 성형품 표면보다 약간 나온다.

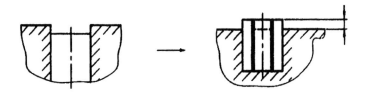

⑪ Insert의 형상과 조립

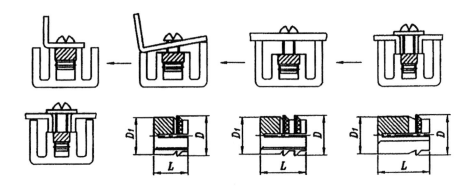

⑫ Insert P.C g / f 30으로 Ensert-insert의 잡아당기는 힘

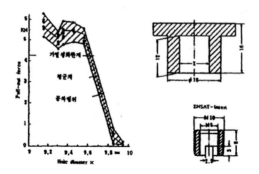

⑬ 수축 응력을 피하는 Metal tube를 넣는 가능성

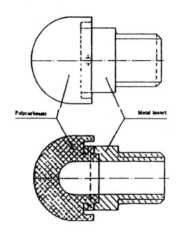

5. Insert의 종류

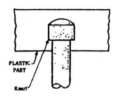

Knurled head

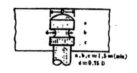

Knurled head with groove

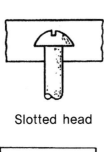

Slotted head

Smooth bore for bearing

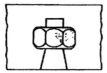

Threaded bore

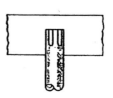

Standard bolt

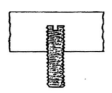

Slotted
headless bolt

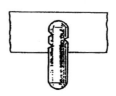

Clamped end

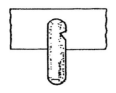

Transverse slot

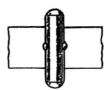

Chisel indentation

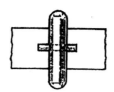

Transverse pin

Pinched side

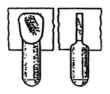

Swaging

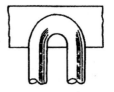

Bent

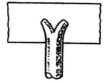

Split end

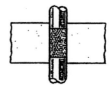

Knurling

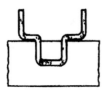

Special shape

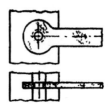

Punched hole

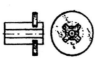

Disc

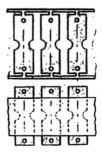

Ganged
stamping

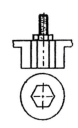

Specity circular boss
for non−circular

Use shrinking
to advantage

6. Engineering structural foam

(1) 초음파 Insert의 Hole

(2) 초음파 Insert의 Hole 설계

Screw	insert경	Insert길이	NORYL D부경 Φmm	NORYL E부경 Φmm	PC D부경 Φmm	PC E부경 Φmm
M3	4.34	6.35	3.80	4.30	3.82	4.33
M3.5	5.51	8.01	4.55	5.10	457	5.12
M4	6.48	9.52	5.12	5.75	5.14	5.78
M5	7.50	11.10	6.41	7.20	6.44	7.22
M6			7.74	8.65	7.77	8.66
M8			10.30	11.51	10.39	11.54

7. Styrene의 Insert 성형의 유의차 검정과 기여율

Styrene의 Insert 성형의 유의차 검정과 기여율(%)

수지	특성치 \ 요인	A 재질	B 두께	C 수지온도	D 사출압력	E 사출률	A×B	A×C	A×D	A×E	B×C	B×D	B×E	C×D	C×E	D×E	θ
GP	왜곡률	2.4	46.3	3.7	–	–	–	1.2	2.2	1.1	6.6	18.2	4.3	4.6	–	–	9.4
	인발하중(P)	51.0	20.4	7.1	–	–	–	2.2	5.2	–	–	–	–	–	–	–	14.1
	인발하중(P / A)	40.0	34.9	–	–	–	7.7	–	–	–	1.7	4.1	–	–	–	–	11.2
	인발하중(P / μ)	12.1	37.5	–	–	–	8.6	–	–	–	5.3	10.1	–	–	–	–	26.4
	Crack	–	5.7	11.3	–	11.3	–	39.7	5.7	1.9	–	–	–	5.7	5.7	5.7	7.3
AS	왜곡률	2.4	33.3	2.4	3.1	2.8	4.8	1.6	4.0	3.0	4.6	2.7	6.8	8.1	6.7	4.0	9.7
	인발하중(P)	51.5	–	–	–	–	–	–	–	–	–	–	–	–	–	–	48.5
	인발하중(P / A)	49.5	–	–	–	–	–	–	–	–	–	–	–	–	–	–	50.5
	인발하중(P / μ)	–	–	–	–	–	–	–	–	–	–	–	–	–	–	–	100

주 A: 접촉표면적 μ: 마찰계수

8. Polyacetal의 Insert 강도

	Insert 부품		Insert 강도			
Type	형상치수	재질	비틀림 Torgue(kg · cm)		일반항력(kg)	
			$\overline{X}$	R	$\overline{X}$	R
a	P = 1.0, 깊이 = 0.25	황동	143	10	164	12
b	P = 21.0, 길이 = 0.25	황동	63	5	141	12

	Insert 부품		재 질	Insert 강도			
Type	형상치수			비틀림 Torgue(kg · cm)		일반항력(kg)	
				$\overline{X}$	R	$\overline{X}$	R
c	P = 1.0, 길이 = 0.25 (2.5, 1, 8φ, 6φ, 6)		황 동	118	8	209	15
d	(3, 2φ, 8φ, 6φ, 6)		황 동	29	2	80	10
e	(3, 2φ, 6φ, 6φ, 6)		황 동	17	9	55	8

9. Phenolic의 insert

① Insert는 Boss의 Level에 한정돼 있지 않다.

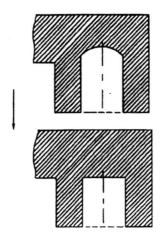

② 일반 Insert

R = (1 + a)r

   r: Insert 외경

   R: Boss 외경

   a: 선팽창계수에 의한 정수

   강 = 1 주철 = 0.9 Alnminium = 0.8

③ Metal 체결부의 Shockout torque와 인발력 관계

$M_2 = 0.35 \times Q \times D$

$Q = M_2 / D \times 2.86$

   M_2: Shockout torque(kg − cm)

   Q: 인발력(kg)

   D: 나사유효경(mm)

진폭: 30 μm
용착시간: 1.5~2초
하중: 1점당 10 kg

File 조립   Rivet의 세부

④ caulking

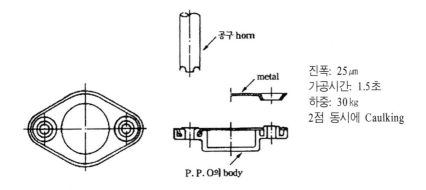

진폭: 25 μm
가공시간: 1.5초
하중: 30 kg
2점 동시에 Caulking

10. 금속의 Insert

(1) 금속의 매입

열가소성이나 열경화성의 Plastic에 Pin이나 나사 등의 부품으로 초음파 진동을 이용하여 집어넣는 것을 Insert라 한다.

진동을 가하면 금속과 Plastic 사이에 마찰이 일어나 발열한다. 그 때문에 Plastic은 연화하여 Bracket에는 압력이 가해지므로 Plastic에 Insert 시킨다. 종래는 성형 시에 Bracket를 금형에 취부시켜서 사출하여 성형하고 있다. 이 방법에 비하면 초음파 Insert는 ① 금형에 Bracket를 집어넣는 작업이 생략 가능하고 Insert 시간이 짧아지므로 가공능률이 좋게 된다. ② Insert Bracket에 의한 금속의 파손 염려가 없다. ③ 도금부품은 도금 후 Insert 가능하다. ④ Multi welder를 이용하여 다수점이 동시에 Insert 가능한 이점이 있는데 반면 Insert의 인발력이나

Insert의 Model

Torque가 성형된 것보다 약간 작으며, Insert 시의 소음이 다소 문제이다. 강도 면에서는 초음파용으로 개발시킨 나사가 여러 가지 있고 또한 소음은 방음장치를 부설시

켜 방지하는 것이 가능하다. Insert에서는 Bracket와 Insert하는 아래 구멍과의 치수관계가 중요하고 이것이 적당치 않으면 소요의 강도가 나오지 않거나 반대로 Plastic에 Crack이 생기기도 한다.

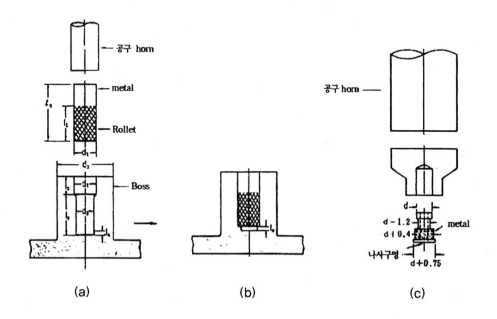

(a)   (b)   (c)

(a)의 경우는 metal의 직경이 7mm까지의 것에는 다음과 같은 관계가 적당하다.

d_1 =(Metal 및 Guide 구멍의 직경)

$d_2 = d_1 \sim 0.3 \sim 0.6$ mm

$d_3 = 2 \times d$(Metal의 외경)

L_0 =(Metal의 길이)

L_1 =(Rollet 부분의 길이)

$L_2 = 2 \sim 3$ mm(Guide 구멍의 길이)

$L_3 = L_0$(아래구멍의 깊이)

$L_4 = 2 \sim 3$ mm(수지가 피하는 부분의 깊이)

(b)의 경우는 Metal의 모양이 Straight로 되고 치수관계도 그림과 같이 변하게 된다. Insert 용의 금구로서 가장 많이 사용되는 것은 나사류이다. 수나사와 암나사도

보통의 가늘고 긴 나선의 Rollet도 이용 가능하다. Torque에는 강하지만 인발에는 약하므로 일반으로는 직물형 나선의 Rollet의 것이 사용된다.

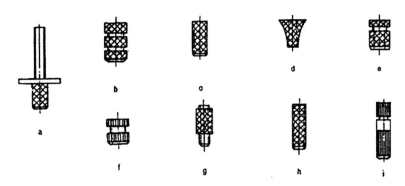

a: 자동차의 Light 부품에 사용되는 수나사
b, e: 인장강도를 증가시키기 위해 Slot를 넣은 것.
c, h: 일반용 암나사
f: Torque는 강하나 인발에 약한 암나사
g: 아래가 가는 부분을 Guide로써 Insert한다.
i: 전기부품의 Shaft 용의 수나사로서 Torque가 강하다.

Insert 용의 나사

이들의 나사가 목적에 적응토록 적당하게 이용되고 있다. Insert에 사용하는 나사류에 절삭유 등이 부착되어 있는 경우는 그것부터 Crack이 발생하는 경우가 있다. 초음파 용착에서는 일반으로 초음파로 기름이 비산되므로 문제는 없다고 하지만 Insert의 경우에는 다소 차이가 있으므로 Bracket는 탈지한 편이 결과가 좋다. 형상은 Rollet 가공에서는 응력 집중에 의한 Crack 불량을 방지하는 목적으로 되돌아감이나 예리한 돌기가 없는 편이 좋다.

내충격, 내마모 때문에 경질합금을 밀납 땜하여 이용한다. 공구 Horn의 진폭은 목적에 의해 20㎑로서 15~25㎛ 정도 일반으로는 진폭을 적게 하여 하중을 크게 하는 편이 좋다. 하중을 크게 하면 가공시간이 짧아지고 인발강도도 증가하는데 Crack의 발생률은 많아진다. 그러나 Insert에 의한 Crack는 미세한 Crack로 여러 가지 처리에 의해서도 그것이 거의 성장되지 않으므로 강도에는 영향이 없도록 한다.

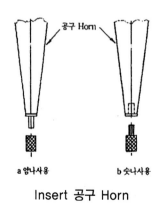

Insert 공구 Horn

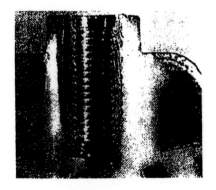

Insert 부의 단면

나사를 Insert할 때 나사를 손가락으로 지탱하고 있으므로 작업상의 위험이 따르므로 Horn의 편에 나사를 유지시켜 놓기 위해 여러 가지 방법이 개발되었다.

(a) 진공에 의한 흡착

Horn의 중심 혹은 구멍을 뚫고 진공으로 흡입하여 붙인 것으로 주로 수나사에 이용 가능하다. 이 방법은 나사의 재질에 관계없이 유효하다. 단 구멍을 관통하고 있는 암나사에 이용 불가능한 단점이 있다.

(b) Magnet에 의한 흡착

철제의 bracket에 이용되는 방법으로 Magnet로 흡착한다. (b)와 같이 외측에 Magnet를 놓은 방법과 (c)와 같이 Horn의 가운데에 Magnet를 넣는 방법이다. Magnet는 훼라이트나 합금강의 영구자석이다. Horn과 Magnet가 접착하지 않도록 연구할 필요가 있다. (d)는 (c)의 흡착부의 확대로서 Magnet는 Silicone 고무 튜브로서 Horn에 탄성적으로 접촉하고 있고 진동 Energy의 Loss 발열, 소음의 발생을 막고 있다. 그러나 이 방법은 비자성체에 이용 불가능한 결점이 있다.

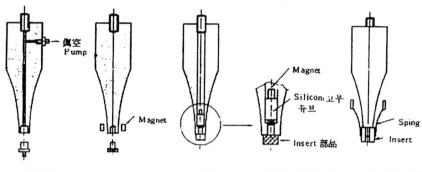

(a) 진공흡착   (b) Magnet   (c) Magnet 흡착   (d) ( )부분 확대도 (e) Spring에 의한 지지

공구 Horn에 나사를 지지하는 방법

Insert한 Sample

(c) bracket를 금속의 Spring으로 지지하는 방법

Insert할 때는 아래 구멍에 Bracket가 눌러 들어가게 되면 Spring이 빠져나가도록 또한 Spring과 Horn과는 접촉하지 않도록 연구하는 것으로, 이 방법은 재질이나 나사의 종류에 불구하고 가능한 방법이다.

(2) 전기부품의 손잡이 Shaft

전기부품의 ABS제의 손잡이 Shaft를 Insert하는 예로 Shaft의 외경은 6㎜, 끼워 넣는 길이는 7㎜이다. 아래구멍의 내경은 5.6㎜, 깊이는 9㎜이다. 공구 Horn의 진폭은

20㎛, 하중은 10㎏, 가공시간은 0.5초였다. 인발력도 Torque도 50㎏ 이상이다.

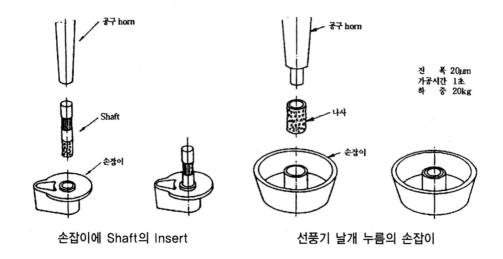

손잡이에 Shaft의 Insert   선풍기 날개 누름의 손잡이

(3) 선풍기의 날개 누름 치구

선풍기의 날개를 멈추게 하는 손잡이에 암나사를 Insert하는 것으로, 재질은 ABS 이다. 나사는 알루미늄 합금으로 외경 11㎜, 길이 15㎜, Rollet는 병목이다. 아래구멍 은 내경 10.6㎜, 깊이 18㎜로 Boss의 외경 15㎜이다. 진폭은 20㎛, 하중 20㎏, 가공 시간 1초이다.

(4) 안경 Hinge bracket

안경의 Hinge bracket의 Insert가 최근에는 널리 행해질 수 있도록 되어 있다. 안 경의 재질은 거의가 Acetate 수지이다.

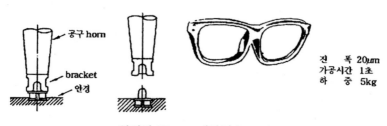

안경의 Hinge 메탈의 Insert

(5) Self tapping screw

Polyetherimide resin

Insert material	Ratio of wall thickness to O.D.
Steel	1.0
Brass	0.9
Aluminum	0.8

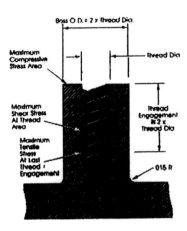

(6) Threaded insert

Polystyrene resin

Insert material	Ratio of wall thickness to O.D.
Steel	1.2 mm
Brass	1.1 mm
Aluminum	1.0 mm

(7) Ultrasonic insert

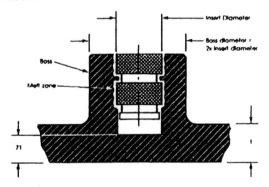

제10장 Plastic Joint 설계

Plastic의 접합가공은 그 고도의 생산성과 성질, 형상, 용도 등의 다양화에서부터 모든 목적에 사용되는 여러 가지 접합기술이 개발되어 있다. 여기서는 고주파용착에 관하는 고속도 용착, Spark에 의한 장해의 방지, Laser 등 섬유가 넣어진 재료의 용착 절단(2단압기구), 각종의 자동화 System, 자동 동조(同調), 전파장해의 방지 등에 관해 기술하고자 한다. 또한 고주파 및 초음파 Welder의 연구과정에서 얻어진 열전도 이론이나 여러 재료에 관한 많은 Data도 열거코자 한다.

그런데 이들 Plastic 용착법 이외에 원리적으로 실제적에도 여러 가지 방법이 생각되고 이들을 정리 소개하는 의미로 정리하는 것이 Plastic 접합법의 분류표이다. 접합 방법으로서는 열용착이 주로 이용되고 있는데 이것은 열가소성 Plastic을 대상으로 하고 있다. 표준에서 외부 가열 분류중이 Laser라 하는 것은 그 발생하는 적외선의 Sharp한 접점을 이용하여 Plastic 발열을 국부적으로 멈추는 방법으로 현재 연구단계에 있다. 또 내부 조사(照射)는 Plastic의 접합면을 접합직전까지 Master 등으로 표면에서 복사열로 가열하여 기계적으로 가압 접합하는 방법으로 외부가열을 행하면서 내부가열과 똑같은 온도분포가 얻어지는 특징이 있다.

내부가열의 분류 중 Micro파라는 것은 최근 전자 Range 등에 널리 사용되고 있는 주파수 2500㎒ Band의 전자파를 이용하여 발열작용을 일으키는 것이다. 이것은 종래 고주파 Welder나 고주파 Machine에서 그 Energy가 잘 흡수되지 않고 발열용착 가능치 않았던 종류의 Plastic에 대하여 적용 가능한 장점이 있고 독자의 가능성을 갖고 있는데 실용화는 이제부터의 문제이다. 최후의 Micro 음파라는 것은 수 ㎒의 높은 초음파 주파수 영역의 것으로 이 Energy를 집속하여 Plastic에 부여시키는 것으로 이제까지의 초음파 Welder와는 많은 점에서 틀린 특징이 있고 Polyethylene

등의 비교적 부드러운 Plastic을 용착하는 경우, 전달용착에 유사한 효과도 알려져
있으므로 하루빨리 실용화가 기대되는 방법이다.

Plastic 접합법의 분류

1. Ultrasonic Welder

(1) 내부 가열이다.

고주파 용착은 유전체 손실이 큰 일부의 Plastic에만 적용 가능함에 대하여 초음파 용착은 모든 열가소성 Plastic에 적용 가능하고 Plastic 자체를 발열시킨다. 또 가열은 극히 단시간에 행해질 수 있다.

(2) 개조물의 산일(散逸)

용착하는 표면은 초음파 진동을 행하므로 용착부분에 부착하고 있는 먼지나 분체, 액체는 물론, 점도가 높은 유, 도막, 증착막, 인쇄 Ink도 불어 날려서 용착한다.

(3) 연속 Seal

초음파를 부여하는 공구 Horn 선단은 큰 진폭으로 진동하고 있으므로 외관마찰이 적은 용착재료와 상대적으로 이동시키는 것이 용이하다.

(4) 용착동시 용단

선단을 첨예로 한 공구 Horn에서 용착을 행하면 그때부터 용단(溶斷)하는 것이 가능하다. 고주파 용착에서는 이 방법을 채용한 경우 용착물의 전열파괴에 의한 Spark가 생길 염려가 있으나 초음파에서는 그 Trouble은 없다.

(5) 이종 Plastic의 용착

염화 Vinyl과 Acryl, Poly styrene, ABS, Poly carbonate, 또한 ABS와 Acryl, Poly carbonate 혹은 Poly carbonate와 Acryl 등의 이종재질의 용착이 가능하나 원재료 정도의 강도는 나오지 않는다.

(6) 선택발열

초음파에 의한 발열효과가 큰 재료나 접착제 등을 선택적으로 발열시키는 것이 가능하다.

(7) 전달효과

공구 Horn에서 떨어진 부분으로 Plastic 중을 초음파가 전달시켜 경계면이나 응력이 집중된 곳에서 발열시키는 것이 가능하다. 그 위에 공구 Horn이 닿는 면에는 흠이 없다.

(8) 충돌효과

이 효과는 특히 전달 용착에서는 현저하다. Plastic 내의 내부응력에 의한 발열작용 외에 Plastic 접합면에 약간의 Gap이 있는 경우 초음파 진동에 의해 Plastic 간에 충돌이 일어나 표면부근에 강한 응력을 일으켜 용착하는 접합면만이 발열한다.

(9) 응력효과

Horn에서 전달된 초음파 진동이 Plastic 내의 특정한 부분에 집중하면 강한 응력을 일으켜 그 부분이 발열 용융한다. 이 현상도 경우에 따라서는 적극적으로 이용 가능한 특징이다.

(10) 금속 등의 삽입과 Riveting

Plastic 내로 금속부품(암나사 등)에 초음파진동을 부여하면서 삽입하는 것도 가능하다. 또한 이종 Plastic 또는 금속과 Plastic을 접합함에 Plastic의 Boss 머리를 눌러 깨어 Riveting한다.

이상에 열거한 특징은 초음파 Welder의 기본적인 특징이므로 구체적인 용도에 대해서는 이들의 특징의 2가지 또는 그 이상이 동시에 작용하는 것이 된다. 실제적인 사용 예에 대해서는 후장에서 기술한다.

여기에서 Plastic 용착에 요구되는 일반적인 사항을 열거하면 다음과 같다.

① 용착강도
② 용착속도
③ 용착면의 미관
④ 모재의 변질열화도
⑤ 모재의 오염에 대한 관용도

⑥ 용착치구의 제작, 교환, 조정 등의 간편도

⑦ 용착의 균일성과 안정성

⑧ 용착 Line의 길이, 면적, 곡선 등의 자유도

⑨ 장치의 취급조작의 용이도

⑩ 장치의 보수관리의 용이도

2. 전달용착

1) 성형품

느낌이 딱딱한 Plastic을 용착하는 경우에 가압력을 적게 하면 공구 Horn이 접촉하고 있는 부분은 거의 변형이나 홈을 생기지 않으므로 Plastic끼리 충돌한 표면부근에서 발열용착하는 점이 있다. 그 충돌부분이 공구 Horn 바로 아래만이 아니고 Horn에서 꽤 떨어진 경우에도 이 현상이 일어난다. 이것을 이용한 용착이 전달용착이다.

전달용착에는 이하에 기술하는 바와 같이 많은 특징이 있다.

① 용착 Speed가 빠르다. 보통 1초 전후에서 용착을 끝내고, 건조시간을 필요로 하지 않는다. 적은 물건이라면 0.5초, 특수한 경우를 제외하고 3초를 넘는 것은 없다.

② 표면이 침식되지 않는다. 외관에 어떤 이상이 생기지 않으므로 용착 면만이 용융 접합한다는 이상적인 용착이 가능하다.

③ 용착 면이 아름답다. 용제에 의해 빠져나오거나 악취도 없고 또한 백탁현상이 없으므로 투명한 성형품에서도 깨끗이 마무리가 가능하다.

④ 용착부분 이외는 발열하지 않는다. 초음파 발열은 두 개의 2부분의 경계 면만에서 일어나므로 제품의 변형이나 내용물의 변질이 없다.

⑤ 사전처리가 필요 없다. 용착의 전 처리가 일체 불필요하여 액체나 분말 등에 의한 오염도 초음파 진동으로 날아가버리므로 처리가 쉽다.

⑥ 기밀(氣密)용착이 가능하다. 성형품의 형상이나 공구 Horn의 선택에 따라서 완전한 기밀용착이 가능하다.

⑦ 마무리에 얼룩이 없다. 일정한 조건하에서 기계 가공되기 때문에 마무리에 얼룩이 없고 제품의 균일성이 보증된다.

Plastic 상자를 전달 용착하는 모양을 표시한 것으로 Horn으로부터 부여된 초음파는 Plastic 중을 전달하고 있고 접합 면에서 충돌하여 발열 용착한다.

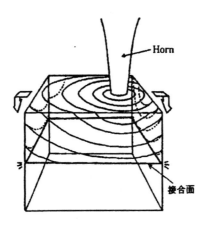

⑧ 작업은 간단하다. 수동조작에서도 자동조작에서도 한번 조건을 선택하면 간단히 작업 가능하다.

각 Plastic에 대하여 전달용착의 적부(適否)로 하여 기술적인 난이 마무리 강도를 제각기 우, 양, 가, 불가로 표시한 것.

각종 Plastic 전달용착의 특성

기 질	전달용착의 특성			
	용착특성	착특성	마무리	강도
P.S(G.P)일반용	음향감쇠소, 용착에 최적, 전달거리를 길게 한다.	우	우	우
P.S(H.I)	고무함유량에 좌우된다. 30%까지는 양호	우	우	우
AS	음향감쇠가 P.S보다 크므로 전달거리가 짧게 된다. P.S. Acryl과 용착한다.	우	우	우
ABS		우	우	우
Poly Carbonate	연화온도 높고 충분한 Power 필요, 전달거리가 짧다.	양	우	우
Acryl	전달거리는 실용상 20㎜ 위까지 ABS와 용착	양	우	양
Poly Aatal	충분한 Power 필요, 전달거리는 짧다.	양	양	우

기 질	전달용착의 특성			
	용착특성	착특성	마무리	강도
P.V.C(경)	전달거리 3㎜ 위까지 가능, Horn과의 접촉면이 연화하는 경향이다.	가	가	양
Nylon	Nylon의 종류에 의하여 전달거리를 대단히 짧게 하여 큰 진폭에 의한 가능한 것으로 전달거리가 긴 것은 부적, Glass 섬유입은 다소 좋게 된다.	불가	불가	불가
Acetate	부적, Horn과의 접촉면이 연화변형한다.	불가	불가	불가
P.P	전달거리 3㎜ 이하는 가능 빠져나옴을 크게 한다.	불가	불가	불가
P.E	PP보다 용착성이 나쁘고 부적	불가	불가	불가

용착가공의 구체예는 후술하는데 장치는 목적에 맞추어 300W~2㎾의 출력의 것이 이용되고 있다. 고정 Horn의 단면 진폭은 20㎑, 300W 및 1㎾의 것으로 11μ, 15㎑, 2㎾에서는 20μ로 유지되도록 발진기는 공진주파수 자동추미방식 정진폭자동제어 방식이 채용되고 있다. 고정 Horn과 공구 Horn은 나사로 접합되어 있어 간단히 교환 가능하다. 공구 Horn은 용착에 필요한 15~40μ의 진폭을 얻기 위해 적절한 단면적 변화와 공진하기 위해 특정 길이가 제약되어 있으며, 용착물의 모양에 일치시킨 단면의 형상을 동시에 만족시키도록 설계하지 않으면 안 된다. 2㎾의 경우는 주파수를 15㎑로 하여 단면진폭을 20μ로 한 것은 특히 대형 Horn을 사용함으로써 공구 Horn의 설계, 가공 등을 고려하여 단면적 변화가 없는 봉상 판상의 Horn을 그대로 이용 가능한 특징을 이용한 것이다.

2) 삐져나옴을 피하기 위한 Fitting

삐져나옴을 피하기 위한 Fitting부의 연구

(a)	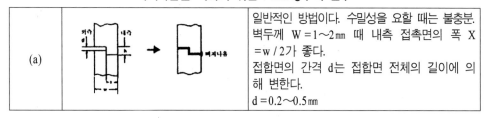	일반적인 방법이다. 수밀성을 요할 때는 불충분. 벽두께 W=1~2㎜ 때 내측 접촉면의 폭 X =w/2가 좋다. 접합면의 간격 d는 접합면 전체의 길이에 의해 변한다. d=0.2~0.5㎜

(b)		벽두께가 얇은 경우에 적당한 방법이다. $W = 1\,mm$ 이상 시인(矢印) 분의 삐져나옴에 의해 외측의 부분이 팽창하는 것을 방지하기 위해 $X = w / 3$ 위로 한다. $d = 0.3 \sim 0.5\,mm$로 한다.
(c)		b도에 논한 외측으로의 팽창을 피하거나 P.S 의 경우 삐져나옴에 따라 Crack를 피하기 위한 방법 $X = w / 2$ $d = 0.3 \sim 0.5\,mm$
(d)		수밀성의 용착이나 대형의 성형품을 균일히 용착하는 경우에 한 접촉면의 Edage의 각도는 $\Theta = 45° \sim 60°$ $X = w / 2$ $d = 0.3 \sim 0.8\,mm$
(e)		수밀성을 요하고 외부로의 팽창 Crack를 방지할 경우 접촉면의 Edage의 각은 $\Theta = 45 \sim 90°$ $X = w / 2$ $d = 0.3 \sim 0.8\,mm$
(f)		용착강도를 크게 하고 싶은 경우, 단 ⅱ～ⅲ 도와 같이 Tapper 일면이 서로 세계 감합하면 접합면에서 충돌을 일으키지 않고 진폭은 아래로 전달되기 때문에 용착하지 않으므로 Taper 1면의 접촉에는 $X = w / 3 \cdot X' = w / 4$ $y = w / 3$ 또한 Taper 일면을 수직으로 하여 $X = X'$로 할 때도 있다. $d = 0.2 \sim 0.5\,mm$
(g)		수밀성과 강도를 필요로 할 때 $d = 0.3 \sim 0.6\,mm$ 내측 접합면은 성형품의 형상 크기에 따라 변하며 대체 $h = 1 \sim 2\,mm$이다.
(h)		핀과 소켓에 의한 감합에서 완구류의 조립에 적당하다. 소켓의 길이를 ℓ로 하면 핀의 길이는 $\ell + 0.2 \sim 0.5\,mm$ 위

3) FRTP(강화 Plastic)의 용착

1958년에는 미국에서 FRTP(강화 Plastic)는 2종류만 시판되고 있지 않았는데 현재에는 100종류가 넘는다고 전해지고 구조재로서 알려져 각광을 받게끔 되었다. 이 급속한 진보의 발단은 열가소성 Plastic의 성능을 열경화성 Plastic 혹은 금속에 필적하도록 향상시켰다는 데 있다. 기계적, 전기적, 열적 성질, 치수안정성 등이 개선된 Thermoplatic의 FRTP는 반대로 사출, 압출성형, 용착, 접착, 기계가공 등의 면에서 여러 가지 문제가 일어났다. 접합가공의 점에서는 초음파에 의한 용착, Riveting 등이 FRTP의 응용기술 분야의 확대에 큰 역할 가능성을 갖고 있다. 다음 표는 열가소성 강화 Plastic(FRTP)의 물성을 표시한 그 예이다. 이것에 따르면 인장강도나 내열성 등의 향상이 현저하다는 것을 알 수 있다.

Plastic의 용착강도

Plastic의 조합	용착조건			인장전단강도(kg / ㎠)	파단상황(박리 이외 것은 파단)
	출력(KW)	가압력(kg)	가압시간(sec)		
P.E -P.E	1	34	1.0	37	
P.S -P.S	1	34	0.4	78	
Poly Carbonate -P.S	1	34	1.0	60	박리
ABS -ABS	1	34	0.4	159	
ABS -Acryl	1	34	1.2	120	
ABS -PVC(경)	1	34	1.0	113	
ABS -PS(HI)	1	34	1.2	56	박리
ABS -Poly carbonate	1	34	1.0	148	
PVC(경) -PS(HI)	1	34	1.2	80	
PVC(경) -Acryl	1	34	1.2	92	
PVC(경) -Poly carbonate	1	34	1.5	158	
Acryl -Poly carbonate	1	34	1.2	120	
Acryl -P.S	1	34	1.2	90	
PS -Poly carbonate	1	34	1.5	85	박리
PS(HI) -Noryl	1	34	1.5	125	
Poly acetal -Poly acetal	1	34	1.2	157	
Noryl -Noryl	1	34	0.8	205	
Poly carbonate -Noryl	1	34	1.0	120	박리

4) 용착현상과 원리

초음파 용착현상은 Plastic 자체의 초음파진동의 발열연화 용융현상에 따라 Polymer 간의 결합력 및 범위까지 2가지의 Plastic 접합면이 가깝게 붙어 거기에 동화작용이 일어나 용착이 행해진다고 생각된다. 즉 Plastic의 연화용착은 불가결의 것으로 열용착의 일종으로서 생각되는 데 지당한 것이다. 이 경우 초음파 발열현상은 직접용착이나 연속용착과 같이 압축진동에 의한 것과 전달용착과 같이 표면에 있어서 충돌에 의한 마찰발열효과에 의한 것이 생각된다. 여기에서 초음파용착을 구체적인 형으로 생각한다면 Polystyrene의 1㎜ 판을 2매 중복시켜 이것에 주파수 20㎑, 진폭 30㎛ (편진폭)을 준다. 이 진폭은 신문지의 두께의 1／5이고, 그 순간속도는 최대 3.72m／sec로 된다. Polystyrene의 Young율을 200kg／㎟로 보면 30㎛의 왜곡으로 3kg／㎟의 응력을 일으킨다.

Polystyrene의 인장강도는 2kg／㎟이므로 이 응력은 대단히 크다. 얇은 재료에 이런 정도의 진폭을 주면 응력은 더욱 증대되는데 정압력의 한쪽 편에서 실제로 주어진 왜곡은 어느 정도 조정된다. 즉 진폭의 일부가 Plastic에 주어진다. 초음파를 줄수 있는 금속체(공구 Horn)의 선단표면에 깔쭉이를 붙인 경우 선단효과를 생각할수 있고, 두꺼운 재료에서도 일부 커다란 응력이 얻어질 수 있다. 이와 같이 집중된 강한 응력장에서는 Plastic의 점탄성적 성질에 따라 급격히 발열하여 용착한다. 이와 같이 Horn 바로 아래에 커다란 응력장을 만들고 용착하는 방법을 직접용착이라 부르고 있다.

Styrol을 직접용착과 같은 방법으로 있으면서 Horn에 가한 정압력을 적게 하고 중합된 Styrol 사이에는 빈틈이 가능, 또는 Horn과 Styrol의 경계 면도 약간 뜬 감이 든다. 이 상태에 있는 Horn으로부터 Styrol에서는 Hammer 작용으로 초음파진동이 주어진다. 이 진동은 Horn 측의 Styrol에는 전술의 예와는 달리 내부 왜곡의 형태가 아니고, 속도로서 주어진다.

즉 Horn 바로 아래의 Plastic은 함께 진동을 하고 있다. 따라서 중합한 하측의 Styrol에 충돌하는 상태가 된다. 이때 그 충돌 면이 발열하여 용착한다. 이것은 Horn 바로 아래에 한하지 않고 성형품 등에서는 Horn으로부터 상당 떨어진 곳에서도 용착한다. 더욱이 불가사의한 것은 Horn 단면을 평활하게 놓으면 Horn에 접한 부분은 다르다고 보이지 않을 정도이다. 이 대상이 되는 Plastic은 Styrol과 같이 경질의 것에 한정되는데 이 방법은 전달용착이라 불리고 최근 Plastic의 성형품의 용착에 급격하게 널리 이용되고 있다. 전달용착은 Plastic의 표면현상으로서 직접용착이나 고주파용착의 경우의 내부가열보다도 더욱이 일보전진 Energy 효율은 높고 불필요한 부분을 가열하지 않고 성형품과 같이 비교적 두껍고 더구나 열전도율이 나쁜 Plastic에 있어서 바람직하지 않은 방법이다. 열용착의 경우 고속화에 따라 문제가 되는 것이 냉각시간이다. 전달용착의 경우 가열시간은 1~3초로서 냉각시간은 0.3초 이하이다.

또한 이제까지의 설명에서는 접합면은 두드림에 일치한 방향에 있는 경우에 대하여 논했는데 물론 면방향의 마찰에서도 가능하다.

(1) 직접용착

초음파 직접용착에서는 금속제의 수대(受臺)와 Horn 사이에 Plastic을 눌러 초음파는 Horn에서부터 줄 수 있으며 Horn은 그 금속자체의 신축진동으로 Horn과 수대의 GAP의 교대적 변화로서 Plastic은 애초 20,000회나 압축된다. Horn과 수대의 사이는 가압기구로 수 10~수 100g / ㎟의 정압력의 범위이고, 일정한 Gap으로 유지하도록 Stopper도 설치되어 있는 예도 있다. 이와 같은 상태에서 Plastic이 어떻게 발열하는가를 구체적인 예를 열거하여 설명한다.

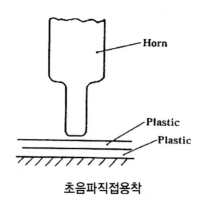

초음파직접용착

가. 발열량

Plastic 중의 초음파에 의한 발생열량 P를 단위면적당으로 생각하면

$$P[W\ /\ \text{m}^2] = 0.308\ \frac{E\,(\text{kg}\ /\ \text{mm}^2)\,f\,(\text{Hz})\,\text{X}\,\text{m}^2\,(\text{mm})}{Q\,b\,(\text{mm})} \qquad ①$$

E는 Young율, f는 주파수, Xm는 단면편진폭, Q는 Plastic의 기계적 Q, b는 Plastic 두께이다.

이제까지의 설명에서는 진폭은 μm(Micro meter)로 표시했으며 그 1,000배가 mm이다. Q는 공진의 예각을 나타낸 값으로 일정한 전압을 준 때에 진폭이 최고치로 달한 점을 공진주파수 fo라고 그 $1/\sqrt{2} = 0.707$수식만 감소하고 공진보다 높은 주파수 f1과 낮은 편의 주파수 f2로부터

$$Q = \frac{f0}{f1 - f2} \qquad ②$$

가 정의된다. 이것은 또한 진동하고 있을 때의 진동 Energy와 진동에 따르는 열손실 Energy의 비이기도 하다.

$$Q = \frac{\text{진동 Energy}}{\text{손실 Energy}} \qquad ③$$

식 ①의 우변 중 Q를 제거한 식은 Plastic의 진동 Energy를 얻을 수 있다. Styrol에서 E = 200kg / mm², f = 20,000Hz, Xm = 0.02mm, Q = 100, b = 1mm라고 하면

$$P = \frac{(0.0308)\cdot(200)\cdot(20.000)\cdot(0.02^2)}{(100)\cdot(1)} = 0.493(W\ /\ \text{mm}^2) \qquad ④$$

나. 열도피를 무시한 Plastic에 필요한 Power

체적비열의 σ가 열거되어 있으므로 이것을 이용하면 단위면적당의 필요한 Power P는 Plastic의 두께를 b, 용착시간을 t, 소요상승온도를 Q℃라 하면

$$P(W\ /\ \text{mm}^2) = \sigma(WS\ /\ \text{mm}^3℃)\cdot b(\text{mm})\cdot \theta(℃)\cdot \frac{1}{t(\sec)} \qquad ⑤$$

전례의 Styrol의 σ를 $\sigma=1.4 \times 10^{-3} WS / mm^2℃$, 소요온도상승을 80℃라 하면 소요시간 t는

$$t = \frac{\sigma b\theta}{P} = \frac{(1.4)(10^{-3})(1)(80)}{0.493} = 0.23(sec) \qquad ⑥$$

또한 일반비열(Kcal / kg・℃)의 때는 밀도(g / cm³)를 곱하고 그것에 0.0042를 곱하면 체적비열(WS / mm³・℃)로 된다. 또한 식 ⑥은 초음파를 주고 있는 사이 중 Q, E, Xm는 모두 일정하게 가정되고 있으므로 실제는 이것보다도 긴 시간을 요한다.

다. 열도피를 고려한 경우의 필요 Power

전례는 두께 1mm로 두께가 0.1mm의 때와 비교하여 본다. 열도피가 없다면 두께 1mm의 때는 0.493W / mm²의 소요전력이고, 0.1mm이면 0.049W / mm²이다. 다음에 중심부의 온도상승 θ를 80℃로 하면 두께 1mm의 때의 양측으로 도피하는 열량은 직선근사치로 양측으로 도피하는 거리가 반분되는 것을 생각하여 α를 열전도율로 하면

$$P(W / mm^2) = 4\alpha(W / mm℃) \cdot \theta(℃) \cdot \frac{1}{b(mm)} \qquad ⑦$$

이고 두께 1mm의 때는

$$P = (4)(1.2)(10^{-4})(80)\frac{1}{1} = 0.0384(W / mm^2)$$

이고 두께 0.1mm의 때는

$$P = (4)(1.2)(10^{-4})(80)\frac{1}{0.1} = 0.384(W / mm^2)$$

이다.

이것으로 아는 바와 같이 1mm 이하에서 열의 도피는 Plastic의 가열전력 중에서 중요한 Factor가 된다. Brown, Hoyler의 전열방정식에서 유도하면 연질 PVC의 고주

파가 가열의 경우에서는

$$P(W / \text{mm}^2) = 0.156 \frac{1}{b(\text{mm})} \qquad\qquad ⑧$$

이다. 이것도 두께가 반분이 되면 같은 면적을 만드는 데 출력은 2배 필요하게 되는데 Plastic과 공구 Horn, 수대(受臺), 전극 등과 접속부문에서 열이 Smooth하게 흐르지 않는 것이나 열을 도피시키지 않는 것같이 이물을 사용한 경우나 온도에 의한 발열 Factor가 다른 등 계산 시에는 생각할 수 없는 Factor 때문에 실제로는 위의 식과 맞지 않는다. 실험과 경험의 집적에서 두께 1mm 이하의 때는

$$P(W / \text{mm}^2) = 0.3 \frac{1}{\sqrt{b(\text{mm})}} \qquad\qquad ⑨$$

가 잘 맞는다. 역시 식 ⑦, ⑧, ⑨식은 기간이 고려되지 않았으며 이것도 여러 가지로 생각될 수 있는 요소가 많게 되는데 1mm의 때에는 3~5sec, 0.1mm 이하는 1sec 전후가 된다.

(2) 연속용착

주로 Film상의 Plastic을 용착할 때 Plastic을 수평방향으로 이동시키면 용착은 선상으로 연속 용착시키는 것이 간단히 가능하다. Horn의 형상은 연속용착의 장을 참조. 경우에 따라서는 대단히 고속도로 50mm 매분 정도의 용착속도를 얻은 기록도 있다. 또한 공구 Horn 선단을 첨예(尖銳)로 하면 용착과 절단이 동시에 행해질 수 있으며 많은 것은 포장에 실용되고 있다.

가. 인가(印加)시간과 소요 Power 밀도

b=0.02mm 두께 Polypro film 2매의 용착에 대하여 생각한다. Horn 선단의 용착방향의 길이를 a(mm)라 하면 용착속도 V(mm / S)의 때 Seal 선상의 일점의 가열된 시간 T는

$$T(sec) = \frac{a(mm)}{V(mm/S)} \qquad \text{⑩}$$

$a = 2.5mm$, $V = 500mm/S$, $30m/min$로 하면

$$T(sec) = \frac{2.5}{500} = 0.005(S)$$

이와 같이 빠른 가열에서는 열의 도피는 무시할 수 있다고 하고 식 ⑤에서 소요 전력을 계산하면

$$\sigma = 1.76 \times 10 - 3WS/mm^2$$

$\theta = 130℃$라 하면

$$P = 1.76 \times 10 - 3 \times 0.04 \times 130 \times \frac{1}{0.005}(W/mm^2) = 1.83(W/mm^2)$$

나. 소요진폭

소요진폭을 구하는 식은 식 ①에서

$$Xm = \sqrt{\frac{P(W/mm^2)Qb(mm)}{0.0308E(kg/mm^2)f(Hz)}} \qquad \text{⑪}$$

$\theta = 60$, $E = 100kg/mm^2$, $f = 20,000Hz$로서

$$Xm = \sqrt{\frac{(1.83)(60)(0.04)}{(0.0308)(100)(20,000)}} = 0.0267(mm) = 26.7(\mu m)$$

실제 Test에서는 $35\mu m$ 이상이 필요하다. 이것에는 여러 가지 이유가 생각되는데 제1에 Horn의 진동방향과 직각방향에 상당한 빠름으로 Film을 이동시키는 데에는 Horn과의 사이에 공간이 생기는 시간이 가능하도록 필요하고 그 때문에 여유가 있다.

다. 소요6전력

소요전력은 Seal 폭 C=2㎜로 하면

$$P(W) = P(W / ㎟), \ a(㎜) \ c(㎜) \qquad\qquad ⑫$$

이 좌변의 P는 전력치, 우변의 P는 전력밀도, a는 식 ⑩의 a, c는 Seal 폭이다.

$$P = (1.83)(2.5)(2) = 95(W)$$

(3) 전달용착

직접용착을 행하는 장치와 같은 것으로 Horn에 가하는 정압을 작게 하여 중합시킨 Styrol 사이에 일부 빈틈을 일으켜 Horn과 Styrol 간에서도 일주기 중에서 떠 있는 시간이 많게 된다. 이 상황에서는 Horn부터 Styrol까지는 직접용착과 같이 Plastic을 초음파 Cycle에서 압축하는 것이 아니고 적어도 Horn 바로 아래에서는 Plastic은 같이 진동한다. 그래서 이와 같은 진동은 Plastic 중을 전달하여 가고 다른 Plastic과의 경계면 즉 용착 면에서 Plastic끼리는 맹렬히 반복충돌이 행해지고 발열용착한다. 더구나 Horn과 Plastic의 접착 면은 광택 면에서조차 거의 흔적을 남기지 않는다. 이 방법은 최근 급격히 널리 이용되고 있다.

가. Horn과 Plastic 면과의 접착 면이 흠이 없는 것

결과부터 말하자면 (Ⅰ) Plastic이 받는 충격은 그 Plasic의 탄성한도 내에서 되지 않으면 안 되는데 Plastic의 탄성한도 등이라는 Data는 본 것이 없다. 그것은 응력-왜곡선도의 경사가 완만하다. 온도 의존성이 너무 크고, 레오로지적인 해석으로 되어 있는 것처럼 주파수(시간) 의존성이 크고 주파수가 높으면 탄성체로 되기 쉬운 등의 이유로 생각된다. 또한 (Ⅱ) Horn은 금속이어서 Plastic보다 적어도 100배는 열전도가 좋으므로 표면은 열가소성적인 변형을 받을 정도로 온도 상승하지 않는다. (Ⅲ) 전달용착에서는 Horn은 흠을 만들지 않는 것같이 광택하는 평활 면으로 있으므로 예로서 변형하여도 재차 광택 면으로 돌아온다. (Ⅳ) Horn에서 Plastic까지의 진동전달의 Mode가 약한 응력에서 명백해진다. (Ⅴ) Plastic이 Horn과의 접촉면에서 용융한다 해도 미소하기 때문에 Plastic의 성질상 광택 면으로 돌아와 버린다.

나. 초음파의 전달

이 전달용착은 대상으로 되는 Plastic이 조(爪)로 채워져서 'Cone'이라고 느낄 만한 딱딱한 것에 한한다. 연질 PVC나 P.E는 불가능하고 P.S, Poly carbonate, 경질 PVC 등이 대상이 된다. 이것은 (I) 전달 중의 초음파의 감쇠가 많으므로 접합면에서 충분한 진동이 얻어질 수 없는 것과 (II) 어느 것인가 접합면에서 충돌시켜도 필요한 충격력은 나오지 않고 말하자면 Punch 효과가 없기 때문이다. 생각한다. Poly styrol이나 Poly carbonate에서도 유유히 장시간 초음파를 걸고 있으면 접합부에서 없는 곳이 발열 변형하고 있다. 초음파 전달용착의 가, 부는 Plastic의 초음파 전파성에 의한 것으로 초음파의 감쇠가 제1로 문제가 된다. 다음에 Plastic의 표면마찰, 무정형의 Plastic에서는 연화온도, 결정성의 것에서는 융점, 밀도, 탄성률, 음속 등이 중요한 Factor가 된다. 그 외에 용착물의 형상이나 접합면의 위치 등이 영향을 받는다. 초음파의 전달로서 실험에서는 여러 가지의 진동 Mode가 관찰되고 있고 또한 여유 있는 것이 없는 한 형상에 의한 Trouble이 없으므로 해석은 곤란한데 실용으로는 차이가 없는 종류의 문제로서라고 생각된다. 이것은 방 안에서 Streo를 듣는 것과 같은 것인지도 모른다.

다. 발 열

전달용착에서는 접합면의 Plastic끼리가 충돌하므로 발열하게 되는데 기계적 Energy가 열로 교환하는 것은 내부마찰만에 의하는지 또는 내부마찰과 접합면 마찰의 통합작용에 의하는지 어느 것에 있어서도, 접합면의 마찰만을 생각한 것에는 사실을 정확히 파악하는 것이 불가능하다. 전달용착에서는 먼저 접합면의 선단이 발열하여 그것에 의해 접합면의 연화부분은 움직이기 시작한다(소성유동). 그래서 초음파 Energy가 가장 많이 흡수된 접합면의 부분이 정압에 의해 가압되고 남은 접합면도 접촉하도록 하고 그것이 더욱이 주변 폭으로 확산되어 가서 초음파 Energy는 점점 열로 변화하여 간다. 이것에 의해 유동한 부분은 일층 가열되어 이 부분에 접하는 접합면의 다른 부분도 가열시켜 소성 유동화하여 용착은 전 접합면에 걸쳐 넓은 용착이 완료하는 것이다. 이 모양이 실제의 용착에서는 수초 중에 행해지게 된다. 따라서 전달용착의 경우는 직접 용착에서 행한 열계산과는 꽤 차이가 있다. Energy 이용 면에서는 발열이 접합면에 한정되어 있으므로 고주파 유전가열에 의한 용착이나 초음파의 직접내지 연속용착에 비교하여 가장 이상적이다.

전달용착의 가열시간은 0.5~3초, 냉각시간은 0.3초 정도에서 끝난다. 발열이 국소적이므로 냉각시간이 짧게 끝나는 것은 대단히 큰 특징이다. 여기에서 수치를 넣어 계산을 해본다.

똑같이 Styrol에서 발열부분을 0.1mm, 시간을 1sec로 하면 식 ⑤로부터

$$P = 1.4 \times 10^{-3} \times 0.1 \times 80 \times \frac{1}{1} = 0.0112(\text{W} / \text{mm}^2)$$

이 되고 이것에서 식 ①을 이용 진폭을 계산하면

$$Xm = \sqrt{\frac{0.012 \times 100 \times 0.1}{0.0308 \times 200 \times 20,000}} = 0.96 \times 10^{-3} \text{mm} = 0.96 \mu\text{m}$$

로 된다.

즉 주위가 Plastic뿐으로 열의 도피가 없으므로 접합면은 작은 진폭으로 발열하여 얻어지는 것을 알 수 있다. 이것은 Plastic 내부에서도 일어나는 것이 있으므로 느슨한 초음파를 걸고 있으면 필요치 않은 곳이 발열변형해 버린다. 또한 식에서 구한 것은 Plastic 자체의 응력진폭으로 있으므로 접합면에서의 충돌은 이보다 상당히 큰 것이 필요하고 접합면에서 그뿐의 진폭을 얻기에는 Horn 단면에서는 20~25μm의 진폭이 일반으로 필요하다.

Plastic의 발열기구에서 생각하여 G. Mevges 씨는 여러 가지의 Plastic의 용착성을 판단하는 수치를 식으로 다음과 같이 나타내고 있다.

$$\Phi = \int_{\theta_1}^{\theta_2} \frac{9C}{E'\left[\frac{3}{2} + 0.2s\left\{1 - (\frac{P}{PK})^{0.7}\right\}0\right]} d\theta \qquad ⑬$$

$$\Lambda = \pi 7 \qquad ⑭$$

Φ는 단위를 갖지 않은 정수이다. θ_1은 가열 전의 Plastic의 온도, θ_2는 용착완료 시의 Plastic 온도, ρ는 Plastic의 밀도, C는 Plastic 비열, E′는 Plastic의 복소 Young 탄성률 E의 실현 부분의 수지이다. η는 손실계수라 부르고 복소(複素) Young 탄성률 E의 허수부분을 E″로 하면 η=E″/E′로 된다. P는 용착 중에 누르고 있는 압력이고 PK는 접합면 마찰이 일어나지 않는 한계의 압력이고 Acryl, PVC에서는 60~70kg/㎠, Poly carbonate에서는 50~60kg/㎠ 정도이다. ν는 Plastic끼리의 마찰계수이다. Λ는 대수 감쇄율이라 부른다. 식 ⑬, ⑭는 PK를 제거 ρ, C, E′, η, ρ, ν가 일반으로 온도의 관계수이고 식 ⑬의 적분을 간단히 구하는 것은 가능치 않다. 실험에 의해 구하여진 값을 다음 표에 나타낸다. ⑬, ⑭ 두 개의 식으로 Φ의 값이 크게 되면 되는 만큼 용착에는 커다란 Energy가 필요하고 대수 감쇄율 Δ가 작게 되면 되는 만큼 Energy는 접합면에 집중하도록 된다.

양자의 수치적인 크기는 Plastic을 평가하는 데에 상호간에 관련하는 것이고 Φ 및 Δ가 작은 때는 직접내지 전달용착, 공히 양호하고 Φ 및 Δ공히 큰 값을 나타내는 Plastic에서는 직접용착만이 적합하지 않다.

Plastic 용착특성표

Plastic 종류	θ_2(℃)	ν	Δ(20℃)	Φ			
P.S	110	0.45	0.0258	0.989	1.181	1.998	5.97
Poly carbonate	150	0.27	0.0314	3.700	4.402	7.349	19.25
Acryl	110	0.5	0.1200	0.537	0.599	0.805	1.19
P.V.C	80	0.45	0.1715	0.341	0.38	0.478	0.539
P.P	160	0.37	0.2199	11.236	12.287	15.339	19.81
Nylon	260	0.46	0.0402	23.429	26.694	38.021	63.336
				0	0.1	0.5	1
				P/PK			

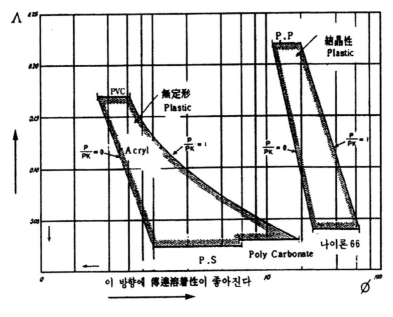

용착성을 판단하는 Graph

이 Graph에 의해 다음의 것을 말할 수 있다. Φ의 값이 크다면 그 정도 용착 Energy는 많이 필요하게 되고 Δ가 작은 정도 접합면으로의 Energy 집중이 크게 된다. Graph에 표시되어 있는 바와 같이 P.S, Poly carbonate는 Δ의 값이 작고 Φ의 값이 중, 소 정도이므로 직접 및 전달용착성이 좋고 Δ가 큰 Plastic에서는 직접용착만 가능하게 된다. Δ가 중정도의 PVC나 Acryl에서는 비교적 Φ도 작으므로 접합면의 Rib의 V형의 선단을 작게 하면 용착성을 좋게 하는 것이 가능하다.

FRTP 물성표

수지명	Glass 혼입률 (%)	인장강도 (kg/cm²) (ASTM D638)	신율 (%) (ASTM D638)	굽힘강도 (kg/cm²) (ASTM D256)	Izod 충격치 (kg·cm/cm) (ASTM D256)	열변형온도 (℃) (STEM D648, 264psi)	Rockwell 경-도 (ASTM D785)	비중 (ASTM D792)
Nylon 6	0 단 30 장 30	490 1190~1690 1410	25~320 3 2	560 1580~2250 1970	5.4~19.5 7.1~10.9 16.3	67~70 205~216 216	R103~118 E45~50, M90 E55~60	1.12~1.14 1.37 1.37
Nylon 66	0 단 30 장 30	630 1300~1620 1410	60~300 3 1.5	880 1860~2250 1960	5.4~10.9 6.5~10.9 13.6	66~86 205~216 253	R108~118 E45~50, R120 E60~70	1.13~1.15 1.37 1.37
PC	0 단 20 장 20	670 840~1300 980~1300	60~100 2.5~3 2~5	950 1200~1760 1300	13.6 8.2~13.6 13.6~16.3	130~138 141~146 146	M70, R118 M92, R118 M80~90	1.20 1.35 1.35
PP	0 단 20 장 20	300 420 560	200~703 2	420 530 700	– 5.4 19.0	57~63 110 139	R85~110 H40 M50	0.90~0.91 1.05 1.05
POM	0 단 20 장 20	700 700~950 740	15 2~3 2	980 980~1050 1050	7.6 4.3~7.6 12.0	124 157~163 163	M94, R120 M70~75, 95 M75~80	1.425 1.55 1.55
PE (고밀도)	0 30	240~300 720~790	65 16		5~30 14.7	43 132	R52 R82	0.95~0.97
PS	0 20, 30	350~840 630~1050	1~.5 1	610~980 740~1400	1.4~2.2 2.2~2.4	104max 90~104	M65~80 M70~95	1.04~1.09 1.20~1.33
AS수지	0 20, 30	670 600~1400	1.5~4 1~4	980~1340 1550~1830	1.9~3.7 2.2~2.4	88~104 88~110	M80~90 M110~E60	1.075~1.10 1.20~1.46
ABS 수지	0 20, 40	350~440 600~1330	5~60 .5~3	530~810 1120~1900	16.3~43.5 5.5~13.0	93~103 99~116	R85~109 M65~100 R113	1.02~1.04 1.23~1.36
PET	0 30	730 1350~1450	2 2	1170 2000~2200	2.5 11~13	85 235~242	R100 R100	1.37~1.38 1.60

　　FRTP의 초음파 가공에 대해서는 여러 가지 발표되어 있는데 Poly carbonate의 용착 Data에서 시료의 치수나 용착방법은 위에 나타낸 것과 같고 재료는 Poly carbonate 와 Poly carbonate(Glass 30%)가 사용되었다.

　　용착조건은 용착면적이 12.7㎜×5㎜로 Rib가 없는 것, Rib(b)의 한 변을 0.5, 1㎜ 와의 2종류의 것에 대해서 출력 1㎾, 하중 34kg으로 용착시간을 달리하여 행했다. 그 결과는 다음에 표시되어 있는데 Poly carbonate g/f이 편이 용착시간이 짧고 높은 강도가 얻어지고 Rib의 영향도 Poly carbonate보다 적지 않다.

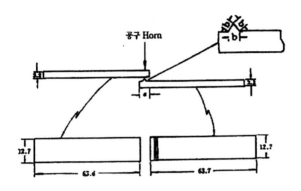

IS형 시험편I의 형상 및 용착방법

표시방법	용착부의 형상	
	착폭a(mm)	돌기길이b(mm)
IS-5(0)	5	0
IS-5(0.5)	5	0.5
IS-5(1.0)	5	1.0

이와 같이 FRTP의 편이 용차성이 양호한 이유의 하나는 FRTP의 편이 탄성률이 높다고 생각되고 있다. 전달용착이 충돌효과에 의한 것으로 생각된다면 탄성률이 높은 만큼 충돌효과는 크다는 것이다.

Rib가 있는 것은 Glass가 들어 있지 않은 것도 Glass가 들어 있는 것도 강도가 대체로 같다. Glass가 들어 있는 모재(母材)강도는 Glass가 들어 있지 않은 것의 약 2배이므로 용착강도도 2배나 되는데 강도가 같다는 것은 통합 접합품 특유의 현상에 의한 것으로 생각된다. 그것은 중합 접합품에 인장과 Moment가 발생하여 용착 끝에 응력집중이 일어나는데 그 경우 단순인장에서는 신율을 나타내지 않고 파괴하는 Glass 함유의 편이 크다는 것에 의한다고 생각된다. Glass가 들어 있지 않은 것과 Glass가 들어 있는 것을 용착한 때의 용착강도는 위에 표시한 바와 같은데 Glass 함유의 편에 돌기를 설치한 편이 높다.

이상과 같이 용착한 것에 대해 75℃열처리, 75℃열수처리, 120℃열처리, Heat

cycle처리, 폭로처리 등을 행하고 용착부의 강도변화를 시험했는데 용착 면에 Crack 이 발생하거나 자연히 각리되도록 하는 경향도 인정되어 있지 않고 전달용착의 용착강도는 안정한 것이라는 것을 알았다. 또한 용착부의 가열에 의한 잔류응력을 염화탄소 침적법으로 Test했는데 응력의 크기는 통상의 성형응력과 같은 정도라고 말할 수 있다.

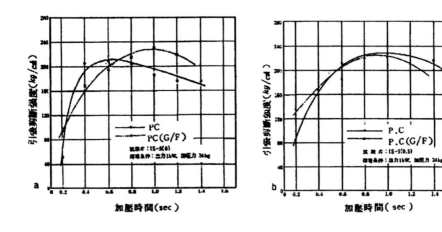

5) Horn

초음파 Welder에 있어서 Horn은 외관상은 어떤 변화도 없고 금속의 성질을 갖고 있지만 이것은 최고의 재질과 이론과 가공기술을 요하는 것이다.

(1) Horn의 모양과 진폭확대

Horn은 전기회로에 있어서 Trans, 기계에 있어서 연자(挺子)의 움직임을 시키는 것이다. 지농자가 그 물성의 제한에서 얻을 수 있는 진폭에 한도가 있고 P.Z.T에서 20㎑로 4㎛, 15㎑에서 6㎛ 정도이다. 한편 Plastic 용착에 필요한 초음파 진폭은 20∼50㎛이다. 또한 용착할 Plastic에 따라 Horn 단면의 형상을 바꿀 필요에서 진동자와 공구 Horn과는 간단히 탈착 가능한 것이 바람직하다. 전술의 소요확대율도 함께 생각하여 진동자와 공구 Horn 간에 고정 Horn을 넣는다. 20㎑의 경우 고정 Horn 단면의 진폭은 진동자의 진폭을 10㎛까지 확대하고 있다. 여기서는 이 10㎛을 소요유의 40㎛ 50㎛로 확대하는 것으로서 이론 배율 약 5배의 공구 Horn을 채택해야 한

다고 생각된다. Horn의 형상은 여러 가지 것에 제안되고 있으며 여기서는 그 대표
예로서 지수형, 원추형, Step의 3종에 대하여 논한다.

가. 지수형

이 지수형 Horn은 복리계산과 같이 단면적의 증가율이 축상의 전면에서 같은 것
으로 수식상 가장 솔직한 형상이다. 단면을 산출하는 식은

$$SX = Si(E \times P)e - mlx$$

여기서 SX는 Si에서 Lx의 거리의 면의 단면적 e는 자연대수의 밑, m은 Taper 정
수이다. 이 Horn의 이론 배율은 D1 단의 진폭을 X1, D2 단의 그것을 X2로 하면

$$\frac{X2}{X1} = \frac{S1}{S2} = \frac{D1}{D2}$$

즉 배율은 직경비와 같다.

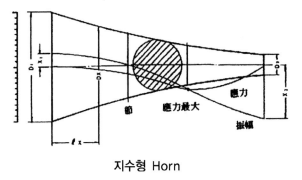

지수형 Horn

나. 원추형

이 원추형 Horn은 공작이 용이한데 다음 그림에 나타낸 것과 같이 직경비 10 이
상으로 선단을 좁혀도 진폭확대율은 거의 증대하지 않는다. 또한 수식적으로는 지
수형보다 취급은 편리하다. 이 그림은 직경비 10, 단면적비는 100의 것인데 배율은
4.2 정도로 지수형정은 떨리지 않는다. 직경비로 2배 정도까지는 거의 같은 특성을

가지므로 그 정도의 저 배율에는 이 편이 공작이 간단하여 좋다.

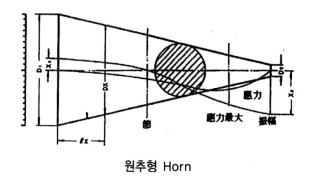

원추형 Horn

다. Step형

이 Step horn도 원추형과 같이 공작이 용이하다. 이론상 배율은 극히 크고

$$\frac{X2}{X1} = \frac{S1}{S2} = \frac{D1^2}{D2^2}$$

이므로 지수형의 제곱으로 모든 Horn(단순) 중에서 배율은 최대이다. 그러나 그 진동자체는 이론에서 가정한 것과 같은 평면파 근사(近似)는 직경비로 2배, 진폭비로 4배까지이다. 단의 부분의 불연속 때문에 정밀한 이론해석은 곤란하고 경험과 실측에 의해 제작시킨다.

(2) 공진과 치수제한

일반 Horn은 매질이 공기로서 Horn은 공진 이외에서도 이용되지만 초음파에 이용되는 고정 Horn에서는 공진 또는 그 근처에서만 실용 가능치 않다. 이 때문에 Horn은 전술의 배율과 같이 공진조건도 동시에 만족할 설계를 하지 않으면 안 된다. Horn 중을 전달하는 음속은 무한공간 중의 음속과는 약간 차이가 있는데 대체로 10% 이하의 오차로 이용 가능하다. 일반적으로 한 모양의 굵기의 봉으로 생각한 계산치보다 약간 길게 된다. 듀라루민의 음속은 5130㎧이다.

또한 Horn은 1 / 2 파장 공진에서 이용되므로 그 대체의 길이는

$$\text{Horn 길이는} \quad \frac{1}{2} \cdot \frac{5130\text{m}/\text{S}}{20\text{kHz}} = 128\text{㎜}$$

이다. 1 / 2 파장공진에서 단면이 개방되어 있으면 중심의 부분에 마디가 있고 그곳은 진동하지 않는데 이것은 물리학에서 취급된다.

실제장치에서 진동시키면서 Horn에 손가락을 대면 양끝에서는 진동 때문에 반들반들하지만 마디근처에서는 진동을 느끼지 못하는 것을 알 수 있다.

Horn에 이용되는 재질의 특성

재질	음속(㎧)	밀도	대진폭시의(Q)	실용진폭한도(㎛)
듀라루민	5,130	2.79	50,000	40
티탄합금	4,900	4.42	24,000	100
K - 모넬	4,300	8.90	5,300	35
공구강	5,190	7.90	1,000	20
저손실강	5,240	7.90	1,300	20
스테인리스	4,980	7.60	1,200	20
인청동	3,360	8.80	5,000	30

매체 중에 전해지는 음속(왜곡진동도 같음)과 같으며 그보다 빨리 움직인다면 매체는 일정한 연속적인 움직임이 없게 된다. Horn의 경우는 속도가 음속에 가깝지는 않지만 Horn의 일면에서 일정한 힘을 주어도 평면파로 되어 일정하게 진행하지 않게 되어 이것이 Plastic을 용착하는 단면에서는 진폭의 불균일이나 진동방향의 불균일을 일으킨다. 그 때문에 여기에서도 Horn의 길이 128㎜에 가깝고 균일한 용착이 곤란하게 되어 있다.

거의 균일하게 진동 가능한 한도로서는 1 / 2 파장의 70~75%로 보아 9.5~10㎝ 정도의 Horn 단면의 크기의 것이다. 그 때문에 인청동은 비교적 작은 치수의 것만 이용하지 않는다. 그러나 실제로는 이 한도 이상의 대형 Horn이 요구되므로 Horn의 형을 여러 가지 연구하거나 Slit를 넣거나 하여 Horn 단면의 진동이 균일화하도록 고심하고 있다. 실용화되고 있는 Horn의 크기로서는 20㎑에서는 Ring horn(원추형)으로 직경 150㎜, Bar horn(장방형)으로 길이 200㎜ 정도이고, 15㎑에서는 Bar horn에서 길이 300㎜에 달하는 것도 있다.

Horn의 크기의 한도도 주파수나 Horn 재질가공조건 등에 의해 현저하게 영향되므로 명확히 결정 불가능한 것이 현상이다.

(3) Horn의 움직이는 힘

Horn 진동 중에는 그 금속재료는 압축과 인장이 꽤 강한 인력을 받는다. Horn 중에서 제일 응력을 받는 부분은 각각의 Horn에 대하여 마디로서 그림 중에 나타내고 있다. 그 값은 그림에서는 없으나 일정한 봉에 대하여 마디의 면에 있어서 응력의 최대치 2max를 계산하면

$$\text{tam}_{max} = 6.49 \rho c f x .10 - 9 (kg / mm^3)$$

    ρ: Horn 재질의 밀도(g / cm^3)

    c: 음속(cm / S)

    f: 주파수(kHz)

    x: 진폭(μ)

지금 재질을 모델로 하고 $\rho=8.9$, $c=4.3 \times 10^5$, $f=20$, $x=40$이라 하면

$$\tau_{max} = 19 kg / mm^2$$

인 큰 수치로 된다. 이것은 대단히 큰 힘이다. 만일 직경 3cm, 길이 10cm의 철제의 Hammer를 4m/s의 속도로 내려친다고 한다. Hammer의 정지까지의 시간을 50micro초로 하면 Hammer의 질량은

$$3^2 \times \frac{\pi}{4} \times 10 \times 7.6 = 0.535 kg$$

$$충격력 \ F = \frac{1}{9.8} \times 0.535 \times \frac{4}{50.10^{-6}} = 4360 kg$$

그 면적은

$$30^2 \times \frac{\pi}{4} = 705 \text{mm}^2$$

이므로 Hammer 표면에서는

$$\frac{4360}{705} = 6.16 \text{kg} / \text{mm}^2$$

이고 Horn 내부에서는 Hammer보다 훨씬 큰 응력이 움직이고 있다. 더구나 매초 2만 회로 이것이 반복됨으로써 Horn 내에 약간의 결함이 있으면 그 차는 넓어지고 그 금속재료를 상하게 한다는 것을 알 수가 있다. 실제 Horn에서는 일정한 봉보다도 응력 집중이 완화되고 먼저 그림 예에서 지수형으로 0.5배 원추형으로 0.42배나 된다. Step 형에서는 1로 전혀 완화시키지 않고 오히려 Step마다 불연속 때문에 실증적으로는 1보다 크게 된다. 이 때문에 Step 형에서는 기타 여러 가지로 연구를 하고 있다. 또한 이 커다란 반복응력 때문에 금속 내에서 마찰현상이 일어나고 손실발열을 일으킨다. 이 것이 진폭에 의존하기 때문에 큰 진폭으로 직접 측정하지 않으면 Data가 취해지지 않는다.

(4) 재질의 선정

이상과 같이 Horn 형상은 소요진폭을 얻는 데에 중요한데 더욱이 그 손실에서 Horn 재료의 선정은 중요하다. Horn 재질의 선정은 이 이외에도 많은 제약이 있고 실제로 선정 가능한 것은 한정되어 있다.

① 경 도
Horn 단면은 강한 충격력을 받으므로 내마모성 때문에 초경질합금이 요구되는 것이 많다. 이것을 실현하기 위해서는 선단에 Row를 다는 수밖에 없다. 현재 실용으로는 모넬합금만이 이것에 적합하다. 전달용착 등으로 그 정도의 경도를 요구치 않을 때는 듀랄루민에 크롬도금 된 것이나 인청동에 크롬도금한 것이 이용되고 있다.

② 치 수
전술과 같이 음속이 작은 것은 큰 치수의 경우에는 이용되지 않는다.

③ 손 실

소요진폭에 의해 여러 가지 선정되지 않으면 안 된다. 대진폭시의 Q가 작으며 진동자로부터의 음향출력은 공구 Horn의 손실 때문에 태반이 침식되버리는 결과가 된다. 발진기 출력은 장치 전체의 Cost에 커다란 영향을 줄 뿐이 아니고 Plastic의 열특성으로 보아 Horn의 온도상승은 거의 요망되지 않는다. 이 점에서도 실용진폭은 제한된다.

그러나 낮은 손실강을 몇 가지 방법으로 냉각했다 해도 30μm의 진폭을 얻는 데에는 발진기 출력은 모넬에 비교해 2배 이상 필요하다.

④ 가 격

재료 중에는 대단히 고가인 것이 많고 또한 가공성의 난이 등의 점도 무시할 수 없는 문제이다.

(5) 다른 형의 Horn

실제 목적에 사용한 Horn은 용착치수나 형상에 일치하여 설계되지 않으면 안 된다.
원형단면인데 임의의 단면형에 있어도 그 면적이 같고 전후가 불연속이 아니면 대체 원형 단면과 같이 생각해도 좋다. 그러나 실제는 꽤 기대에 어긋난 진동자태로 되는 것이 가능해 버린다. 즉 진폭의 불균일이나 소요진폭에 대한 과부족 외에 진동이 수직성분 이외의 것을 갖게 돼버린다. 전달용착 등에서는 이것이 표면에 홈을 만드는 원인이 된다. 직경이 커다란 것이나 비대칭의 것은 그 설계에 상당경험이 있어도 시간으로서 실패하고 있는 것이 현상이다. 그러나 여하튼 선단의 단면적이 큰 Horn형의 편이 굵은 편의 직경이 작게 되므로 Step horn이 제일 많이 이용된다. 2kW 이상의 출력의 Welder에 사용하는 대형의 공구 Horn은 환봉이나 각봉과 같은 배율을 움직이지 않고 무크-Horn이 주로 이용되고 그 대신에 고정 Horn의 선단진폭을 15~25μ이라는 필요한 진폭으로 하는 방법이 일반으로 이용되고 있다. 대형공구 Horn에서는 선단면 전면에 걸쳐 균일한 진폭을 얻는 것이다.

6) Riveting

(1) Riveting

Riveting은 이종의 Plastic끼리나 금속판 등을 접하는 방법으로 Plastic이나 금속판에 구멍을 뚫어 그 구멍에 접하는 Plastic에 설치하는 Boss를 끼워넣거나 또는 별도로 계획된 Plastic의 Rivet를 집어넣어 그 머리에 공구 Horn을 두어 Boss의 머리를 짓눌러 Riveting 하든가, 전달용착에 의해 Rivet와 아래의 Plastic을 용착하거나 어느 편의 방법에 따른다. Boss의 머리를 짓누르는 방법(그림)은 직접 Riveting으로 이 경우는 Boss의 머리가 용융정형되어 공구 Horn 선단과 같은 형상으로 된다. Rivet를 집어넣어 Plastic 판과 용착시킴에는 전달 Riveting이 있고 Horn의 선단면은 Rivet의 머리와 동일 형상으로 한다.

접합하는 2교의 판에 구멍을 관통시켜 그곳에 Rivet를 집어넣어 머리를 짓눌러 Riveting하는 방법도 있다.

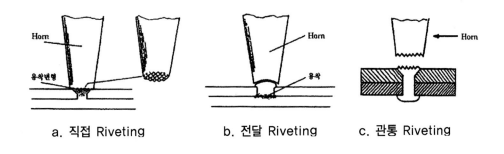

a. 직접 Riveting   b. 전달 Riveting   c. 관통 Riveting

현재 주로 하여 이용되고 있는 것을 직접 Riveting으로 이것에 사용하는 공구 Horn의 선단형상은 미국에서 개발된 Double mount형이 사용되고 있고, 짓뭉겨진 머리 높이에 의해 표준형과 저위형이 있고 Rivet경(頸)의 소요 강도에 따라 그림에 나타난 것과 같이 치수가 달라지고 그것과 같이 Boss의 높이도 변한다. 또한 변형 Double mount는 5㎜ 정도까지 판끼리의 부분적인 접합에 널리 이용되고 있다. 재질이나 두께에 의한 Rivet의 간격은 50~100㎜ 정도로 취한다.

선단 Tip의 형에 따라 1점의 각리 강도가 100kg 이상이나 된다. 판재의 가공이나 대형 정화조의 접합 등에 이용되고 있다. 공구 Horn은 모넬 Metal, 인청동 등에 탄소강, Starite호 경합금 등을 Row-붙인 것으로 진폭은 25~35㎛로 가공시간은 1~2초,

하중은 Boss의 직경선단 Tip의 형상에 의해 변한다.

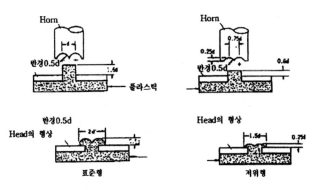

Double mount

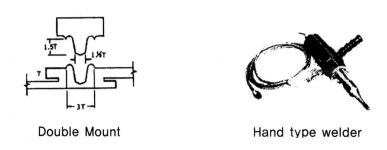

Double Mount   Hand type welder

Rivet의 강도에 대하여 Poly carbonate로 Test한 결과로서는 머리모양이 다음 그림 (a) (b)의 것에 대하여 전단강도로서는 (a) (b) 양자로 거의 차이는 없으며 인장 강도로는 (a)의 편이 (b)보다 2~3 높다.

다음 표는 Poly carbonate로서의 강도를 비교한 것이다.

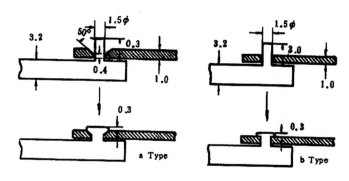

강도시험의 Rivet의 Head

Riveting의 강도 비교

재 질 강 도	Caulking양식	Poly carbonate	Poly carbonate glass 섬유 30% 入
인장전단강도 (kg)	a	10.0	14.6
	b	9.6	13.6
인장강도 (kg)	a	6.2	8.4
	b	2.3	3.1

Dupont engineering polymers genenal design principles—module1

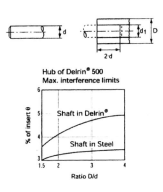

Maximum interference limits

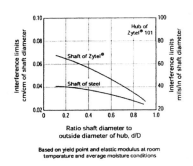

Based on yield point and elastic modulus at room temperature and average moisture conditions

Theoretical interference limits for press fitting

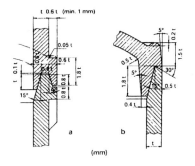

(mm)

Joint profiles

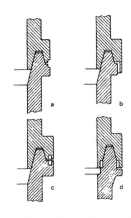

Joint profiles with flash traps

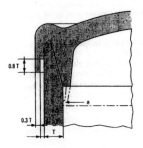

Joint with prevented outside protrusion

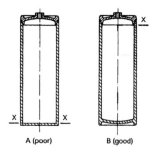

A (poor)   B (good)

Designs of pressure cartridges

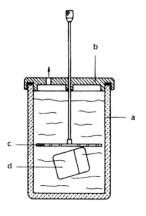

Tightness test using vacuum

Microtome of badly welded V−groove

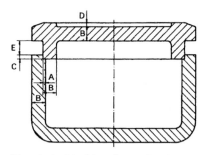

Dimension A	0.2 to 0.4 mm. External dimensions.
Dimension B	This is the general wall thickness.
Dimension C	0.5 to 0.8 mm. This recess is to ensure precise location of the lid.
Dimension D	This recess is optional and is generally recommended for ensuring good contact with the welding horn.
Dimension E	Depth of weld = 1.25 to 1.5 B for maximum joint strength.

Shear joint−dimensions

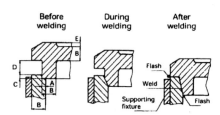

Shear joint−welding sequence

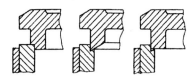

Shear joint - variations

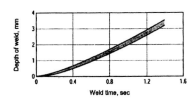

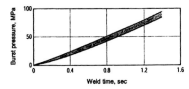

Shear joint - typical performance

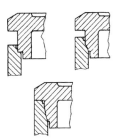

Shear joint - flash traps

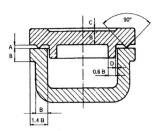

Dimension A	0.4 mm for B dimensions from 1.5 to 3 mm and proportionally larger or smaller for other wall thicknesses
Dimension B	General wall thickness
Dimension C	Optional recess to ensure good contact with welding horn
Dimension D	Clearance per side 0.05 to 0.15 mm

Butt joint with energy director

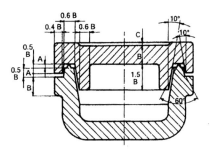

Dimension A	0.4 mm for B dimensions from 1.5 to 3 mm and proportionally larger or smaller for other wall thicknesses
Dimension B	General wall thickness
Dimension C	Optional recess to ensure good contact with welding horn

Tongue - in - groove

Butt joint - variations

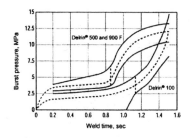

Butt joint-typical perfo- rmance, burst pressure vs. weld time

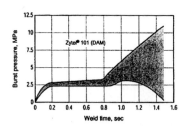

Butt joint-typical perfo- rmance, burst pressure vs. weld time

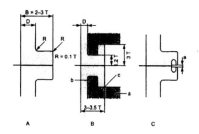

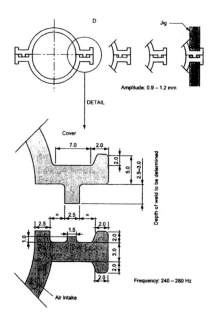

Joint design-non circular parts

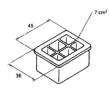

Burst pressure test piece

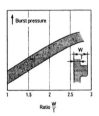

Joint strength vs. joint size

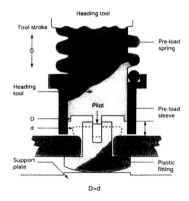

Heading tool

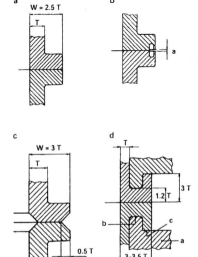

Joint design for hot plate welding

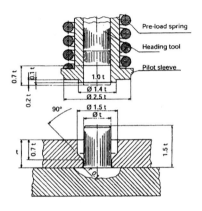

Heading tool

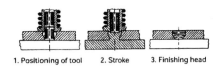

1. Positioning of tool   2. Stroke   3. Finishing head

Riveting operations

a. Gas meter parts

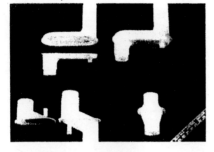

b. Drain part

c. Lighter

Applications of hot plate welding

제11장 Pad 설계

1. 곡 율

성형품 면이 만나는 곳에는 내부나 외부를 둥그렇게 하는 것이 좋으며 이는 수지의 유동성을 좋게 하고 이형 시에도 편리하며 응력집중을 방지할 수 있다. 구석진 부분에 곡율을 줄 때 그 직경은 최소한 성형품 두께의 1/4 이상이어야 한다. 구석진 부분에 곡율을 주지 않았을 경우에는 Flow mark 및 불균일한 충진이 발생한다.

(1) 변형되기 쉬운 디자인

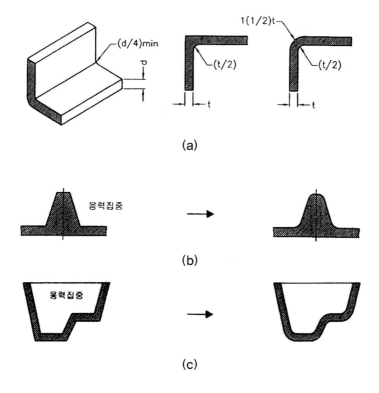

(a)

(b)

(c)

(d)

(2) Polycarbonate의 실온에서 한계응력, 방법은 굽힘 변형법

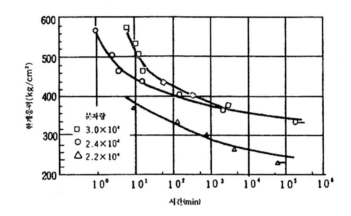

2. 보강과 변형방지

① 구석에 곡율을 준다.

내부응력은 면과 면이 접촉하는 각진 부분에 집중한다. 변형을 감소시키려면 구석에 곡율(R)을 줌으로써 내부응력을 분산시킴과 동시에 재료의 흐름을 용이하게 하면 강도상으로도 유리하다.

R / T가 0.3 이하에서는 응력이 급격히 증가하고 0.8 이상에서는 별로 효과가 없다.

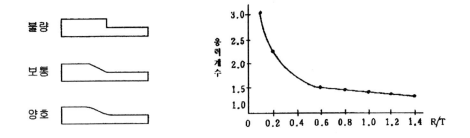

② 외관에는 의장사항 및 강도상 곡율을 줄 수 없을 때(무게가 6kg 이상인 캐비닛의 경우)

③ 케이스에서 가장 주의해야 할 곳은 바닥으로 이 부분은 넓은 평면부로서 평면 피라밋 모양을 만들거나 바닥테두리에 R을 주어 분산시킨다.

※ 바닥의 주변 면적이 넓은 경우 주변의 R을 크게 하든가 단을 주어 보강하는 것이 효과적이다.

④ 측벽 및 테두리에 강성을 주는 방법

이것은 변형에 견디는 강도와 다른 부분과의 수축을 균일하게 하는 효과가 있고 또, 흐름이 나쁜 경우에는 보강의 의미뿐 아니라 재료의 흐름을 양호하게 하기 위하여 이용되는 일도 있다.

⑤ 케이스의 측벽에 띠모양의 보강

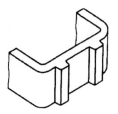

⑥ 케이스 측벽의 변형방지에 효과적인 방법

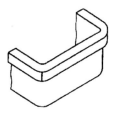

⑦ 케이스 테두리에 대한 각종 형상

⑧ 평면부에 강성을 주는 방법

평면부는 가장 변하기 쉬운 곳이므로 평면부를 적게 하는 의미에서 완만한 구부림, 물결모양의 요철을 설치한다.

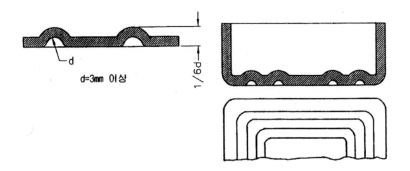

⑨ 곡율과 금형 제작상의 문제점

파내기 작업을 할 경우 좌우대칭 형상은 쉽게 가공되나 그렇지 않으면 가공이 곤란하다.

⑩ 凸형의 Knob는 금형의 절삭가공이 쉽고 Hobbing 가공의 경우는 Master를 제작해야 하므로 그 반대이다.

⑪ 살두께는 될 수 있는 한 균일하게 한다.

두꺼운 부분은 최후에 고화되므로 Sink mark 초래하며 성형 Cycle을 길게 한다.

⑫ 물결모양의 이은 곳의 깊은 곳은 금형에서 예리한 각으로 되는 것을 피한다.

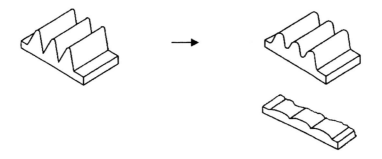

⑬ 성형품을 조립해서 고정하는 것은 그 Corner에 홈을 만들어 정확한 면 맞춤이 가능하도록 한다.

⑭ 모든 각부에는 되도록이면 최대의 Round를 준다.

⑮ 각 창의 주변에는 Crack이 발생하기 쉬우므로 Round를 준다.

⑯ Wood grain hot stamping을 할 때는 제품 Corner 반경이 1~2㎜ 이상 되어야 한다.

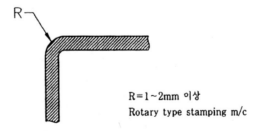

R=1~2mm 이상
Rotary type stamping m/c

3. 상자형 성형품의 측면수축의 대책

Styrene 수지용의 상자형 금형에서 Polystyrene을 성형하면 아래와 같이 측면에서 수축(만곡)이 발생한다. 이 수축의 정도는 이미 표시한 성형조건에 따라 틀린다. Styrene 같은 것에서는 잘 성형할 수 없다. 그러나 금형을 조금 연구함에 따라 쉽게 해결할 수 있다.

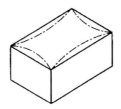

(1) 성형품의 Design에 의한 방법

① 모서리의 R을 크게 한다.

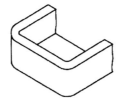

② Parting line 부에 Flange를 만든다.

440 × 330 × 145㎜(w × d × h)의 상자를 성형할 경우, Flange가 없으면 2㎜ 수축하는데 Flange를 아래와 같이 만들면 거의 수축이 발생하지 않는다.

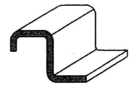

③ 측면에 단을 만든다.

예 1) 그림과 같이 단이 있는 경우도 Flange의 효과와 같이 수축은 적어진다.

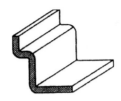

예 2) 그림과 같이 상자높이는 일정하여도 각도를 같은 입상측면을 만들어 밑면과 수직한 면을 가능한 한 적게 하면 수축이 눈에 띠게 적어진다.

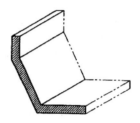

(2) 금형의 측면을 붙이게 하는 방법

이 방법은 매우 유효하며 현재까지 많이 성공되고 있는데 금형비용이 고가이다. 내측에서 만곡될 양을 미리 예측하여 그 양을 외측에 부풀게 하는 방법으로 그 부풀리는 방법은 그림에서 상자의 각에 점을 ABCDEFGH, AD 및 BC의 중앙을 J−J', AB 및 DC의 중앙을 K−K'로 잡으면 상자의 상측의 J 및 J' 점에서 외측의 a만큼 부풀림을 시킨 AD 및 BC를 현으로 하는 호를 그리며 밑면에서는 EH 및 FG처럼 DH 및 CG에 따라 호의 R이 커지며 EH 및 FG에 있어서 무한대로 되는 곡면을 만들도록 부풀린다. 또 같은 AB, DC에 있어서는 K 및 K' 점에서 b만큼 부풀린다.

부풀림의 정도는 성형품의 크기, Flange의 크기, 저면과 측면의 각도, 수지의 Grade, Rib의 유무 등에 따라 달라지므로 경험을 기초로 각각의 금형에 대하여 설계하여야 한다.

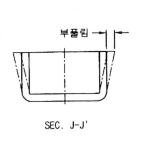

SEC. J-J'

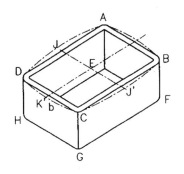

예 1) 보통상자의 경우

157 × 117 × 35㎜ t=2.7㎜의 그림과 같은 상자의 경우 가장 긴 면 중앙상부에서 2.2㎜ 짧은 면 중앙 상부에 2㎜씩 부풀렸다.

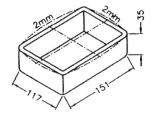

예 2) Hinge가 있는 성형품

그림과 같은 Hinge가 있는 성형품의 경우 Hinge부는 부풀림을 할 수 없으므로 Hinge는 성형품의 Flange를 길게 나오게 하는 선단에 만들 때 수축을 방지하며 다른 측면은 다음과 같도록 부풀렸다.

본체는 Hinge가 없는 측면 3면을 2㎜씩 부풀리고 뚜껑은 Hinge가 있는 양면의 측면을 1.3㎜씩 부풀렸다. Hinge의 반대 측의 측면은 높이가 작으므로 부풀리지 않았다.

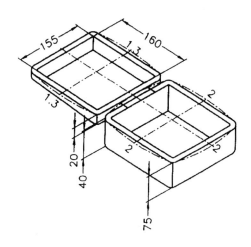

예 3) 한쪽 측벽이 없는 성형품

그림과 같은 한쪽 측벽이 없는 상자 성형품의 경우 비어 있는 면의 반대 측 측면에는 중앙상부에서 2.8㎜ 부풀리고 다른 2면은 잘려져 있는 끝단상부에서 2.5㎜씩 부풀린다.

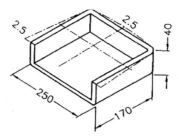

예 4) Back cover 성형품

그림과 같은 Back cover의 경우 전면부에 Flange가 있으므로 모든 측벽의 중앙상단에 0.5㎜ 부풀림에 따라서 측면을 7000R로 하는 것이 가능하다. 또 저면도 7000R을 만들기 위해 밑면의 중심부에 1㎜ 부풀렸다.

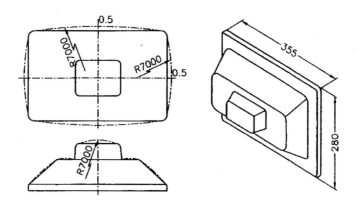

(3) Hole과 거리의 관계

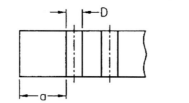

a ≧ 3D
D ≧ D
D : Hole 직경

(4) Hole과 Hole 깊이의 관계

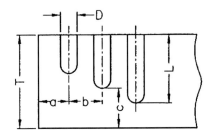

T ≧ 4.5mm 경우
a L ≦ 2.5D
b C ≒ 3.0D
C L ≧ 4.0D
　T 〈 4.5mm 경우
a L ≦ 2.0D
b L ≒ 2.5D
C L ≧ 3.0D

(5) L자형 성형품

L자형 성형품의 경우 변형과 단면형상과의 관계를 아래 표와 같이 도시하였다.

형상 ⑧의 경우 삼각 Rib로 인하여 변형을 방지할 수 있으므로 최상의 방법이다. 변형의 주원인은 직각부의 냉각속도 차, 수지의 유동방향 등이 있으므로 아래 표를 참고로 곡율의 영향을 주의하여, 실제 상태에서의 시험치를 참고로 하는 것이 좋다.

금형온도(℃)	단면형상 등급	①	②	③	④	⑤	⑥	⑦	⑧
30	3300	2.5	2.5	2.5	2.5	3.0	2.5	2.5	0
	3310	2.5	2.5	3.0	2.5	–	2.5	2.5	–
80	3300	3.0	3.0	3.0	3.0	–	3.0	3.0	0
	3310	3.0	3.0	3.5	3.0	4.4	3.0	2.5	–

(6) L자형 성형품의 경우 변형과 코너부의 냉각효과

(단위: 도)

등급	균일온도 금형	코너부 내측 냉각
2000	1.9	0.5
2003	2.7	0.7
3300	3.3	2.7
6300B	2.2	0.7
7400W	3.6	2.8

(7) Gate의 위치와 L자 성형품의 변형관계

(단위: 도)

등급	Gate가 선단에 위치	Gate가 코너에 위치
2000	2.1	2.8
2003	2.4	3.0
3105	3.9	1.7
3200	4.1	1.7
3300	3.2	1.6
3400	3.1	1.4
6300B	1.9	2.1
7400W	3.2	1.8

(8) 게이트와 '휨' 변형

이하의 예에 나타낸 것처럼 게이트는 대칭성이 좋게 배치하는 것이 '휨' 및 변형을 감소시키는 효과가 있다. 또 이러한 게이트의 크기를 일치시켜 동시 충전시키는 것도 중요한 포인트이다.

예 1) 날개바퀴(KP213G30)

게이트: 1.5㎜Φ 핀 게이트

외경: 약 65㎜

평균두께: 약 3㎜

게이트수	1점	2점	3점
진원도	0.22(0.05)	0.24(0.07)	0.14(0.03)
평면도	0.72(0.25)	0.94(0.06)	0.58(0.00)

성형조건: 단, 사출속도는 0.6m / min

사출압력은 1,000㎏ / ㎠

(　)는 n=3에 대한 R

예 2) 원형성형품 위 뚜껑 및 아래 뚜껑(KP213G30)

게이트수		1점	2점	3점
위 뚜껑	d1의 진원도	0.07	0.18	0.05
	A면의 평면도	0.18	0.16	0.08
	A면 프란저의 쓰러짐(H)	0.22	0.26	0.14
아래 뚜껑	d2의 진원도	0.14	0.27	0.10
	B면의 쓰러짐	0.28	0.45	0.21

(9) 응력의 부하분포

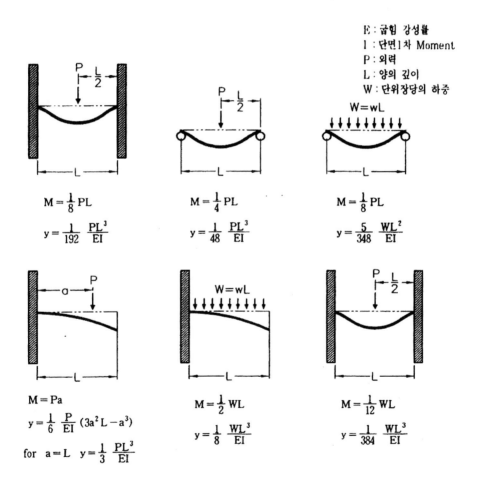

E : 굽힘 강성률
I : 단면1차 Moment
P : 외력
L : 양의 깊이
W : 단위장당의 하중

$M = \frac{1}{8} PL$

$y = \frac{1}{192} \frac{PL^3}{EI}$

$M = \frac{1}{4} PL$

$y = \frac{1}{48} \frac{PL^3}{EI}$

$M = \frac{1}{8} PL$

$y = \frac{5}{348} \frac{WL^2}{EI}$

$M = Pa$

$y = \frac{1}{6} \frac{P}{EI} (3a^2 L - a^3)$

for $a = L$ $y = \frac{1}{3} \frac{PL^3}{EI}$

$M = \frac{1}{2} WL$

$y = \frac{1}{8} \frac{WL^3}{EI}$

$M = \frac{1}{12} WL$

$y = \frac{1}{384} \frac{WL^3}{EI}$

(10) Rib의 단면형상

예 3) 성형품 약도

● 위 뚜껑: 게이트는 정3각형의 정점 위에 둔다. 평균두께는 약 2㎜ 사용게이트 위치

    3점: g_1, g_2, $g3$

    2점: g_1, $g2$

    1점: $g1$

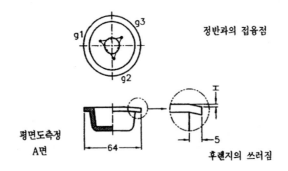

● 아래 뚜껑: 게이트는 이등변 3각형의 정점에 든다. 평균두께는 약 2㎜

    3점: g_1, g_2, $g3$

    2점: g_1, $g2$

    1점: $g1$

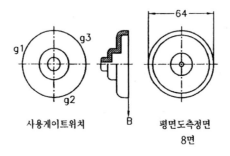

예 4) 원형 성형품 하우징(KP213G30)

게이트배치	6점 비대칭	4점 대칭
진원도	0.15	0.15
평면도	0.44	0.27

또한 다음 예에 나타낸 것처럼 게이트의 크기가 불충분하면 '휨'이 크게 되는 경향이 있는데 대체로 제품 두께의 60% 정도의 게이트 경이 좋은 결과를 나타낸다.

번 호	단면형	A	I	Z
1		bh	$\dfrac{1}{12}bh^3$	$\sigma = \dfrac{1}{2}h$ $\dfrac{1}{6}bh^2$
2		$\left(b+\dfrac{1}{2}b_1\right)h$	$\dfrac{6b^2+6bb_1+b_1^2}{36(2b+b_1)}h^3$	$\sigma_1 = \dfrac{1}{3}\cdot\dfrac{3b+2b_1}{2b+b_1}h$ $Z_1 = \dfrac{6b^2+6bb_1+b_1^2}{12(3b+2b_1)}h^2$
3		$\dfrac{\pi}{4}d^2$	$\dfrac{\pi}{64}d^4$	$\sigma = \dfrac{d}{2}$ $\dfrac{\pi}{32}d^3$
4		$\dfrac{\pi}{4}(D^2-d^2)$	$\dfrac{\pi}{64}(D^4-d^4)$	$\sigma = \dfrac{D}{2}$ $\dfrac{\pi}{32}\dfrac{D^4-d^4}{D}$
5		$b_1h_2+b_2h_2$	$\dfrac{1}{3}(b_1e_2^2-b_1h_2^2+b_2e_1^3)$	$e_2 = \dfrac{b_1h_1^2+b_2h_2^2}{2(b_1h_1+b_2h_2)}$ $e_1 = h_2 - e_2$
6		$b_2h_2-b_1h_1$	$\dfrac{1}{12}(b_2h_2^3-b_1h_1^3)$	$e = \dfrac{h_3}{2}$ $\dfrac{1}{6}\cdot\dfrac{b_2h_2^3-b_1h_1^3}{h_2}$

4. Pad 효과

(1) 일반적으로 Pad는 설치목적이 체결 시의 응력을 분산하고 개공부에 설치한다. 이 개공부의 설치는 체결응력과 외부응력에 의한 Crack의 발생을 방지해야 된다.

(2) Pad Desin

기 호	치 수
A	hole
B	2A~3A
T	2~4
t	0.5~1.0

① T와의 차이가 큰 경우는 피한다.

(3) 체결용 Pad

(4) Pad 효과

① 체 결

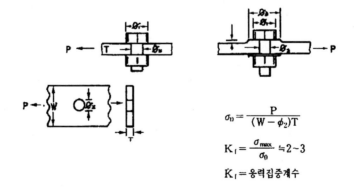

$$\sigma_0 = \frac{P}{(W - \phi_2)T}$$

$$K_t = \frac{\sigma_{max}}{\sigma_0} \fallingdotseq 2\sim3$$

$$K_t = 응력집중계수$$

② Pad가 없는 경우

개구부의 응력 $\sigma_1 = \dfrac{P}{(W-\emptyset_2)T}$

③ Pad가 있는 경우

개구부의 응력 $\sigma_2 = \dfrac{P}{(W-\emptyset_2)(T+t)}$

④ Pad의 효과 $\sigma_2 < \sigma_1$

⑤ 대책

실예 1 실예 2

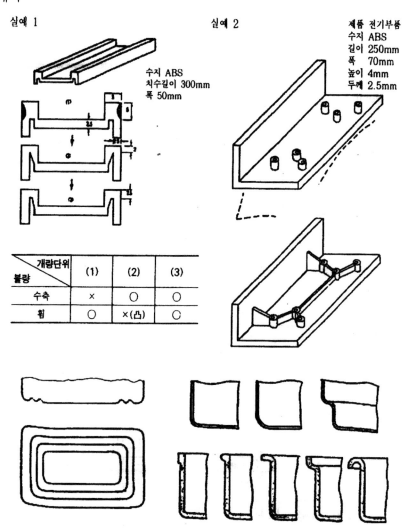

제품 전기부품
수지 ABS
길이 250mm
폭 70mm
높이 4mm
두께 2.5mm

수지 ABS
치수길이 300mm
폭 50mm

불량 \ 개량단위	(1)	(2)	(3)
수축	×	○	○
휨	○	×(凸)	○

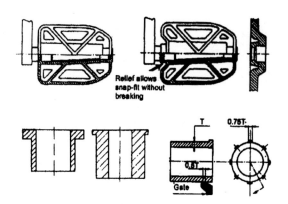

⑥ 상자형상의 성형품 단면과 휨 방향

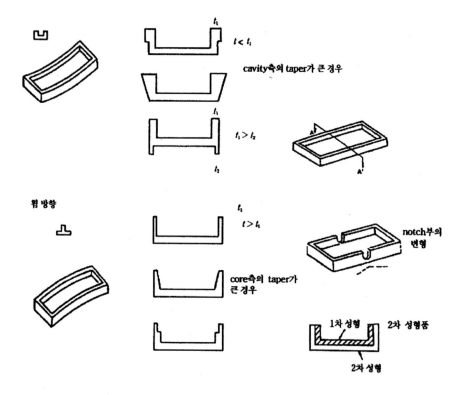

⑦ 깊은 부품의 휨, 두께의 불균일과 얇은 두께부분의 변형

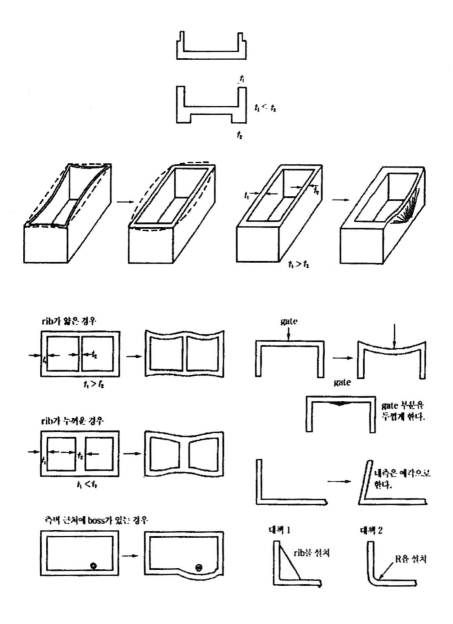

⑧ Pad의 상세 설계

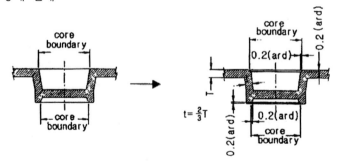

(5) Pad의 Element 설계

① 요소부분

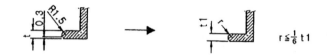

$r \leqq \frac{1}{6}t1$

② Core 부분

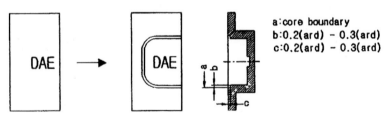

a:core boundary
b:0.2(ard) – 0.3(ard)
c:0.2(ard) – 0.3(ard)

③ Moment of inertia

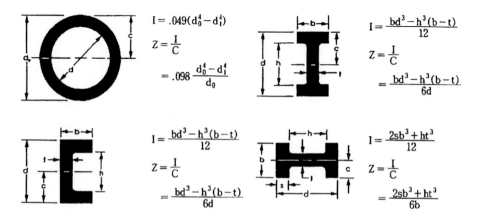

$I = .049(d_0^4 - d_1^4)$

$Z = \frac{I}{C}$

$= .098 \frac{d_0^4 - d_1^4}{d_0}$

$I = \frac{bd^3 - h^3(b-t)}{12}$

$Z = \frac{I}{C}$

$= \frac{bd^3 - h^3(b-t)}{6d}$

$I = \frac{bd^3 - h^3(b-t)}{12}$

$Z = \frac{I}{C}$

$= \frac{bd^3 - h^3(b-t)}{6d}$

$I = \frac{2sb^3 + ht^3}{12}$

$Z = \frac{I}{C}$

$= \frac{2sb^3 + ht^3}{6b}$

④ 고밀도 Polyethyrene의 발생시간에 의한 환경영향

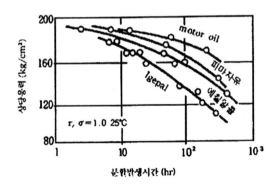

5. 포장 Pad 설계

S.F 성형품을 식품용기 및 포장재로 사용하기 위해서는 수송 중의 상품 보호기능 충분, 가능한 값싸게 보든다는 조건이 필요하다. 또한 종이 Pad 대체효과에 적극적인 도움이 된다.

- 상품 – 수송 중의 충격 허용 G. Factor
- 완충포장 설계 – 두께, 비중
- 성형품 설계 – 성형성 고려한 형상
- 시험제작 – 생산성 Check
- Test – 기능 Check
- 금형설계 – 성형성, 생산성
- 성형 – S.F 원료 품종선택

(1) 완충계수(C펙타)를 기준으로 하는 설계에 필요한 제원

① 완충 재료에 걸리는 전중량(kg)
② 물품의 허용 가속도(G)
③ 예상되는 하역 상태의 등가 낙하높이 또는 지정 시험 낙하높이(cm)
④ 내장상의 면적 또는 허용되는 접촉면적(cm²)

〈계산순서〉

① 완충재에 가해지는 최대응력을 구한다.

$$\sigma_m = \frac{P}{A} = G \cdot \frac{W}{A}$$

  σ_m: 최대응력(kg / cm^2)

  p: 작용력(kg)

  G: 물품의 허용가속도(G)

  W: 물품의 중량(kg)

  A: 하중 방향의 접촉면적(cm^2)

② 완충계수

최대응력 곡선에 위 식으로 구한 최대응력치를 대입하여 그 값의 부근에서 완충계수가 최소가 되는 재료를 선택하면 가장 경제적이다.

③ 예정하고 있는 재료의 두께를 최소로 하기 위해서는 그 재료의 완충계수가 최소가 되는 최대응력치를 곡선상에서 구해 거꾸로 재료의 하중면적을 구한다.

④ 두께를 구하는 식

$$T = C \cdot \frac{h}{G}$$

  T: 완충재의 두께(cm)

  C: 완충계수

  h: 등가낙하높이(cm)

  G: 물품의 허용가속도(G)

(2) 완충계수기준

중량 20kg, 최대허용가속도 30G의 상품을 밑면적 200cm²의 카튼 박스에 넣어 이것을 S.F로 전면 보호하고 싶다.

상정 낙하높이를 50cm라고 가정하고 S.F의 비중과 두께를 구하자.

  W =20kg, G =30G, A =200cm², h =50cm

최대응력

$$\sigma_m = G \frac{W}{A} = 30 \times \frac{20}{200} = 3.0 (kg / cm^2)$$

최대응력 $3.0 kg / cm^2$ 부근에서 완충계수가 최소가 되는 곡선이므로 비중 0.02를 사용한다. 이때 $C = 2.7$로 구해진다.

두께를 구하면

$$T = C \cdot \frac{h}{G} = 2.7 \times \frac{50}{30} = 4.5 cm$$

따라서 비중＝0.02 두께＝4.5cm

(3) G. Factor를 사용하는 설계

설계에 필요한 제원

① 완충재에 걸리는 전중량(kg)

② 물품의 허용가속도(G)

③ 예산되는 등가낙하높이 또는 지정시험 낙하높이(cm)

④ 물품 또는 내장상에 의해 하중이 걸리는 재료의 면적(cm²)

〈계산순서〉

① 완충재에 가해지는 정적응력을 구한다.

$$\sigma_{st} = \frac{W}{A}$$

$\quad \sigma_{st}$: 정적응력(kg / cm²)

② 물품 또는 내장상의 전면을 완충재로 보호하려 할 때는 예측되는 낙하 높이에 의한 곡선에 허용가속도와 정적응력을 삽입하여 그 교차점과 두께를 Parameter로 하는 곡선군과의 관계 위치에 의해 필요로 하는 두께를 구한다.

③ 부분적으로 완충재료를 사용하고자 할 때는 예측되는 낙하높이에 의한 곡선에 허용 가속도치를 삽입하며 교차하는 곡선군중에서 가능한 곡선의 최소치 부근에 교차점을 갖는 곡선을 선택한다. 그리고 두께와 소요면적을 구한다.

그러나 재료의 좌굴이나 Creep이 증대하지 않는가 확인해야 한다.

④ 두께가 제조 메이커(성형공장)의 품질규격 등에 의해 단순한 두께 종류로 한정되어 있는 경우는 설계 두께가 두 종류 두께의 중간에 위치할 때가 있다. 이때는 두꺼운 쪽을 선택한다.

(4) 허용가속도 기준

중량 45kg, 허용가속도 55G의 물품이 있다. 이것을 한 변이 25cm인 내장상에 넣어 전면에 S·F를 사용하여 상정낙하높이 50cm에서 소요 두께를 구하자.

정적응력을 구한다.

$$\sigma_{st} = \frac{W}{A} = \frac{45}{25 \times 25} = 0.072(kg\,/\,cm^2)$$

$\sigma_{st} = 0.072$와 G=55와의 교점을 구하면 이 점은 T=20과 30의 중간에 있다. 따라서 비중=0.02 두께=3.0cm

(5) 동적 완충계수를 사용한 설계

동적 시험에 의한 완충재료의 완충특성을 나타내는 곡선은 낙하높이와 완충재료의 두께를 Parameter로 한 최대가속도−정적응력곡선이며 이 곡선은 그대로 완충포장 설계에 응용된다. 그러나 충분한 범위의 낙하높이와 완충재료의 두께 각각의 조합에 의한 많은 곡선을 한 가지 재료에 대해 준비해야 하는 불편이 있다.

동적 완충계수−최대응력곡선은 이들을 통일한 곡선이라고 할 수 있어서 C Factor를 사용한 설계와 마찬가지로 동적인 완충설계가 가능하다.

(6) 동적 완충계수 – 최대응력곡선 기준

$$\sigma m = 3.0 (kg / cm^2)$$

$\sigma_m = 3.0$ 부근에서 C 펙타는 2.9이므로 구하는 두께 T는

$$T = 2.9 \times \frac{50}{30} = 4.8 (cm)$$

비중=0.02 두께=5cm

$$\sigma_m = G \cdot \frac{W}{A} = 55 \times \frac{45}{25 \times 25} = 4 (kg / cm^2)$$

$\sigma_m = 4$ 부근의 C 펙타는 3.0이므로 구하는 두께 T는

$$T = 3.0 \times \frac{50}{0} = 2.7$$

비중=0.025 두께=3cm

(7) 수압면적을 조정할 경우

그림과 같은 모양의 상품 허용충격치가 60G라 하고 취급 중 1m 높이에서 낙하될 위험이 있다고 하자. 비중 0.02의 S·F를 사용하기 위한 두께 및 수압면적을 계산하면

수압면적 $A = 30 \times 25 = 750 cm^2$

최대응력 $\sigma_m = G \dfrac{W}{A} = 60 \times \dfrac{20}{750} = 1.6 kg / cm^2$

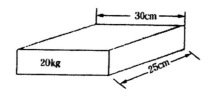

최대응력 $1.6kg/cm^2$에 대한 완충계수는 너무 크므로 수압면적을 조정할 필요가 있다. 이 경우 C Factor를 2.7 정도로 하는 것이 완충재로서 효과적이므로 최대응력이 $3.5kg/cm^2$가 되도록 수압면적을 조정하면

$$A = G \times \frac{W}{\sigma_m} = 60 \times \frac{20}{3.5} = 343\,cm^2$$

$$T = C \cdot \frac{h}{G} = 2.7 \times \frac{100}{60} = 4.5\,cm$$

따라서 아래 그림과 같은 완충방법을 생각할 수 있다.

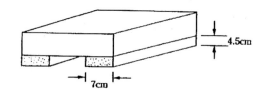

만일 포장물이 모서리(角) 방향으로 충격을 받을 경우에는 평면낙하에서의 수압면적(A)을 다음 식의 유효수압면적(Ae)에 보정해야 한다.

① 직방체의 물품을 전면 완충하는 경우

$$Ae = \frac{3(\ell \cdot b \cdot d)}{\sqrt{\ell^2 + b^2 + d^2}}$$

    L: 물품 또는 속포장의 길이

    b: 물품 또는 속포장의 너비

    d: 물품 또는 속포장의 두께

② 각 면의 두께가 같은 Corner part를 사용할 경우

$$Ae = 1.73L^2$$

    L: Corner part 한 변의 길이

제12장 Parting line 설계

1. Parting line의 정의

금형에 충진된 성형품 및 Gate를 이형시키려면 상·하원판을 열어 성형품의 어느 위치가 기준이 되어 금형이 열리느냐 하는 문제가 대두된다. 이때의 그 기준이 되는 선을 말한다.

2. Parting line의 설계

① 금형의 열림방향에 수직으로 한다.
② 제품설계상 어쩔 수 없는 경우 또는 금형가공상 Parting 면을 경사로 하는 것이 쉬운 때는 경사면 또는 곡면으로 한다.

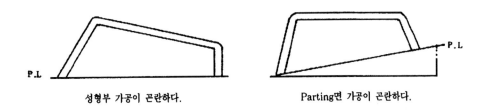

성형부 가공이 곤란하다.　　　　　　Parting면 가공이 곤란하다.

③ 제품의 내부나 무늬의 선과 일치되는 방향으로 잡고 Parting line이 제품표면에서는 잘 보이지 않도록 한다.

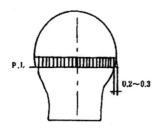 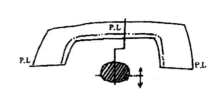

④ Parting line에는 성형 Burr가 나오기 쉬우므로 다듬질이 용이한 곳으로 택한다. 즉 Burr도 한공정으로 제거되도록 설계한다.

⑤ 발구배에 관계되지 않는 한 제품이 한쪽에서만 성형되도록 한다.

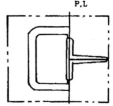

⑥ 성형품의 양단에 Undercut가 있는 경우에는 세로분할의 Parting line을 택한다.

 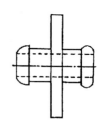

⑦ 성형품이 물결모양이거나 Knurling의 모양인 제품은 그 테두리를 따라 Parting line을 설정할 경우 성형귀나 게이트의 세우기가 쉽게 된다.

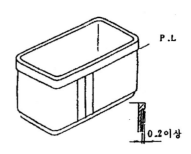

⑧ 단이 이어진 제품은 금형제작이나 성형품 다듬질이 곤란하므로 가급적 Parting line을 직선으로 설계하는 것이 면맞춤이나 다듬질에 용이하다.

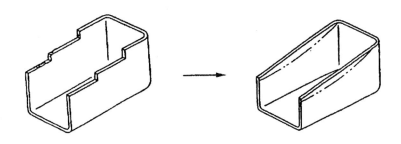

⑨ 성형품에 적당한 스프루, Runner, Gate, Overflow, Air vent 등의 배치도 고려되어야 한다.

⑩ 제품이 하원판 측에 붙도록 Parting 면을 정한다. 제품설계 중에 제품이 꼭 상원판 측에 붙어야 할 경우에도 강제로 하원판 측에 붙도록 설계한다. 그 방법은

첫째, 하원판 측에 있는 성형부의 발구배를 되도록 적게 주며,

둘째, 슬라이드 코어를 이용하면 된다.

(1)

(2)

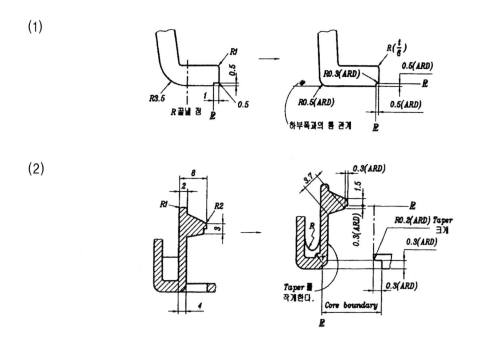

(3)

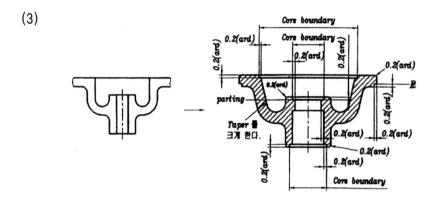

(4)

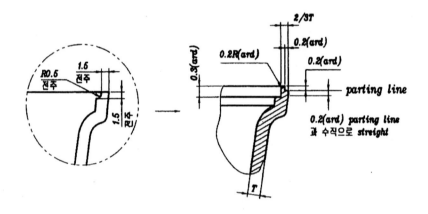

(5)

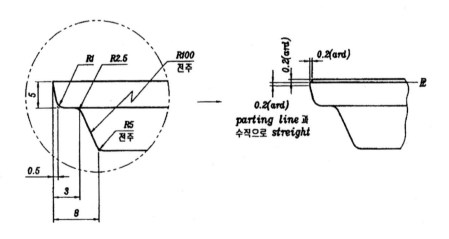

제13장 Taper 설계

1. 발구배

　금형으로부터 제품을 이형시키는 것을 용이하게 하기 위해서는 발구배가 필요하다. 이 발구배는 성형품의 형상, 성형재료의 종류, 금형의 구조, 금형다듬질 정도 및 품질 향상에 따라 달라지는 것으로 보통의 경우 발구배는 1 / 30 ~ 1 / 60(2°~1°)이 적당하지만 실용최소한도는 1 / 240(1 / 4°)가 된다. 발구배의 선택방법에 대해서 정확한 수치, 공식 같은 것은 없고 대개 경험치에 의한 결정을 적용하는 경우가 많다. 발구배를 많이 주어도 지장이 없는 경우에는 허용하는 범위 내에서 되도록 많이 주는 것이 좋다.

　아래 표는 발구배를 각도로 나타낼 때와 치수를 나타낸다. 예를 들면 1°의 발구배라면 표로부터 1.80, 따라서 데이터로 나타내면 1.8 × 2 = 3.6이다. 그러나 수직한 평면의 다듬질 정도에 따라 발구배가 적은 경우는 실제로는 Under cut를 일으키든가 구배 없는 상태로 잘 나타나게 된다.

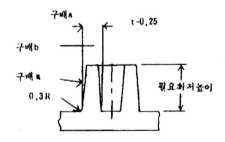

수지별 발구배

수지	구배 a	구배 b
PA, AS, ABS	1~2°	20′~1°
Glass 강화품종	2~3°	30′~1°

높이에 따른 구배 변화량(단위: mm)

0		1/3°	1/4°	1/2°	1°	2°	3°	4°
		0.06	0.1	0.2	0.4	0.8	1.2	1.8
50		0.1	0.2	0.4	0.8	1.6	2.4	3.6
		0.2	0.3	0.6	1.2	2.4	3.6	5.4
100		0.2	0.4	0.8	1.6	3.2	4.8	7.2
		0.3	0.5	1.0	2	4.0	6.0	9.0
150		0.4	0.6	1.2	2.4	4.8	7.2	10.8
		0.4	0.7	1.4	2.8	5.6	9.6	12.6
200		0.5	0.8	1.6	3.2	6.4	10.8	14.4
		0.6	0.9	1.8	3.6	7.2	12.0	16.2
250		0.6	1.1	2.2	4.3	8.6	13.0	17.4

2. 성형품의 종류에 따른 발구배

① Frame, 상자, 뚜껑

• H가 50mm까지의 제품에서

$$\frac{S}{H} = 1/30 \sim 1/35$$

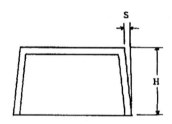

• H가 100mm까지의 제품에서

$$\frac{S}{H} = 1/20 \text{ 이상}$$

② 얕은 가죽모양이 있는 제품

$$\frac{S}{H} = 1/5 \sim 1/10$$

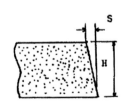

③ 컵 같은 제품은 상원판 측보다, 즉 컵의 내면 측 성형부에 발구배를 적게 주는 것이 좋다.

④ 가죽무늬가 있는 제품의 성형재료별 발구배는 아래 표와 같으며, Parting line 에 수직으로 무늬가 있는 경우만 제품이형에 문제가 된다.

성형재료	발구배	
	보통가죽무늬 (깊이 0.05~0.2)	얕은 가죽무늬 (깊이 0.02~0.05)
PS, ABS	8°~10°	5°~8°
PE, PP	4°~5°	2°~3°
Poly acetal	6°~7.7°	4°~5°

Texture specification

No	Draft degree(min)	Depth mm	Tool surface grit
1	1.0	0.0254	8000
2	1.0	0.0076	240
3	2.0	0.0305	Etched
4	3.5	0.0635	Etched
5	1.5	0.0152	Etched
6	1.5	0.0254	Etched
7	2.0	0.0356	Etched

※ Texture 깊이 허용차=0.005mm

3. POM의 발구배

① 제품의 높이가 100mm 경우의 발구배 1°로 하면 제품의 구배는 1.75mm 증가한다.

② Embossing 가공 면의 발구배

- 10μ일 때 1°의 발구배, 가죽무늬와 나무무늬는 4° 이상 필요하다.
- 최소구배 0.5°
- 통상구배 1°~2°
- Gate 부근구배 2° 이상
- 창살부구배 2° 이상
- 원칙적으로 구배 0° 및 Minus 구배는 피한다.

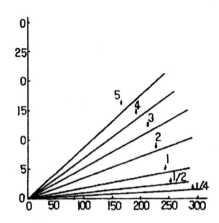

4. 형상의 종류별 Taper

①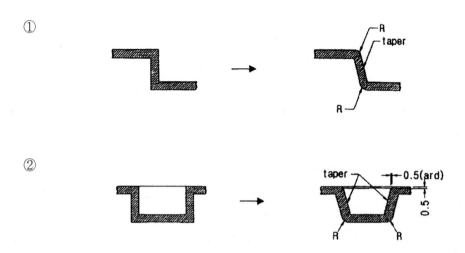

②

③

④

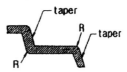

⑤ 제품 높이와 발구배

㉮

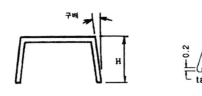

높이(H)	발구배
50 이상	2°～4°
50～100	1°～2°
100 이상	0.6°～1.5°

㉯

⑥ 범용 Rib

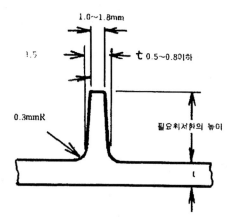

3. 형상별 Parting line

(1)

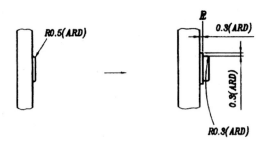

(2)

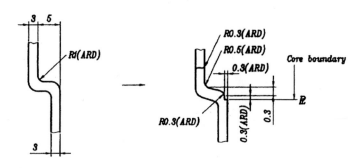

(3)

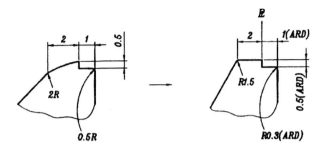

⑦ PVC 수지의 Rib

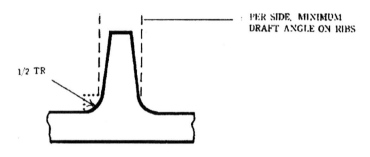

⑧ System계 수지에 적용하는 Self tapping boss의 구배

㉮

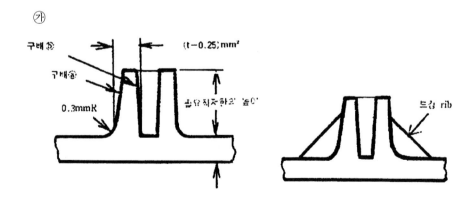

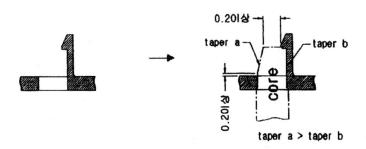

⑨ Texture

PVC Resin의 Texure surface에 따른 Draft angle

Deph of engravving, Inches	Minimum draft, Degrees
0.001(0.025)	3
0.002(0.050)	5
0.003(0.076)	7
0.004(0.102)	9

⑩ 금형 Core의 Taper

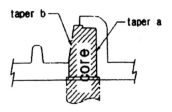

taper a > taper b

제14장 도금하는 Plastic 부품의 설계기준

1. 원리(原理)

Plastic은 전기를 통하지 않으므로 전처리(前處理)는 금속 도금과는 매우 다르지만 구리, 니켈, 크롬의 전기도금은 금속도금과 거의 같다.

처리공정의 예를 들어본다(3종류).

처리공정	종　류	
(1)	① 탈지(脫脂)	② 표면조화(表面組化, Etching)
	③ 감응성부여(센시타이징)	④ 활성화(액티베이팅)
	⑤ 화학도금	⑥ 전기도금(10~30μ)
	⑦ 전기니켈도금(10~30μ)	⑧ 전기크롬도금(0.25μ)
(2)	① 탈지	② 표면조화(Etching)
	③ 감응성부여	④ 활성화
	⑤ 화학니켈도금	⑥ 전기도금(10~30μ)
	⑦ 전기니켈도금(0.25μ)	
(3)	① 탈지	② 표면조화
	③ 감응성부여	④ 활성화
	⑤ 화학니켈도금	⑥ 전기도금(10~30μ)
	⑦ 전기니켈도금(10~30μ)	⑧ 전기크롬도금(0.25μ)

주: 1. 금색(金色)의 경우는 전기니켈도금 후 크로메이트처리 또는 금도금을 한다.

2. 도금의 용착도(容着度)

도금의 특성은 거의 금속도금과 같지만 금속과 Plastic과는 열팽창계수가 매우 다르므로 냉각된 경우 접착력이 약하여 부풀어 오른다.

검사방법은 KS규격에 의한다.

3. 도금의 강도

일반적으로 제품의 용도, 형상 등에 따라 협의한 후 시험법을 정한다.

〈시험법(예)〉

① 냉열(冷熱) Cycle
70℃시간～20℃시간을 1Cycle로 하고 3Cycle 후 외관에 이상(부풀음)이 없을 것.

② 도금두께
20μ 이상

③ 염수분무(鹽水噴霧)
35℃ 5% Nacl을 8시간 분사, 16시간 방치하는 것을 1Cycle로 하고 2Cycle 후 외관에 이상이 없을 것.

④ 내 습
95～100%RH, 40℃, 200Hr에 견딜 것.

4. 도금이 되는 재질

ABS가 가장 실용적이며 도금용 grade가 있다. 그 외 Acryl, AS, PP, Polystyrene 등 원리적으로는 Plastic 자체에 도금이 가능하지만 공업용으로는 문제가 많아 실제는 도금용 ABS가 통상 사용되고 있다.

5. 성형조건과 도금특성

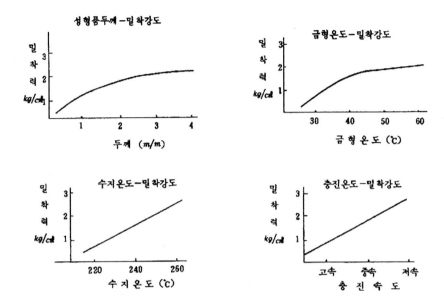

① 각은 될 수 있는 대로 R을 준다.

② 불필요한 우묵한 곳이나 좁은 구멍은 가능한 한 피한다. 깊은 V형의 구멍이나 좁은 구멍은 도금이 어렵고 Cost가 높게 된다.

③ 예리한 코너의 각부나 바닥은 둥근맛을 주면 도금 부착이 좋게 된다.

④ 깊고 좁은 구멍이나 우묵한 곳은 도금액이 통하는 구멍을 만들어 주고 각부는 둥글게 한다.

⑤ Rib는 1° 이상의 Taper를 주고 각에는 R을 준다.

⑥ Boss나 장식문자는 가능한 한 낮게 한다.

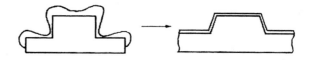

⑦ 비교적 넓은 평면은 약간 둥근 형상으로서 도금을 하면 도금에 의한 단점이 보완될 수 있다.

6. 외관에 중요한 재료 및 용도에 대한 고려

(1) 도금품의 양부

① 두께의 변화

② Gate 및 Sprue, Runner

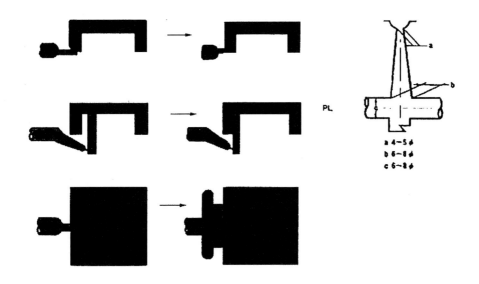

③ Weld

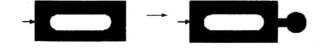

④ Design

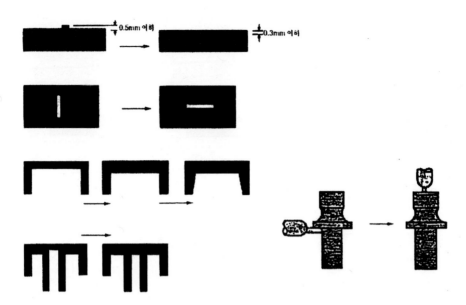

7. 도금부품의 Design과 불량 현상

(1) 형상요인과 불량 현상

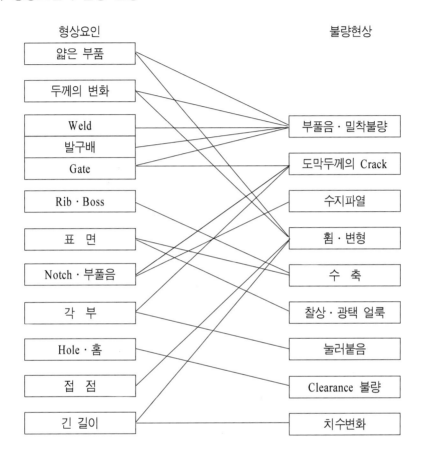

형상요인

형상요인
얇은 부품
두께의 변화
Weld
발구배
Gate
Rib · Boss
표　면
Notch · 부풀음
각　부
Hole · 홈
접　점
긴 길이

불량현상

불량현상
부풀음 · 밀착불량
도막두께의 Crack
수지파열
휨 · 변형
수　축
찰상 · 광택 얼룩
눌러붙음
Clearance 불량
치수변화

(2) 도금두께의 분포

폭 / 깊이 = 0.85
단위 1/1000 inch

8. 외관에 중요한 재료 및 용도를 고려한 신뢰성 설계

① 도금품의 양부

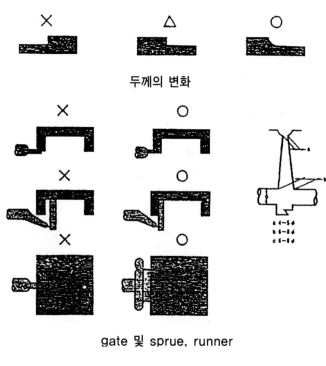

두께의 변화

gate 및 sprue, runner

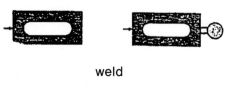

weld

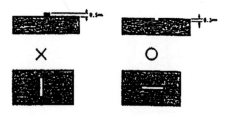

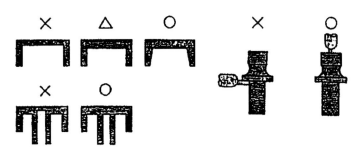

design

9. 도금부품의 design과 불량현상을 고려한 신뢰성 설계

① 형상요인과 불량 현상

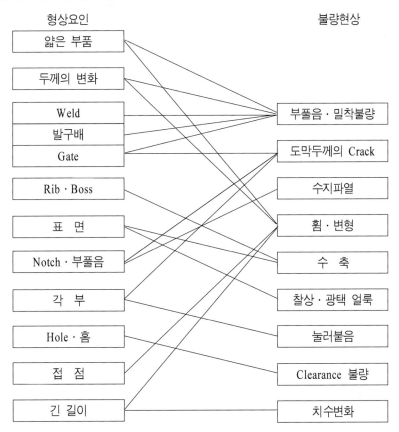

폭/길이=0.85
단위 1/1000

도금두께의 분포

10. 신뢰성 design의 check list

(1) 사용수지에 관하여

① 사용하는 수지

② 결정성수지, 비결정성수지

③ 투명, 불투명

④ 명판 부착 여부

⑤ 충진제 함유 재료(glass 섬유, talk)

⑥ 요구특성(강도, 내열, 내약품성) 만족 여부

⑦ 성형수축률

⑧ 유동성 L / t에 의한 설계 여부

⑨ 광택 여부 및 성형조건 변화 여부

⑩ 색상 지정 여부

⑪ metalic색의 재료, flow mark, weld 한계 여부

⑫ 발포재료의 외관

(2) 구조에 관하여

① 성형품의 용도, 사용 방법, 기능

② 형합 방법

③ 형상의 단순화 여부

④ 기본 두께

⑤ 하중, 부분적인 응력 집중

⑥ R

⑦ 도장품, 도금품의 충격 강도

⑧ 유사한 예

제15장 Redundancy(용장) 설계

1. 치수기입 방법(General demensioning)

1) 곡면에 대한 치수기입

(1) 원호들로 구성된 곡선

두개 또는 그 이상으로 원호를 구성된 곡선은 반지름과 중심의 위치를 주거나 그 원호들이 만나는 곳에 치수를 기입해 주어야 한다.

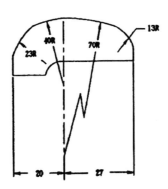

(2) 곡면에 대한 치수기입

원호 위에 있는 특정 부위 간의 거리는 현이나 호의 길이로써 나타낸다. 호로써 치수를 나타낼 경우 dimensioned points의 측정 면을 지적해 주어야 한다. 만약 구멍 사이의 각도가 주어지면 REF로 표시해야 한다.

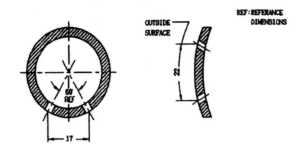

(3) 비원형 곡선

비원형 곡선은 좌표법에 의해서 치수를 기입한다.

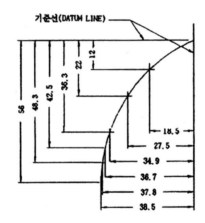

(4) 특정한 부분의 치수기입

① 카운터 보어 구멍(Counterbored Holes)

원래 구멍 치수 위에 카운터보어의 직경, 깊이, 모서리반경 등을 표시한다. 다음은 몇 가지 보기인데 여기서 카운터보어의 깊이보다는 오히려 남은 밑부분의 두께를 표기하는 편이 좋다.

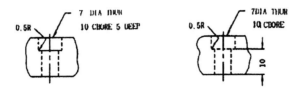

② 카운터 싱크 구멍(Countersunk Holes)

원래 구멍치수 외에 카운터 싱킹과 카운터 드릴링 구멍의 지름 및 관련 각도를 표기한다.

③ Spot 페이싱(Spot faces)

spot faces는 볼트머리, 너트, 와셔, 기타 유사한 부품들의 자리 면을 만들어 주는 데 필요한 최소 깊이로 가공된 면적을 말한다.

spot faces는 SF라는 약자와 함께 그 지름을 지시선으로 끌어내어 나타내준다.

분리된 보스(boss)에 대한 spot faces의 지름은 생략하고 그 대신 "전체표면(full surface)"이라는 말을 기록한다.

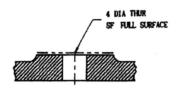

(5) 챔퍼(chamfers)

45도 각도의 챔퍼는 그림과 같이 표시하며 도면에 "챔퍼(chamfer)"라는 말을 사용할 필요가 없다.

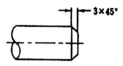

45e고 이외의 다른 챔퍼들은 그 길이와 각도를 기입해 준다.

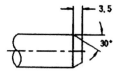

챔퍼의 지름을 제한할 필요가 있을 경우에는 도면과 같은 방법을 사용한다.

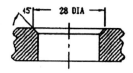

(6) 끝이 둥근 부품

끝이 둥근 부품에 대해서는 모든 관련 치수를 기입한다.

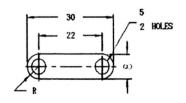

그렇게 해야 대량 생산이나 치수 검사를 할 때 치수를 별도로 요구하지 않아도 되며 부품의 실제 사용 면에 대한 직접적인 조정이 가능하게 된다.

완전하게 끝이 둥근 부품에 대해서는 반경만 표시하고 치수는 기입하지 않아도 좋다. 양산시의 어려움을 피하기 위해 가능하다면 완전하게 끝이 둥

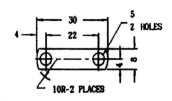

글게 하는 것보다는 도면처럼 끝의 일부분만 둥글게 하는 것이 좋다.

끝의 일부만이 둥글게 된 부품에 대해서는 반경의 치수를 반드시 기입한다.

(7) 슬롯트 구멍(Slotted Holes)

일반적 형태의 슬롯트 구멍은 길이, 폭, 끝반경 R의 치수를 기입하므로 그 크기를 나타내며, 한쪽 RMx이나 붕심에서 세로 기준면까지의 치수를 기입하여 그 위치를 나타낸다.

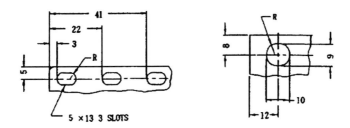

(8) 키이자리(Keyseats)

키이자리는 폭, 깊이, 커터의 지름으로 치수를 나타내며 키이 깊이는 축이나 구멍의 반대쪽에서부터 치수선을 끌어내어 기입한다.

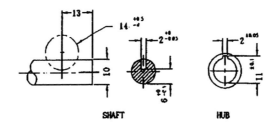

(9) 등간격으로 위치한 형상물

공통된 기준으로부터 등간격으로 떨어져 있는 형상물에 대한 치수기입 방법은 다음 도면과 같다.

간격의 수나 간격의 치수 그리고 전체 치수를 적는다. 기준선택은 기능적 조건에 따르며 열의 첫 번째 형상물이 아니어도 된다.

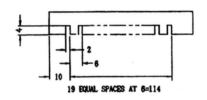

19 EQUAL SPACES AT 6=114

(10) 구멍 형태의 치수기입

① 일직선상에 등간격으로 위치한 구멍

일직선상에 많은 구멍들이 등간격으로 배열되어 있는 경우 양쪽 끝에 있는 구멍들 사이의 전체 치수와 인접한 구멍들 사이의 간격을 표시해 준다.

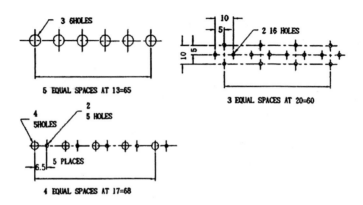

② 공통된 원호상의 등간격 구멍

공통된 원호상에 등간격으로 배열되어 있는 경우, 다음과 같이 나타낼 수 있다.

(11) 기준에 의한 치수기입

기준에 의한 치수 기입법은 부품형상에 위치를 따로따로 나타내지 않고 공통된 기준으로부터 그 위치를 나타내주는 치수기입 방법이다.

이 방법을 알맞게 적용하면 공구설계, 생산과 검사 등을 쉽게 할 수 있으며 일련의 치수에 있어서 공차의 누적을 없앨 수 있다.

기준의 설정은 주로 설계의 기능적 조건에 바탕을 둔다. 실제에 있어서 한 쌍의 부품들에 관한 대응되는 형상은 조립이 확실히 될 수 있도록 해야 한다. 실제 부품상에서 기준형상은 생산 및 검사를 하는 동안 측정하기 쉬운 위치에 두는 것이 유용하다.

정확한 위치라고 생각되는 면이나 형상으로부터 치수를 나타냈을 때, 그 면이나 형상이 곧 기준이 된다. 이러한 기준과 관련되어 치수를 잘못 이해할 수도 있는 곳이 있다면 도면상에서 기준들을 확인시켜 주어야 한다.

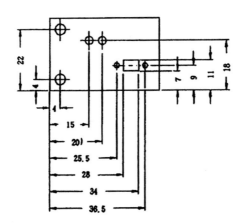

구멍들이나 다른 형상들이 서로 기능적으로 뚜렷하게 관련되어 있는 경우, 이러한 관계를 나타내주는 치수기입 방법이다.

2. 신뢰성에 따른 설계의 재편성

1) Press parts를 Plastics화

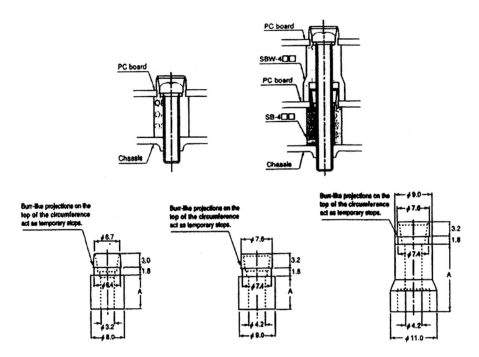

Snap-collar bushes(재질: Nylon 66 UL 94V-O)

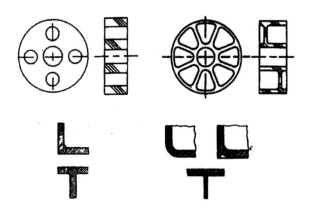

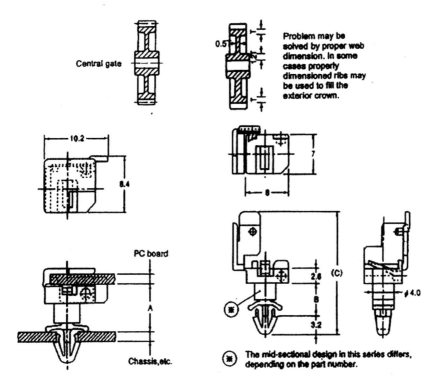

Central gate

0.5

Problem may be
solved by proper web
dimension. In some
cases properly
dimensioned ribs may
be used to fill the
exterior crown.

10.2

8.4

7

8

PC board

A

Chassis, etc.

2.6   (C)

B

3.2

φ4.0

※

※ The mid-sectional design in this series differs,
depending on the part number.

Non−hole spacers(재질: Nylon66 UL 94V−O)

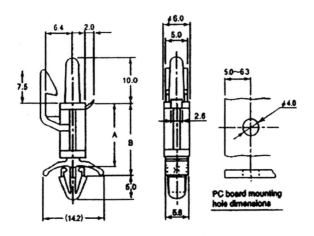

6.4   2.0

φ6.0

5.0

5.0~63

7.5

10.0

2.6

φ4.0

A

B

5.0

(14.2)

5.8

PC board mounting
hole dimensions

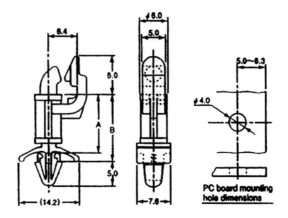

Circuit board spacers(재질: Nylon66 UL 94V-O)

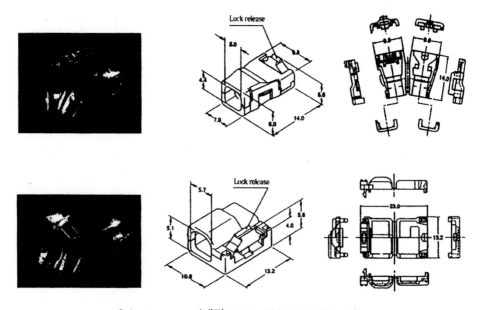

Crimp covers(재질: Nylon66 UL 94V-O)

2) Hybrid edge clip & lead frame

① F Style hybrid edge clip or lead(Frame)

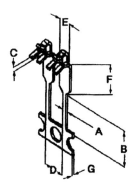

- Kilograms × 2.220462 = pounds, pounds × 0.45359 = kilograms
- Metric ton × 1.10231 = net ton, net ton × 0.90719 = metric tons

〈Termal conductivity conversions〉

- 1cal / ㎠ / ㎝ / sec / ℃ = 10.63watts / in − ℃
- 117BTU(hr − ft − °F) × (0.293watt − hr / BTU) × (1.8°F / ℃) × (ft / 12in) = 5.14 watts / in − ℃ or 117BTu / (hr − ft − °F) × 0.04395wattt − hr − °F − ft(Btu = ℃ − in) = 5.14watts / in − ℃

Normal Stress

$$\sigma_3 = \frac{u \cdot M_2}{W}[\text{MP a, psi}]$$

σ_3: Normal stress[MPa, psi]

u: Constant

　−for calculation in metric units u = 100

　−for calculation in imperial units u = 12

M_2: Bending moment[Nm, 1b − ft]

W: Section modulus of throat area of weld[㎣, in^3]

$$\sigma_s = \frac{\sigma_3}{\alpha_1}[\text{MPa, psi}]$$

σ_s: Reference stress[MPa, psi]

σ_3: Normal stress[MPa, psi]

α_1: Coefficient of weld joint

Shear Stress in Weld Base Area

$$\gamma z = \frac{F}{0.7 \cdot b \cdot L \cdot i}[\text{MPa, psi}]$$

γz: Shear stress in weld base area[MPa, psi]

F: Shear force[N, lb]

b: Width of weld[㎜, in]

L: Length of weld[㎜, in]

i: Number of welds

$$\gamma o = \frac{F}{1.4 \cdot s \cdot L \cdot i}[\text{MPa, psi}]$$

γo: Shear stress in weld peripheral area[MPa, psi]

F: Shear force[N, lb]

s: Plate thickness[㎜, in]

L: Length of weld[㎜, in]

i: Number of welds

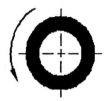

Circumference Butt Weld Stress with Torque Shear Stress

$$\gamma = \frac{u \cdot T}{W} \, [\text{MPa, psi}]$$

  γ: Shear stress[MPa, psi]

  u: Constant

  Metric units u＝1000, Imperial units u＝12

  W: Section modulus throat area[mm^3, in^3]

  T: Torque applied[Nm, lb－ft]

Comparative Stress

$$\sigma_s = \frac{\gamma}{\alpha_2}$$

  σ_s: Comparative stress[MPa, psi]

  γ: Shear stress[MPa, psi]

  α_2: Conversion coefficient of weld joint

Tear－off Loading of Weld Area

$$\tau = \frac{4 \cdot F}{i \cdot \pi \cdot d^2} \, [\text{MPa, psi}]$$

Comparative Stress

$$\sigma_s = \frac{\gamma}{\alpha}[\text{MPa, psi}]$$

τ: Shear stress[MPa, psi]

σ_s: Comparative stress[MPa, psi]

F: Applied force[N, lb]

d: Spot weld diameter[㎜, in]

i: Number of welds

α: Coefficient of weld joint

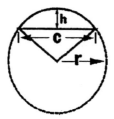

Shperical Sector

$$V = \frac{2\pi r^3 h}{3} = 2.0944\,r^2 h$$

$$A = 3.1416r(2h + \frac{1}{2}c)$$

$$c = 2\sqrt{h(2r-h)}$$

A: total area of conical and spherical surface

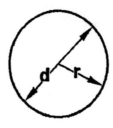

Sphere

$$V = \frac{4\pi r^3 h}{3} = \frac{\pi d^3}{6} = 4.1888r^3 = 0.5236d3$$

$$A = 4\pi r^2 = \pi d^2 = 12.5664r^2 = 3.1416d2$$

$$r = \sqrt{\frac{3V}{4\pi}} = 0.6204^3 \sqrt{V}$$

    A: area of surface

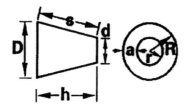

Frustrum of Cone

$$V = 1.0472h(R^2 + Rr + r^2) = 0.2618h(D^2 + Dd + d^2)$$

$$A = 3.1416s(R + r) = 1.5708s(D + d)$$

$$a = R - r, \quad s = \sqrt{a^2 + h^2} = \sqrt{(R - r)^2 + h^2}$$

    A: area of conical surface

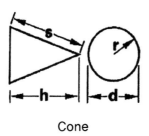

Cone

$$V = \frac{3.1416r^2 h}{3} = 1.0472r^2 h = 0.2618d^2 h$$

$$A = 3.1416r\sqrt{r^2 + h^2} = 3.1416rs = 1.5708ds$$

$$s = \sqrt{r^2 + h^2} = \sqrt{\frac{d^2}{4} + h^2}$$

A: area of conical surface

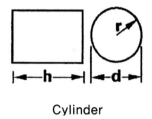

Cylinder

$V = 3.146r^2h = 0.7854d^2h$

$S = 6.2832rh = 3.1416dh$

Total area A of cylindrical surface and end surface:

$A = 6.2832r(r+h) = 3.1416d(\frac{1}{2}d+h)$

S: area of cylindrical surface

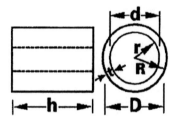

Hollow Cylinder

$V = 3.1416h(R^2-r^2) = 0.7854h(D^2-d^2)$

$\quad = 3.1416ht(2R-t) = 3.1416ht(D-t)$

$\quad = 3.1416ht(2r+t) = 3.1416ht(d+t)$

$\quad = 3.1416ht(R+r) = 1.5708ht(D+d)$

Bend allowance formula per degree of bend

$\quad (0.0078T + 0.0174R) \times$ (No. of degrees)

R: 0.25

T: 0.125

Bend angle: No. of degrees

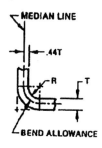

Right angle

Bend allowance for 90°

$(0.0078T + 0.0174R) \times$ No. of degrees =

$[(0.0078)(0.125) + (0.0174)(0.25)] \times 90 =$

$(0.000975 + 0.00435) \times 90 =$

$0.005325 \times 90 = 0.479$

$$D = (R + T) \times \tan\frac{a}{2} \text{ or } D = \frac{(R + T)}{\cot\dfrac{a}{2}}$$

D: Distance from bend line to model line

R: Inside bend radius

T: Material thickness

a: angle in degrees

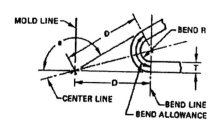

$$D = (R + T) \times (\tan\frac{a}{2})$$

$$= (0.25 + 0.125 \times \tan\frac{150°}{2})$$

$$= 0.375 \times \tan 75°$$

$$= 0.375 \times 3,732$$

$$= 1,400$$

R: 0.25

T: 0.125

a: 150°

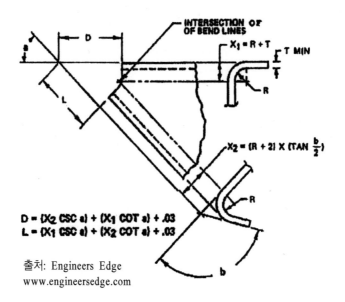

D = (X₂ CSC a) + (X₁ COT a) + .03
L = (X₁ CSC a) + (X₂ COT a) + .03

출처: Engineers Edge
www.engineersedge.com

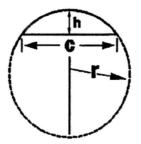

Spherical segment

$$V = 3.1416h\left(\frac{c^2}{8} + \frac{h^2}{6}\right) = 3.1416\left(3\left(\frac{c}{2}\right)^2 + h^2\right)\frac{h}{6}$$

$$A = 2\pi rh = 6.2832rh = 3.1416\left(\frac{c^2}{4} + h^2\right)$$

$$c = 2\sqrt{h(2r - h)}$$

$$r = \frac{c^2 + 4h^2}{8h}$$

A: Area of spherical surface segment

V: Volume of segment

$$V = 0.5236h\left(\frac{c^2 + 4h^2}{8h} + \frac{c^2 + 4h^2}{8h} + h^2\right)$$

$$A = 2\pi rh = 6.2832rh$$

$$r = \sqrt{\frac{c_2^2}{4} + \left(\frac{c_2^2 - c_1^2 - 4h^2}{8h}\right)^2}$$

A: Area of spherical surface

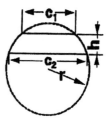

Spherical Zone

a = center angle in degrees

$$V = \frac{a}{360} \times \frac{4\pi r^3}{3} = 0.0116ar3$$

$$A = \frac{a}{360} \times 4\pi r^2 = 0.0349ar2$$

A: area of spherical surface

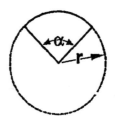

Spherical wedge

$$V = \frac{4\pi}{3}(R^3 - r^3) = 4.1888(R^3 - r^3)$$

$$= \frac{\pi}{6}(D^3 - d^3) = 0.5236(D^3 - d^3)$$

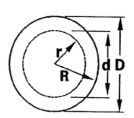

Hollow sphere

$$V = 2\pi^2 Rr^2 = 19.739Rr^2$$

$$= \frac{\pi^2}{4}Dd^2 = 2.4674Dd^2$$

$$A = 4\pi^2 Rr = 39.478Rr$$

$$= \pi^2 Dd = 9.8696Dd$$

A: area of surface

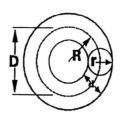

Torus

C = circumference

$$A = \pi r^2 = 3.1416r^2 = 0.7854d2$$

$$C = 2\pi r = 6.2832r = 3.1416d$$

$$r = C \div 6.2832 = \sqrt{A \div 3.1416} = 0.564\sqrt{A}$$

$$d = C \div 3.1416 = \sqrt{A \div 0.7854} = 1.128\sqrt{A}$$

Length of arc for center−angle of 1°=0.008727d

Length of arc for center−angle of n°=0.008727nd

A: Area

Circle

I=length of arc, α=angle, in degrees

$$I = \frac{r \times a \times 3.1416}{180} = 0.1745ra = \frac{2A}{r}$$

$$A = \frac{1}{2}rI = 0.008727ar2$$

$$a = \frac{57.296I}{r}$$

$$r = \frac{2A}{1} = \frac{57.296I}{a}$$

A: Area

Circular sector

I=length of arc, α=angle, in degrees

$$c = 2\sqrt{h(2r-h)}$$

$$A = \frac{1}{2}[rI - c(r-h)]$$

$$r = \frac{c^2 + 4h^2}{8h}$$

$$I = 0.01745ra$$

$$h = r - \frac{1}{2}\sqrt{4r^2 - c^2}$$

$$a = \frac{57.296I}{r}$$

A: Area

Circular segment

$$A = \pi(R^2 - r^2) = 3.1416(R^2 - r^2)$$

$$= 3.1416(R + r)(R - r)$$

$$= 0.7854(D^2 - d^2) = 0.7854(D + d)(D - d)$$

A: Area

Circular ring

$$A = r^2 - \frac{\pi r^2}{4} = 0.215r^2 = 0.1075c2$$

   A: Area

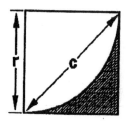

Spandrel or fillet

P = perimeter or circumference

$A = \pi ab = 3.1416ab$

An approximate formula for the perimeter is:

$$P = 3.1416 \sqrt{2(a^2 + b^2)}$$

A closer approximate is:

$$P = 3.1416 \sqrt{2(a^2 + b^2) - \frac{(a - b)^2}{2.2}}$$

   A: Area

Ellipse

$$A = s^2$$

$$A = \frac{1}{2} d^2$$

$$s = 0.7071d = \sqrt{A}$$

$$d = 1.414s = 1.414 \sqrt{A}$$

   A: Area

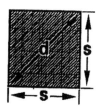

Square

$$A = ab$$

$$A = a \sqrt{d^2 - a^2} = b \sqrt{d^2 - b^2}$$

$$d = \sqrt{a^2 + b^2}$$

$$a = \sqrt{d^2 - b^2} = A \div b$$

$$b = \sqrt{d^2 - a^2} = A \div a$$

   A: Area

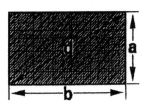

Rectangle

$A = ab$

$a = A \div b$

$b = A \div b$

   A: Area

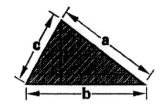

Parallelogram

$$A = \frac{bh}{2} = \frac{b}{2} \sqrt{c^2 - (\frac{a^2 + b^2 + c^2}{2b})^2}$$

if $S = \frac{1}{2}(a+b+c)$, then

$$A = \sqrt{S(S-a)(S-b)(S-c)}$$

   A: Area

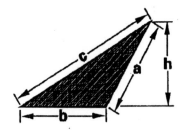

Acute-angled triangle

$$A = \frac{bh}{2} = \frac{b}{2} \sqrt{c^2 - (\frac{a^2 + b^2 + c^2}{2b})^2}$$

if $S = \frac{1}{2}(a+b+c)$, then

$$A = \sqrt{S(S-a)(S-b)(S-c)}$$

   A: Area

Obtuse-angled triangle

$$A = \frac{(H+h)a + bh + cH}{2}$$

   A: Area

Trapezium

$$A = \frac{(a+b)h}{2}$$

A: Area

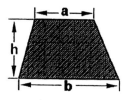

Trapezoid

To determine a fan or blowers hosepower use the fllowing equation.

Equation

$$T = \frac{(WK^2)\Delta N}{308t} \quad and \quad WK^2 = (1/2)WR2$$

T: Required torque, lb−ft

WK^2: Inertia of load to be accelerated lb−ft^2(See moment of inertia calculations)

ΔN: Change of speed, rpm

t: Time to accelerate the load, seconds

W: Weight of object, lb

R: Radius of cylinder, ft

Solid rotating about own axis accelerating torque and force calculator engineers edge, all right reserved

● Design Variables

Weight of object(W) lb = 5

Radius of cylinder(R) Ft = 0.375

Time to accelerate(t) seconds = 1

Change in speed(ΔN) rpm = 30.0

● Results

Load inertia(WK^2) = 0.3515625

Required torque(T) lb−ft = 0.034

To determine a fan or blowers horsepower when driving a hollow cylinder / shaft use the following equation.

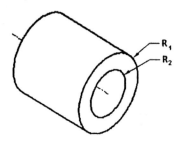

Hollow cylinder

Equation

$$T = \frac{(WK^2)\Delta N}{308t} \quad \text{and} \quad WK^2 = \frac{W(R_1^2 + R_2^2)}{2}$$

T: Required torque. lb−ft

WK^2: Inertia of load to be accelerated lb−ft^2(See moment of inertia calculations)

ΔN: Change of speed, rpm

t: Time to accelerate the load, seconds

W: Weight of object, lb

R_1: Outside radius of cylinder, ft

R_2: Inside radius of cylinder, ft

Hollow cylinder rotating about own axis accelerating torque and force calculator engineers edge, all right reserved

- Design Variables
Weight of object(W) lb=6
Radius of cylinder(R_1) Ft=1

Radius of cylinder(R_2) Ft$=0.8$

Time to accelerate(t) seconds$=1$

Change in speed(ΔN) rpm$=30.0$

• Results

Load inertia(WK^2)$=4.92$

Required torque(T) lb$-$ft$=0.479$

Use the equation and calculator to determine the the torque and force to drive material in linear motion with respect to a continuous fixed relation to a rotational drive / velocity. Such as, a material moving system or conveyor machine.

Equation

$$T = \frac{(WK^2)\Delta N}{308t} \text{ and(Moment of inertia) } WK^2 = W(\frac{V}{2\pi N})2$$

T: Required torque, lb$-$ft

WK^2: Inertia of load to be accelerated lb$-$ft^2(See moment of inertia calculations)

ΔN: Change of speed, rpm

t: Time to accelerate the load, seconds

W: Weight of object, lb

V: Linear velocity, fpm

N: Rotational speed of shaft, rpm

Material conveyor driving linear motion accelerating torque and force calculator engineers edge, all right reserved

• Design Variables

Weight of object(W) lb$=50$

Linear velocity(V) rpm$=10$

Rotational speed of shaft(N) rpm$=0.8$

Time to accelerate(t) seconds $=5$

Change in speed(ΔN) rpm $=30.0$

- Results

Load inertia(WK^2) $=0$

Required torque(T) $lb-ft=0$

Use this equation and calculator to determine the torque and force to drive gears, belt, or chain mechanical systems.

Equation

$$T=\frac{(WK^2)\Delta N}{308t} \ \ and \ \ WK^2=\frac{WK_L^2}{R_\tau^2}$$

T: Required torque, $lb-ft$

WK^2: Inertia of load to be accelerated $lb-ft2$

WK_L: Load inertial, $lb-ft2$

R_τ: Reduction ratio

ΔN: Change of speed, rpm

t: Time to accelerate the load, seconds

Reflected load inertia by speed reduction(gear, belt or chain) torque calculator engineers edge, all right reserved

- Design Variables

Load inertia(WK_L) $lb-ft^2=50$

Reduction ratio(R_r) $=10$

Time to accelerate(t) seconds $=5$

Change in speed of shaft(ΔN) rpm $=30.0$

● Results

Load inertia(WK^2) lb$-$ft^2$=$250.0000

Required torque(T) lb$-$ft$=$4.8701

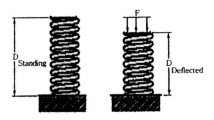

Open calculator

This popup calculator will calculate any of the values remaining by changing one of the variables then selecting the "calculate: button for the selected variable."

Equation

$Force(F) = k(D_{standing} - D_{Deflected})$

　F: Force exerted on spring

　$D_{Standing}$: Free length of spring

　$D_{Deflected}$: Length of spring with force applied

　k: Spring constant determined by experiment or calculation(calculate k constant)

Compression spring design suggestions:

Spring rate can be measured by taking the difference in force at 80% maximum deflection and 20% minimum deflection and dividing by the difference in deflection. The spring rate tends to be constant over the central 60% of the deflection range. Because of end-coil effects, the first 20% of deflection range has a considerably lower spring rate. The final 20% of deflection shows considerably higher spring rate. When designing for a particular spring, design for critical loads and rates to be within the central 60% deflection range. Standard and custom spring are available.

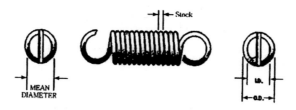

Extension spring

This calculator will calculate any of the values remaining by changing one of the variables then selecting the "calculate: button for the selected variable."

Equation(Total Force)

$$TF = IT + (D \times k)$$

TF: Total Force exerted on spring

D: Distance spring is deflected

IT: Initial tension force on spring

k: Spring constant determined by experiment or calculation

Compression extension spring design:

Most extension springs are wound with an initial tension. This tension is the force that holds the spring coils wound together. The spring rate tends to be constant over the central 60% of the deflection range. When designing for a particular spring, design for critical loads and rates to be within the central 60% deflection and load range. Standard and custom springs are available. Exceeding manufactures maximum deflection almost always reduces usable spring life cycles.

3) 6 Sigma 품질수준

규격한계의 변화에 따른 불량률 변화

규격 관계	양품률 (%)	불량률 (ppm)	불량률	불량률 × (1 / 2)	표준정규분포의 우측 퍼센트점 (sigmaPro −21 패키지 계산 값)
±σ	68.27	317300	0.3173	0.15865	0.158655256032944
±2σ	95.4	45500	0.0456	0.02275	0.0227500610053539
±3σ	99.73	2700	0.0027	0.00135	0.00134996720589697
±4σ	99.9937	63	0.000063	0.0000315	0.0000316860350721981
±5σ	99.999943	0.57	0.00000057	0.000000285	0.00000028710499577554
±6σ	99.9999998	0.002	0.000000002	0.000000001	0.000000000990121873378769

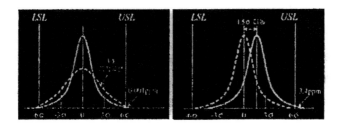

평균이 ±1.5σ 움직이는 경우의 물량 확률 영역 분석

6 Sigma 수준별 불량 정도 사례

구 분	3 시그마	4 시그마	5 시그마	6 시그마
면 적	소규모 상점 넓이	평균 거실의 넓이	전화기가 놓인 면적	다이아몬드 알 크기
오자 수	책 한 장당 1.5개	책 30장당 1개	백과사전 한 절당 1개	소규모 도서관의 소장도서들 중 1개
10억 달러당 부채	2백70만 달러	6만7천 달러	5백70달러	2달러
거리	미주대륙 횡단	5분 드라이브 거리	주변 주유소까지 거리	4발짝 거리

(1) 원판, 원통 계산식

양단고정의 분포하중, 양단자유지지로 분포하중, 얇은 원통의 내압

A: 양단고정의 분포하중

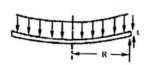
B: 양단자유지지로 분포하중

C: 얇은 원통의 내압

상 태	최대변형량 Y	최대응력 S	휨률 γ
A	$Y = \dfrac{3PR^4(1-\mu^2)}{16Et^3}$	$S = \dfrac{3PR^2(1+\mu)}{8t^2}$	$\gamma = \dfrac{S}{E} = \dfrac{3PR^2(1+\mu)}{8t^2} \cdot \dfrac{16t^3Y}{3pR^4(1-\mu^2)}$ $= \dfrac{2tY}{(1-\mu)R^2}$
B	$Y = \dfrac{3PR^4(5-4\mu-\mu^2)}{16Et^3}$	$S = \dfrac{3PR^2(3+\mu)}{8t^2}$	$\gamma = \dfrac{S}{E} = \dfrac{3PR^2(3+\mu)}{8t^2} \cdot \dfrac{16t^3Y}{3pR^4(5-4\mu\mu^2)}$ $= \dfrac{2(3+\mu)tY}{(5-4\mu-\mu^2)R^2}$
C	$Y = \dfrac{R}{E}(1-\dfrac{\mu}{2})\dfrac{PR}{t}$	$Sh = \dfrac{PR}{t}$	$\gamma = \dfrac{S}{E} = \dfrac{Sh - \mu S_z}{E} = \dfrac{Sh}{E}(1-\dfrac{\mu}{2})$ $= \dfrac{Sh(1-\dfrac{\mu}{2})Y}{R(1-\dfrac{\mu}{2})Sh} = \dfrac{Y}{R}$

μ: Poisson비

ρ: 단위 면적당의 하중(내압)

s: 최대응력

Sh: Pipe stress

S_z: 축방향응력

Y: 최대변형량(원통경우는 반경의 증가량)

(2) 편지지보로 분포하중

단면형상	단면이차 Moment I	단면형상 Z	최대변형량 Y	최대 Stress S	최대 휨률 γ
일 반	I	Z	$Y = \dfrac{pL^4}{8EI}$	$S = \dfrac{M}{Z} = \dfrac{pL^2}{2Z}$	$\gamma = \dfrac{S}{E} = \dfrac{pL^2}{2Z}$ $\dfrac{81Y}{pL^4} = \dfrac{41Y}{ZL^2}$
▨	$I = \dfrac{bd^3}{12}$	$Z = \dfrac{bd^2}{6}$	$Y = \dfrac{3pL^4}{2bd^3E}$	$S = \dfrac{3pL^2}{bd^2}$	$\gamma = \dfrac{4dY}{2L^2}$
◈	$I = \dfrac{h^4}{12}$	$Z = \dfrac{\sqrt{2}\,h^3}{12}$	$Y = \dfrac{3pL^4}{2h^4E}$	$S = \dfrac{6pL^2}{\sqrt{2}\,h^3}$	$\gamma = \dfrac{4hY}{\sqrt{2}\,h^2}$
⬤	$I = \dfrac{\pi d^4}{64}$	$Z = \dfrac{\pi d^3}{32}$	$Y = \dfrac{8pL^4}{\pi d^4E}$	$S = \dfrac{16pL^2}{\pi d^3}$	$\gamma = \dfrac{2dY}{L^2}$
◎	$I = \dfrac{\pi}{64}(d_2^4 - d_1^4)$	$Z = \dfrac{\pi(d_2^4 - d_1^4)}{32d_2}$	$Y = \dfrac{8pL^4}{\pi(d_2^4 - d_1^4)E}$	$S = \dfrac{16pL^2 d_2}{\pi(d_2^4 - d_1^4)}$	$\gamma = \dfrac{2d_2Y}{L^2}$
⬭	$I = \dfrac{\pi}{4}a^3b$	$Z = \dfrac{\pi a^2 b}{4}$	$Y = \dfrac{pL^4}{2\pi a^3 bE}$	$S = \dfrac{2pL^2}{\pi a^2 b}$	$\gamma = \dfrac{4aY}{L^2}$

(3) 편지지보로 선단하중

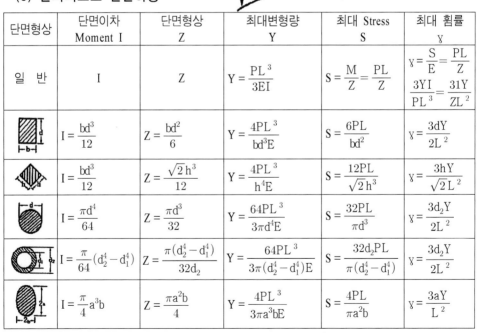

단면형상	단면이차 Moment I	단면형상 Z	최대변형량 Y	최대 Stress S	최대 휨률 γ
일 반	I	Z	$Y = \dfrac{PL^3}{3EI}$	$S = \dfrac{M}{Z} = \dfrac{PL}{Z}$	$\gamma = \dfrac{S}{E} = \dfrac{PL}{Z}$ $\dfrac{3YI}{PL^3} = \dfrac{31Y}{ZL^2}$
▨	$I = \dfrac{bd^3}{12}$	$Z = \dfrac{bd^2}{6}$	$Y = \dfrac{4PL^3}{bd^3E}$	$S = \dfrac{6PL}{bd^2}$	$\gamma = \dfrac{3dY}{2L^2}$
◈	$I = \dfrac{bd^3}{12}$	$Z = \dfrac{\sqrt{2}\,h^3}{12}$	$Y = \dfrac{4PL^3}{h^4E}$	$S = \dfrac{12PL}{\sqrt{2}\,h^3}$	$\gamma = \dfrac{3hY}{\sqrt{2}\,L^2}$
⬤	$I = \dfrac{\pi d^4}{64}$	$Z = \dfrac{\pi d^3}{32}$	$Y = \dfrac{64PL^3}{3\pi d^4E}$	$S = \dfrac{32PL}{\pi d^3}$	$\gamma = \dfrac{3d_2Y}{2L^2}$
◎	$I = \dfrac{\pi}{64}(d_2^4 - d_1^4)$	$Z = \dfrac{\pi(d_2^4 - d_1^4)}{32d_2}$	$Y = \dfrac{64PL^3}{3\pi(d_2^4 - d_1^4)E}$	$S = \dfrac{32d_2PL}{\pi(d_2^4 - d_1^4)}$	$\gamma = \dfrac{3d_2Y}{2L^2}$
⬭	$I = \dfrac{\pi}{4}a^3b$	$Z = \dfrac{\pi a^2 b}{4}$	$Y = \dfrac{4PL^3}{3\pi a^3 bE}$	$S = \dfrac{4PL}{\pi a^2 b}$	$\gamma = \dfrac{3aY}{L^2}$

(4) 양단고정 양지지보로 분포하중

단면형상	단면이차 Moment I	단면형상 Z	최대변형량 Y	최대 Stress S	최대 휨률 γ
일 반	I	Z	$Y = \dfrac{pL^4}{384EI}$	$S = \dfrac{M}{Z} = \dfrac{pL^2}{12Z}$	$\gamma = \dfrac{S}{E} = \dfrac{pL^2}{12Z}$ $\dfrac{3841Y}{pL^4} = \dfrac{321Y}{ZL^2}$
	$I = \dfrac{bd^3}{12}$	$Z = \dfrac{bd^2}{6}$	$Y = \dfrac{pL^4}{32bd^3E}$	$S = \dfrac{pL^2}{2bd^2}$	$\gamma = \dfrac{16hY}{L^2}$
	$I = \dfrac{h^4}{12}$	$Z = \dfrac{\sqrt{2}\,h^3}{12}$	$Y = \dfrac{pL^4}{32h^4E}$	$S = \dfrac{pL^2}{\sqrt{2}\,h^3}$	$\gamma = \dfrac{32bY}{\sqrt{2}\,h^2}$
	$I = \dfrac{\pi d^4}{64}$	$Z = \dfrac{\pi d^3}{32}$	$Y = \dfrac{pL^4}{6\pi d^4E}$	$S = \dfrac{8pL^2}{3\pi d^3}$	$\gamma = \dfrac{16d_2Y}{L^2}$
	$I = \dfrac{\pi}{64}(d_2^4 - d_1^4)$	$Z = \dfrac{\pi(d_2^4 - d_1^4)}{32d_2}$	$Y = \dfrac{pL^4}{6\pi(d_2^4 - d_1^4)E}$	$S = \dfrac{8pL^2 d_2}{3\pi(d_2^4 - d_1^4)}$	$\gamma = \dfrac{16d_2Y}{L^2}$
	$I = \dfrac{\pi}{4}a^3b$	$Z = \dfrac{\pi a^2 b}{4}$	$Y = \dfrac{pL^4}{96\pi a^3bE}$	$S = \dfrac{pL^2}{3\pi a^2 b}$	$\gamma = \dfrac{32aY}{L^2}$

(5) 양단고정단의 양지지보로 집중하중

단면형상	단면이차 Moment I	단면형상 Z	최대변형량 Y	최대 Stress S	최대 휨률 $\curlyvee$
일 반	I	Z	$Y = \dfrac{PL^3}{192EI}$	$S = \dfrac{M}{Z} = \dfrac{PL}{8Z}$	$\curlyvee = \dfrac{S}{E} = \dfrac{PL}{8Z}$ $\dfrac{1921Y}{PL^3} = \dfrac{241Y}{ZL^2}$
	$I = \dfrac{bd^3}{12}$	$Z = \dfrac{bd^2}{6}$	$Y = \dfrac{PL^3}{16bd^3E}$	$S = \dfrac{3PL}{4bd^2}$	$\curlyvee = \dfrac{12dY}{L^2}$
	$I = \dfrac{h^4}{12}$	$Z = \dfrac{2\sqrt{2}\,h^3}{12}$	$Y = \dfrac{PL^3}{16h^4E}$	$S = \dfrac{3PL}{2\sqrt{2}\,h^3}$	$\curlyvee = \dfrac{24hY}{\sqrt{2}\,L^2}$
	$I = \dfrac{\pi d^4}{64}$	$Z = \dfrac{\pi d^3}{32}$	$Y = \dfrac{PL^3}{3\pi d^4E}$	$S = \dfrac{4PL}{\pi d^3}$	$\curlyvee = \dfrac{12dY}{L^2}$
	$I = \dfrac{\pi d^4}{64}$	$Z = \dfrac{\pi d^3}{32}$	$Y = \dfrac{PL^3}{3\pi d^4E}$	$S = \dfrac{4PL}{\pi d^3}$	$\curlyvee = \dfrac{12dY}{L^2}$
	$I = \dfrac{\pi}{64}(d_2^4 - d_1^4)$	$Z = \dfrac{\pi(d_2^4 - d_1^4)}{32d_2}$	$Y = \dfrac{PL^3}{3\pi(d_2^4 - d_1^4)E}$	$S = \dfrac{4PLd_2}{\pi(d_3^4 - d_1^4)}$	$\curlyvee = \dfrac{12d_2Y}{L^2}$
	$I = \dfrac{\pi}{4}a^3b$	$Z = \dfrac{\pi a^2b}{4}$	$Y = \dfrac{PL^3}{48\pi a^3bE}$	$S = \dfrac{PL}{2\pi a^2b}$	$\curlyvee = \dfrac{24aY}{L^2}$

(6) 양단자유단의 양지지보로 분포하중

단면형상	단면이차 Moment I	단면형상 Z	최대변형량 Y	최대 Stress S	최대 휨률 γ
일 반	I	Z	$Y = \dfrac{5pL^4}{384EI}$	$S = \dfrac{M}{Z} = \dfrac{pL^2}{8Z}$	$\gamma = \dfrac{S}{E} = \dfrac{pL^2}{8Z}$ $\dfrac{384YI}{5pL^4} = \dfrac{481Y}{5ZL^2}$
	$I = \dfrac{bd^3}{12}$	$Z = \dfrac{bd^2}{6}$	$Y = \dfrac{5pL^4}{32bd^3E}$	$S = \dfrac{3pL^2}{4bd^2}$	$\gamma = \dfrac{24dY}{5L^2}$
	$I = \dfrac{h^4}{12}$	$Z = \dfrac{\sqrt{2}\,h^3}{12}$	$Y = \dfrac{5pL^4}{32h^4E}$	$S = \dfrac{3pL^2}{2\sqrt{2}\,h^3}$	$\gamma = \dfrac{48hY}{5\sqrt{2}\,L^2}$
	$I = \dfrac{\pi d^4}{64}$	$Z = \dfrac{\pi d^3}{32}$	$Y = \dfrac{5pL^4}{6\pi d^4E}$	$S = \dfrac{4pL^2}{\pi d^3}$	$\gamma = \dfrac{24dY}{5L^2}$
	$I = \dfrac{\pi}{64}(d_2^4 - d_1^4)$	$Z = \dfrac{\pi(d_2^4 - d_1^4)}{32d_2}$	$Y = \dfrac{5pL^4}{6\pi(d_1^4 - d_1^4)}$	$S = \dfrac{4pL^2d}{\pi(d_2^4 - d_1^4)}$	$\gamma = \dfrac{24d_2Y}{5L^2}$
	$I = \dfrac{\pi}{4}a^3b$	$Z = \dfrac{\pi a^2b}{4}$	$Y = \dfrac{5pL^4}{96\pi a^3bE}$	$S = \dfrac{pL^2}{2\pi a^2b}$	$\gamma = \dfrac{48aY}{5L^2}$

(1) 보의 계산식

양단자유단의 양지지보로 집중하중

P: 하중
ρ: 단위길이당 하중
E: 탄성률
M: 최대 굽힘 Moment
L: Span 간격

단면형상	단면이차 Moment I	단면형상 Z	최대변형량 Y	최대 Stress S	최대 휨률 ɣ
일 반	I	Z	$Y = \dfrac{PL^3}{48IE}$	$S = \dfrac{M}{Z} = \dfrac{PL}{4Z}$	$\gamma = \dfrac{S}{E} = \dfrac{PL}{4Z}$ $\dfrac{48IY}{PL^3} = \dfrac{12IY}{ZL^2}$
	$I = \dfrac{bd^3}{12}$	$Z = \dfrac{bd^2}{6}$	$Y = \dfrac{PL^3}{4bd^4E}$	$S = \dfrac{3PL}{2bd^2}$	$\gamma = \dfrac{6dY}{L^2}$
	$I = \dfrac{h^4}{12}$	$Z = \dfrac{\sqrt{2}\,h^3}{12}$	$Y = \dfrac{PL^3}{4h^4E}$	$S = \dfrac{3PL}{\sqrt{2}\,h^3}$	$\gamma = \dfrac{12hY}{\sqrt{2}\,L^2}$
	$I = \dfrac{\pi d^4}{64}$	$Z = \dfrac{\pi d^3}{32}$	$Y = \dfrac{4PL^3}{3\pi d^4E}$	$S = \dfrac{8PL}{\pi d^4}$	$\gamma = \dfrac{6dY}{L^2}$
	$I = \dfrac{\pi}{64}(d_2^4 - d_1^4)$	$Z = \dfrac{\pi(d_2^4 - d_1^4)}{32d_2}$	$Y = \dfrac{4PL^3}{3\pi(d_2^4 - a_1^4)E}$	$S = \dfrac{8PLd_2}{\pi(d_2^4 - a_1^4)}$	$\gamma = \dfrac{6d_2Y}{L^2}$
	$I = \dfrac{\pi}{4}a^3b$	$Z = \dfrac{\pi a^2b}{4}$	$Y = \dfrac{PL^3}{12\pi a^3bE}$	$S = \dfrac{PL}{\pi a^2b}$	$\gamma = \dfrac{12aY}{L^2}$

(8) 응력의 부하분포

E: 굽힘 강성률
I: 단면1차 Moment
P: 외력
L: 양의 깊이
W: 단위장당의 하중

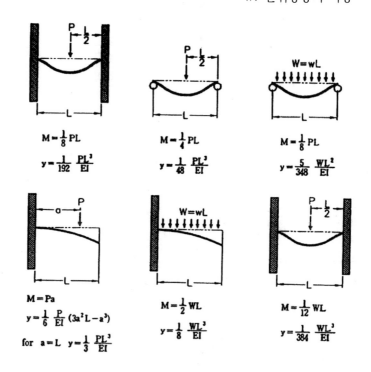

$M = \frac{1}{8} PL$

$y = \frac{1}{192} \frac{PL^3}{EI}$

$M = \frac{1}{4} PL$

$y = \frac{1}{48} \frac{PL^3}{EI}$

$M = \frac{1}{8} PL$

$y = \frac{5}{348} \frac{WL^2}{EI}$

$M = Pa$

$y = \frac{1}{6} \frac{P}{EI} (3a^2 L - a^3)$

for $a = L$ $y = \frac{1}{3} \frac{PL^3}{EI}$

$M = \frac{1}{2} WL$

$y = \frac{1}{8} \frac{WL^3}{EI}$

$M = \frac{1}{12} WL$

$y = \frac{1}{384} \frac{WL^3}{EI}$

번호	단면형	A	I	Z
1		bh	$\dfrac{1}{12}bh^3$	$a = \dfrac{1}{2}h$ $\dfrac{1}{6}bh^2$
2		$\left(b + \dfrac{1}{2}b_1\right)h$	$\dfrac{6b^2 + 6bb_1 + b_1^2}{36(2b + b_1)}h^3$	$a_1 = \dfrac{1}{3} \cdot \dfrac{3b + 2b_1}{2b + b_1}h$ $Z_1 = \dfrac{6b^2 + 6bb_1 + b_1^2}{12(3b + 2b_1)}h^2$
3		$\dfrac{\pi}{4}d^2$	$\dfrac{\pi}{64}d^4$	$a = \dfrac{d}{2}$ $\dfrac{\pi}{32}d^3$
4		$\dfrac{\pi}{4}(D^2 - d^2)$	$\dfrac{\pi}{64}(D^4 - d^4)$	$a = \dfrac{D}{2}$ $\dfrac{\pi}{32}\dfrac{D^4 - d^4}{D}$
5		$b_1h_2 + b_1h_1$	$\dfrac{1}{3}(b_1e_2^3 - b_1h_2^2 + b_2e_1^3)$	$e_2 = \dfrac{b_1h_1^2 + b_2h_2^2}{2(b_1h_1 + b_2h_2)}$ $e_1 = h_2 - e_2$
6		$b_2h_2 - b_1h_1$	$\dfrac{1}{12}(b_2h_2^3 - b_1h_1^3)$	$e = \dfrac{h_3}{2}$ $\dfrac{1}{6} \cdot \dfrac{b_2h_2^3 - b_1h_1^3}{h_2}$

제16장 Rib 설계

1. Rib의 정의

Rib의 성형품에서 길게 돌기된 부분으로서 성형품의 장식, 보강, 휨성방지 및 얇은 두께로서 강도를 증가시키므로 성형품의 경량화를 꾀할 수 있다.

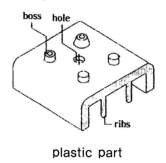

plastic part

2. Rib의 기능

Rib는 성형품에 길게 돌기됨으로써 성형 시 수지의 흐름을 좋게 할 뿐 아니라 Runner 기능 및 냉각 시에 성형품이 일그러지는 현상을 방지한다.

3. Rib의 설계

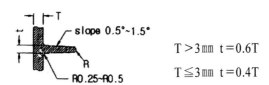

$T > 3\,\text{mm}\ \ t = 0.6T$

$T \leqq 3\,\text{mm}\ \ t = 0.4T$

① 수축을 제거하기 위하여 다수의 Rib를 설계하여 형상을 갖추면서 수축을 방지한다.

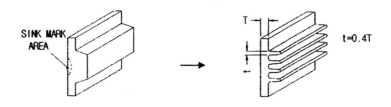

② 폭이 넓은 Rib 대신에 폭이 좁은 Rib를 2개로 하든가 강도상으로 문제가 없을 시에는 1개의 Rib로 한다.

③ 보강하는 데 많이 사용되는 세로방향 Rib의 발구배는 일반적으로 측벽 바닥두께에 의해서 A, B의 치수가 결정되므로 이 경우 가장 많이 사용되는 발구배는 아래와 같다.

$$\frac{0.5(A-B)}{H} = \frac{1}{500} \sim \frac{1}{200}$$

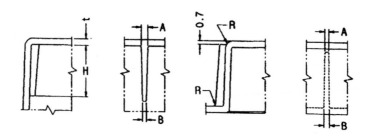

※ 다소 수축이 발생하여도 관계없는 경우(0.8~1.0)로 한다. 단 B=1.0~1.8

④ 바닥부위에 형성되는 Rib는 세로방향 Rib와 같은 용도로 이용되므로 세로방향 Rib와 같은 방법으로 설계한다.

$$\frac{0.5(A-B)}{H} = 1/150 \sim 1/100$$

$$A = T0.4$$

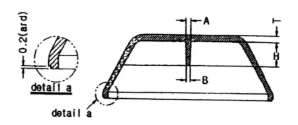

※ 다소 수축이 생겨도 좋은 경우
   B=(0.8~1.0)로 하는 경우도 있다.
   B=1.0~1.8(가공상 제한이 있기 때문)

⑤ 외곽형상을 변화시키지 않은 Rib를 설치하기 위하여, Rib 내의 수축으로 인한 변형을 방지하기 위하여 그림과 같이 설계한다.

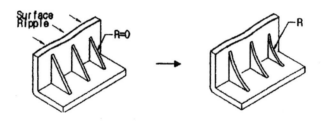

⑥ 벽두께에 Rib 두께를 같이한 경우 (a)와 Rib 두께를 벽두께의 1/2로 한 경우 (b)는 전자의 경우 Rib의 접촉부 단면적은 약 50% 증가하고 수축을 발생하게 한다.

후자의 경우 Rib 접촉부의 단면적이 약 20% 증가하게 되어 수축이 생기지 않는다. 이런 점으로 보아 Rib의 두께를 두껍게 하는 것보다는 Rib의 수를 증가시키는 것이 좋다.

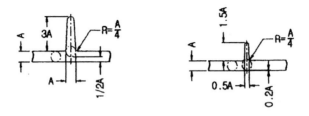

⑦ 표면에 Hot Stamping을 할 경우는 성형품 표면에 수축이 발생하므로 Rib를 설치하지 않는 것이 좋다.

⑧ 돌기에 의해 끼워 맞추는 경우는 돌기부분이 부러지기 쉬우므로 L 또는 h를 크게 하고 탄성에 의해 끼워 맞춰지도록 하고 과대한 힘이 돌기에 가해지지 않도록 한다.

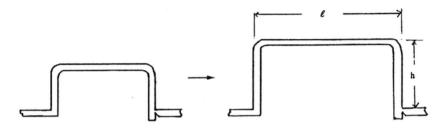

⑨ Vinyl 전선 등의 가소제를 포함한 부품이 직접 성형품에 닿으면 성형품을 변색 또는 열화시키므로 절연을 시킨다.

Rib의 형상에 의한 성형품의 변형이 크기 때문에 설계 시 부품기능을 손상하지 않은 범위에서 작은 변형의 쉬운 형상을 선택하는 일이 중요하다. 일반적으로 각형보다는 원형 쪽이 변형은 적으며 가장 변형이 적은 형상은 반구형이다.

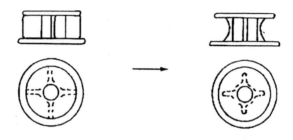

⑩ 기본적인 Rib design

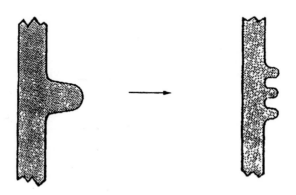

⑪ 일반적인 Rib 설계

　㋐ Rib

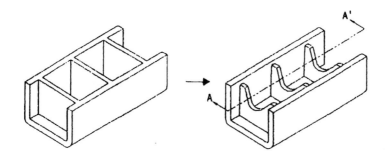

A = 살두께

B = 0.6 × A

C = 3 × B 만일 힘이 더 필요하

D = 2 × B면 추가 Rib를 가한다.

E = 0.2Round

F = 1 1 / 2°~2°

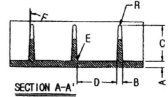

⑫ Rib의 두께에 따른 높이관계

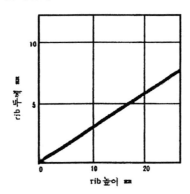

⑬ Rib 살부분 범위의 배열

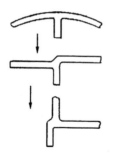 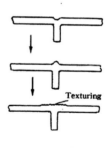

⑭ Plastic welding의 Rib 설계

ⓐ A Type

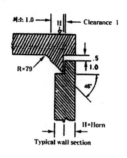

ⓑ B Type

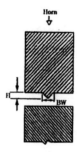

ⓒ C Type

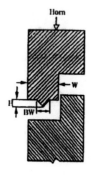

ⓓ D Type

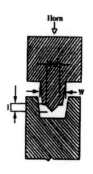

ⓔ E Type   ⓕ F Type   ⓖ G Type

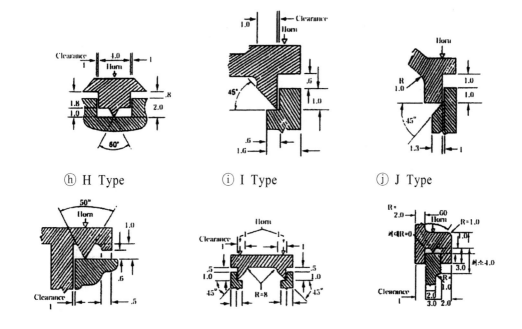

(h) H Type   (i) I Type   (j) J Type

4. 재질별 Rib 설계

(1) Polycarbonate의 Rib 설계

성형품에 예각이 있으면 수지의 흐름을 저해하거나 Flow mark가 생기거나 또는 강도적으로 Notch 효과가 일어나므로 모두 Rib(최저 1.5㎜R)를 취할 필요가 있다.

두께를 균일하게 하기 위해 성형품의 Design 예로서는 그림에 나타냈는데 참고 바란다. 또 강도적으로 어느 부분의 살을 아무리 해도 빠질 수 없는 경우는 Rib를 만드는 것에 의해 두께의 균일화를 취하면 좋다.

Rib의 설치방법은 그림을 표준으로 한다. 이 경우 Rib 기부에 있어서 "A"에 주의할 것. 강도적으로도 살을 두껍게 하는 것보다 얇은 살로 Rib를 만드는 것이 충격 강도는 높게 된다.

빼기 Taper는 통상 0.5~1° 또는 1:100~1:50 정도이면 좋다.

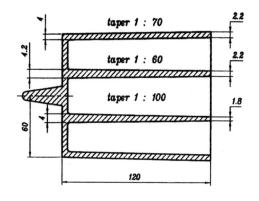

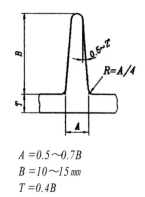

$A = 0.5 \sim 0.7B$
$B = 10 \sim 15\,mm$
$T = 0.4B$

Rib의 설치 방법

두께 0.5㎜ 이상, 높이 70~80㎜ 정도의 원통이라면, 빼기 Taper의 필요는 거의 없다. 어느 경우도 Core의 표면연마는 빼기방향으로 행하는 것이 유리하다.

Core pin의 경과 길이와의 비는 일단이 자유단인 경우는 1:5가 최고한도이며, 양단지지가능의 경우는 1:10까지 가능하다.

(2) Engineering structural foam의 Rib 설계

① Rib 구조설계

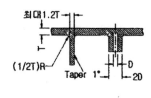

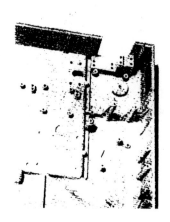

② T형상 Rib와 동일강상을 유지하는 평판두께의 변환공식

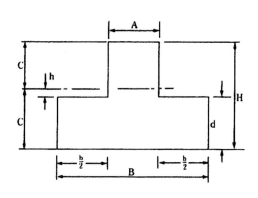

$$I = \frac{1}{3}(BC_1^3 - bh^3 + ac_2^3)$$

$$C_1 = \frac{1}{2} \cdot \frac{aH^2 + bd^2}{aH + bd}$$

$$C_2 = H - C1$$

동일 강성을 갖고 평단두께

$$T = \left(\frac{12I}{B}\right)^{1/3}$$

(3) ABS의 Rib설계

① Rib 설계 – Rib는 가능하고 적게 할 것(얇은 Rib는 Short shot 현상이 나오기 쉽다.)

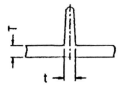

② 용착 Boss는 충분히 강하게 한다.

(4) PP의 Rib 설계

Polypro은 수축이 크므로 뺌이 쉬운데, 일반적으로 2°를 표준으로 하면 좋다. 최소 1° 정도까지 긁힘 상처 없이 뺄 수 있다. 성형품의 강성을 증가시킬 경우에는 Rib 살두께를 증가시키는 방법이 꽤 효과적이다. 그 밖에 Rib는 금형 내의 수지의 흐름을 용이케 하고 잔류응력에 의한 변형을 방지하는 데 유효하다. 그러나 Rib의

두께가 너무 두껍거나 높이가 높거나 하면, 이면에 긁힘을 발생시키거나 모서리부분에 과대한 응력집중을 발생한다. 이런 경우 큰 Rib를 1개 세운 것보다 작은 Rib를 여러 개 세운 쪽이 효과적이다.

다음에 대표적인 Rib의 크기를 나타냈다. Rib를 세운 면의 살두께를 T라 하면, Rib의 형상은 다음과 같은 것이 적당하다.

① 높이 h: 3 / 2T 　② 기부의 R: T / 8

③ 발구배 P: 2° 　④ 살두께 t: T / 2

Rib에 의한 긁힘이 외관상 문제되는 경우는 양면에 가공물 외관을 배의 반점 같은 것을 만드는 것과 같이 반대 측을 살붙임, 홈을 팜으로 해서 현저히 감소하게 된다.

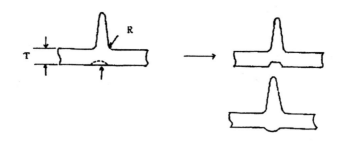

(5) 강성이 우수하고 수축이 심한 Rib 설계

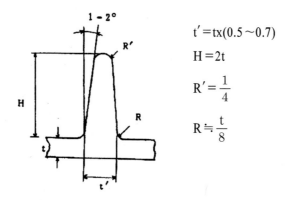

$t' = tx(0.5 \sim 0.7)$

$H = 2t$

$R' = \dfrac{1}{4}$

$R \fallingdotseq \dfrac{t}{8}$

(6) PC. ABS의 Rib wall thickness 관계

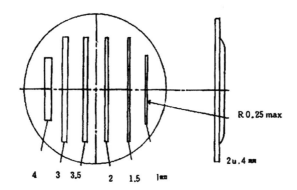

Baylon	: 1:2.5	Markrolon(PC)	: 1:2~1:2.5
Cellidor	:1:1.5~1:	3Novodur(ABS)	: 1:1.5~1:2.5
Durethan	: 1.3	Pocan B(GF30)	: 1:3.5
Duretan BKV30	: 1:3.5~1:4		

눈에 띠는 수축은 다음에 의해 감소시킬 수 있다.

① 더 높은 압력

② 평평한 부분에 Rib를 대지 않는다.

③ 표면을 Graining 또는 Texturing

④ 밝은 색깔

⑤ Rib가 최소 0.25㎜까지 살을 유지할 수 있는 Round

(7) POM의 Rib 설계

① 일반적으로 굽힘저항인 Flexural rigidity(휨강성)의 정의는 Flexural rigidity＝EI 여기서 E는 Young's modulus이고 I는 Moment of intertia(관성모멘트)이다. EI값이 클수록 주어진 하중에서 적은 변형량을 나타내고 주어진 변형량에서 판재가 유도되는 최대굽힘응력(Fiber stress)은 감소한다. 아래의 그림은 직사각형의 단면을 갖는 구조물의 EI를 Stress과 Plastic의 경우를 계산한 것이다. 즉 Steel 구조물을 Plastic으로 대체할 경우 똑같은 단면현상을 갖는다고 가정했을 때 철판의 두께보다 Plastic의 두께가 30배나 더 두꺼워야 한다.

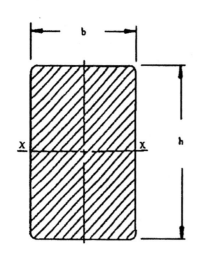

$$\text{Moment of incrtia} = \text{Ixx} = \frac{bh^3}{12}$$

$$\text{Modulus of steel} = E_{steel} = 2.1 \times 10^6 \text{kg} / \text{cm}^2$$

$$\text{Modulus of plastic} = E_{plastic} = 7.0 \times 10^4 \text{kg} / \text{cm}^2$$

Flexural rigidity E1

To equate stiffness of two materials

$$(E_{plastic})(I_{plastic}) = (E_{steel})(I_{steel})$$

$$I_{plastic} = (30 / 1)(I_{steel})$$

For steel thickness $h = 0.8 \text{mm}$

Plastic must be $h = 2.54 \text{mm}$

If $E_{plastic} = 2.1 \times 10^4 \text{kg} / \text{cm}^2$, then

$$I_{plastic} = 100 / 1$$

Plastic must be $h = 2.81 \text{mm}$ thickness.

이렇게 두께를 증가시켜 같은 Flexural rigidity를 갖도록 설계된 경우 대부분은 사출 불능이며 또한 재질 사용에 있어서도 경제적일 수 없다. Plastic은 강제처럼 용접에 의한 번거로움이 없이 Rib를 용이하게 부착시켜 구조변경이 용이하므로 이를 많이 이용하게 된다. 아래의 그림은 Aluminium, Zinc, Nylon을 사용했을 때 같은 Flexural rigidity를 갖기 위한 형상변화이다.

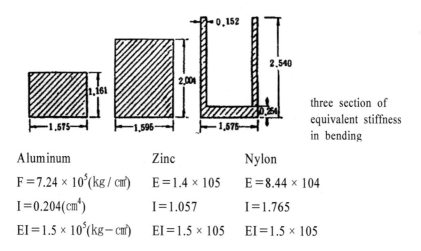

three section of
equivalent stiffness
in bending

Aluminum

$F = 7.24 \times 10^5 (\text{kg} / \text{cm}^2)$

$I = 0.204 (\text{cm}^4)$

$EI = 1.5 \times 10^5 (\text{kg} - \text{cm}^2)$

Zinc

$E = 1.4 \times 105$

$I = 1.057$

$EI = 1.5 \times 105$

Nylon

$E = 8.44 \times 104$

$I = 1.765$

$EI = 1.5 \times 105$

즉 Rib를 사용함으로써 Nylon의 경우 Young's modulus 면에서 Nylon보다 우수한 Aluminium이나 Zinc보다 부품의 두께를 얇게 할 수 있다.

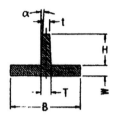

B =Plaste or base width, in.

E =Modulus of clasticity, psi

F_R =Rib frequency

H =Rib height, in.

T =Rib thickness at base, in.

Rib가 보강된 판재의 변형과 굽힘응력을 계산하기 위해서 먼저 Rib 구조물 단면의 Moment of intertia(I)와 Section modulus(Z)를 구해야 한다.

여기서 I는 변형량과 관계하며 Z는 굽힘응력에 $\delta a \dfrac{1}{EI}$, $\sigma a \dfrac{1}{Z}$ 에 관계된다.

I_R과 Z_R은 그림에 나타나 있는 부품의 두께(W), 폭(B), Rib의 높이(H), Rib의 두께(T), Draft angle(α)의 복잡한 함수로 나타낸다. 따라서 I_R과 Z_R의 계산에 있어서 매우 복잡하므로 실제 Rib 설계기법으로서 Chart 이용이 용이하다.

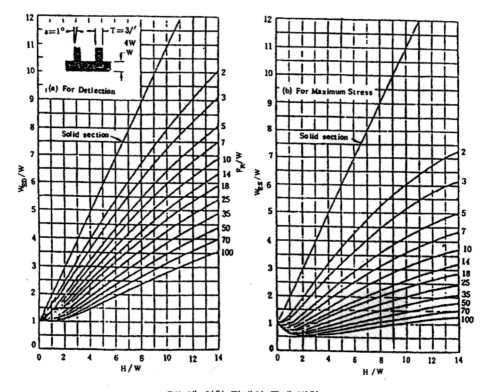

Rib에 의한 판재의 두께 변화

Rib 구조물과 동일한 Moment of intertia I_R과 Section modulus Z_R을 갖는 두께의 판재와의 관계를 Rib의 높이 / 판재의 두께(H / W)와 Rib frequency / 판재의 두께(FR / W)의 함수로 나타낸다.

Rib frequency F_R은 그림과 같이 판재에 여러 개의 Rib를 사용할 때 Rib 평균폭 이다.

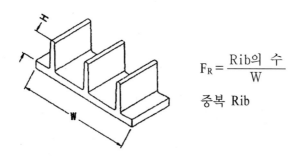

$$F_R = \frac{\text{Rib의 수}}{W}$$

중복 Rib

② Aluminum 판재를 유리섬유로 강화된 Plastic 사출물로 대체하고자 한다.

대체 시 Aluminum과는 적어도 같은 구조강성을 가져야 하며 한쪽으로 Rib를 부착할 수 있다. 그러나 부품의 전체 두께는 조립으로 인해 1.84cm 이상 할 수 없다. Plastic의 Young's modulus는 $4.5 \times 10^4 kg/cm^2$이며 Plastic의 두께를 0.8cm로 하고자 할 경우

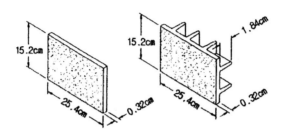

Aluminum plate와 Plastic plate

$$\delta a \frac{1}{EI} \quad 여기서 \quad Ia(부품의 \ 두께)^3$$

따라서 $\dfrac{1}{E_{A1} \cdot t_{A1}^3} = \dfrac{1}{E_{p1} \cdot t_{p1}^3}$

$$t_{p1} = \left\{ \frac{E_{A1} \cdot t_{A1}^3}{E_{p1}} \right\}^{y3} = \left\{ \frac{7.0 \times 10^5 \times 0.32^3}{3.5 \times 10^4} \right\}^{y3} = 0.861 cm = W_{ED}$$

실제 Plastic 부품의 t는 0.28cm로 하니까

$$\frac{W_{ED}}{W} = \frac{0.86}{0.28} = 3.1$$

그리고 최대 Rib 높이는 $1.84 - 0.28 = 1.56$cm

$$\frac{H}{D} = \frac{1.56}{0.28} = 5.6$$

그림에서 Rib에 의한 판재의 두께변화를 이용하여 F_R / W를 구하면

$$\frac{F_R}{W} = 16 \quad \text{그러므로} \quad F_R = 16 \times 0.28 = 4.5\,\text{cm}$$

$$F_R = \text{Rib 평균간격} \quad \text{Rib의 수} = \frac{15.2}{4.5} = 3.4 \fallingdotseq 4개(15.2\,\text{cm에 대해})$$

$$\text{Rib의 수} = \frac{25.4}{4.5} = 5.6 \fallingdotseq 6개(25.4\,\text{cm에 대해})$$

따라서 Rib의 형상은 그림과 같다.

여기서 Rib가 교차하기 때문에 구조물은 Aluminum 부품보다 더 강하며 더 안전하다.

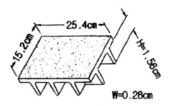

Plastic plate with Ribs

5. Rib의 일반적 형상 및 사례

(1) Rib

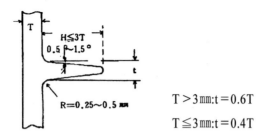

$$T > 3\,\text{mm}:t = 0.6T$$
$$T \leqq 3\,\text{mm}:t = 0.4T$$

(2) 평판의 Rib 구조와 변형 사례

4W × 2T × 2Lmm의 시험편

사출 성형 금형온도(℃) \ 단면 형상	①	②	③	④	⑤	⑥
30	〈0.04	0.06	0.29	−0.68	−0.55	0.04
80	0.05	0.08	0.61	−0.44	−0.04	0.04

(3) L형 성형품의 형상과 변형 사례

L형 성형품의 형상과 변형

사출성형 금형온도 (℃)	단면 형상	①	②	③	④	⑤	⑥	⑦	⑧	평균치 ⑧을 제외
30	M270	2.5	2.5	3.5	3.0	3.0	2.0	2.5	−	2.71
	M90	2.5	2.5	4.0	3.5	3.0	2.0	2.5	0	2.86
80	M270	2.5	2.5	4.5	4.0	3.5	2.5	3.0	−	3.21
	M90	2.5	2.5	4.5	4.0	3.5	2.5	3.0	0	3.21

표중의 값은 넘어지는 각도로 나타냈다.

(4) 각종 Gate가 부품에 미치는 영향

① Edge gate의 Flat

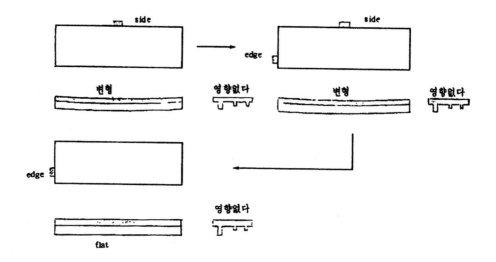

② End gate

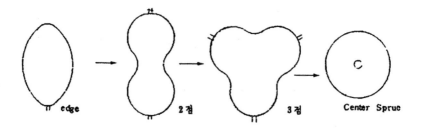

③ Center sprue gate

(5) Gas 주입 Rib

① Rib 두께 2.5~4 이하, 4 이상 불가

② a=b=(2.5~4)×S

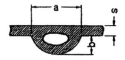

③ c=(0.5~1.0)×5, d=(5~10)×S

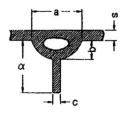

• 기존 Gate의 이용이 가능한 것도 있으나 Gate의 수정이 절대적으로 필요하다.
• Rib의 배열은 얇은 성형품의 경우는 Gas가 Rib를 통해 전달될 수 있도록 해야
한다. Rib와 본체 두께의 차익 너무 클 경우에는 Rib 주변에서 수지의 충진에 문제
가 생기므로 Rib의 배열이 요구된다.

(6) Rib의 뒤틀림 현상

Rib의 뒤틀림(Buckling)은 강성을 상실했을 때 생긴다.

① Rib의 뒤틀림 현상

　　ー재료의 탄성률(Elastic modulus)이 낮을 때

　　ーRib의 깊이에 비해 두께가 얇을 때

　　ーRib의 깊이에 비해 길이가 길 때

② Rib의 손상은

　　ーRib의 굴곡응력의 증가로 항복이 일어날 때

　　ーRib의 불안전한 휨(뒤틀림)이 있을 때

$$\frac{\ell}{b} = \pi \sqrt{\frac{2}{1+V}\left(\frac{b}{d}\right)^2\left(\frac{E}{O_y}\right)}\sqrt{\left(1-0.63\frac{b}{d}\right)}$$

　　E: 탄성률

　　Oy: 항복응력

　　V: 포이션비

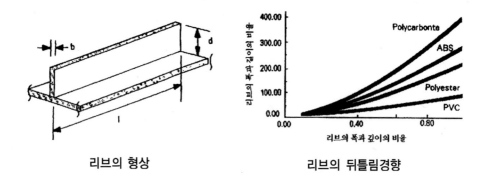

리브의 형상　　　　　　　리브의 뒤틀림경향

　　Rib의 뒤틀림 경향은 Rib의 b / d와 1 / d 얻은 점이 해당되는 수지의 그래프 위쪽에 위치하면 뒤틀림이 주로 일어나며 Rib의 항복의 경향은 Rib의 b / d와 1 / d 얻은 점이 해당되는 수지의 그래프 아래쪽에 위치하면 항복이 주로 일어난다.

　　Rib의 설계는 뒤틀림에 비해 항복에 의한 파괴의 경우가 설계에 의한 제어가 더 쉽기 때문이다.

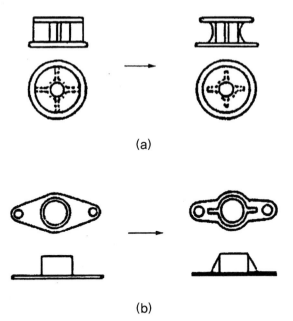

(a)

(b)

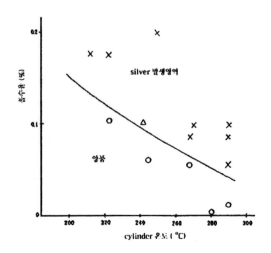

ABS 흡수율과 Cylinder 온도

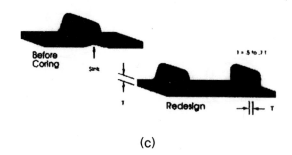

(c)

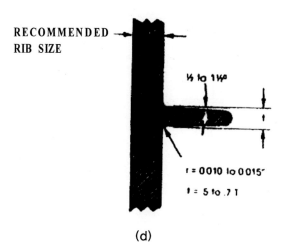

RECOMMENDED
RIB SIZE

(d)

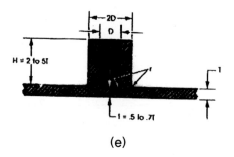

(e)

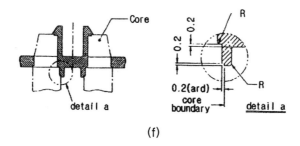

(f)

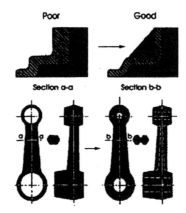

(g) Variable wall section diagram

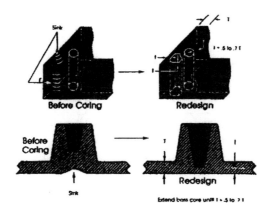

(h) Coring

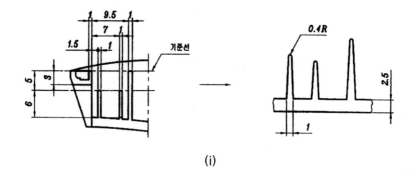

(i)

플라스틱 최적 설계

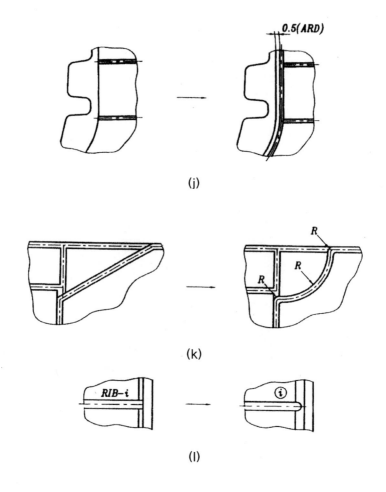

(j)

(k)

(l)

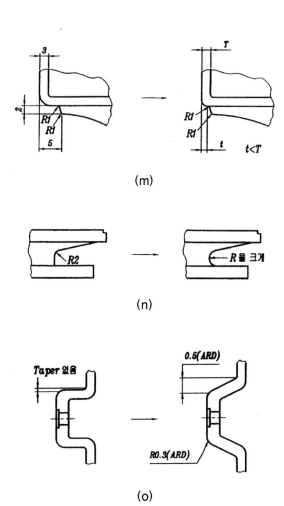

(m)

(n)

(o)

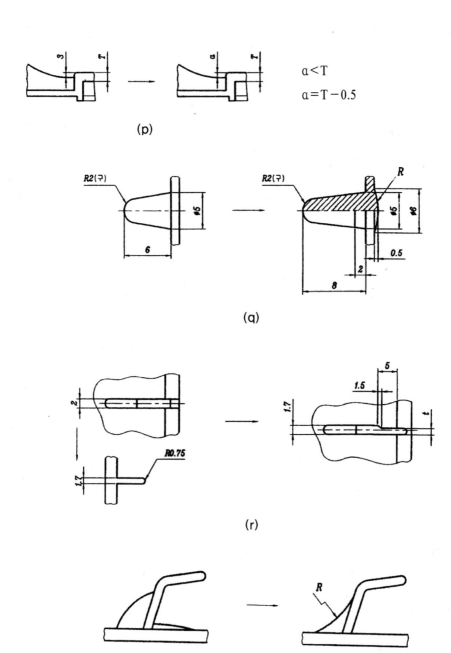

$$\alpha < T$$
$$\alpha = T - 0.5$$

(p)

(q)

(r)

(s)

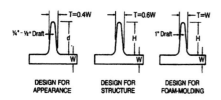

DESIGN FOR APPEARANCE   DESIGN FOR STRUCTURE   DESIGN FOR FOAM-MOLDING

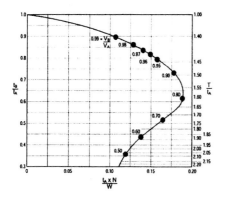

Conserving material by ribbed wall design

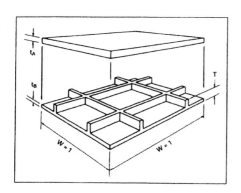

Conserving material by ribbed wall design

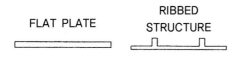

FLAT PLATE   RIBBED STRUCTURE

Known: Present wall thickness(t_A) = 0.0675 in
Required: Material reduction equals 40% or:

Known: Present wall thickness(t_A) = 0.050 in
Required: Minimum wall thickness(t_B) = 0.020 in

Known: Present wall thickness(t_A) = 0.25 in
Required: Maximum height of ribbed wall

$$t = T - 2H \, \tan\alpha$$

$$A(area) = BW + \frac{H(T+t)}{2}$$

W_d = Thickness for deflection

W_s = Thickness for stress

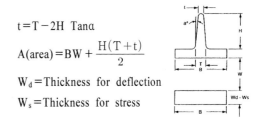

Flex modulus(E) for copper

(C) = 107600 MPa(15,600,000 psi)

Flex modulus for Delrin® acetal resin

(D) = 2830 MPa(410,000 psi)

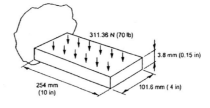

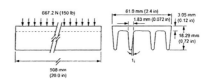

Substitute the known data:

Deflection curves

The computer programmed curves in the graph below, plotted for rib thicknesses equal to 60 percent of wall thickness, are presented as an aid in calculating maximum deflection of a ribbed structure.

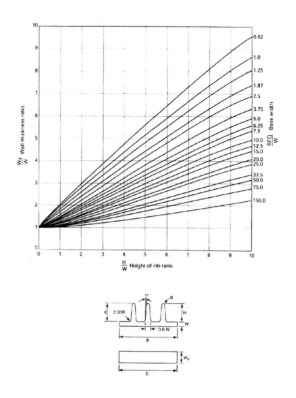

Stress curves

The computer programmed curves in the graph below, plotted for rib thickness equal to 60 percent of wall thickness, are prese- nted as an aid in calculating the maximum stress tolerance of a ribbed structure.

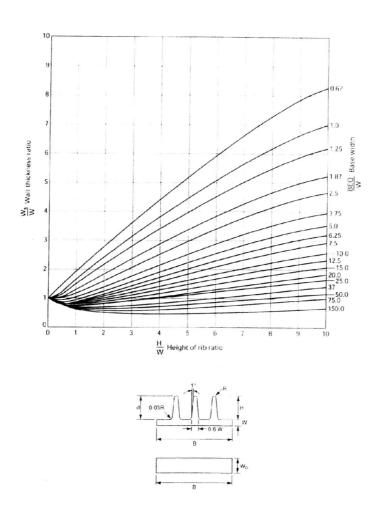

A triangular, cut-out-web geometry enhances the strength of pulley in Delrin® (foreground) while holding its cost to 27¢—a hefty saving over $3 tag for zinc pulleys.

Axial stability in this nylon wheel is provided by its corrugated web.

Usual rib design with large increase in wall thickness at intersection

Staggered rib design with small increase in wall thickness at intersection

Corrugated rib design with minimum increase in wall thickness

Preferred

제17장 Slot 설계

1. Slot의 정의

깊은 Slot나 Groove가 필요한 성형품의 경우 Slot의 면적을 넓혀 줌으로써 금형의 강도를 높여 준다. 불가피한 경우는

Slot 깊이<3 × 성형품 두께

Slot는 성형제품에 홈을 만들어 주어 성형제품의 휨이나 조립 등에 이용된다.

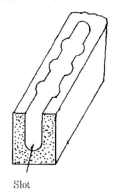

Slot

범위를 넓힌다.

2. Slot의 효과

수지의 충격강도는 Slot가 있는 성형품에서 Slot가 없는 경우에 비교하여 극도로 저하한다. 이것은 수지가 Slot에 대해서 민감하다는 것을 나타낸다. 또, Slot부의 Rounding의 대소에 따라서 아래와 같이 충격강도가 변화하므로 성형품의 Design에 있어서는 각의 둥글기를 크게 잡고 Slot 효과를 없애는 것이 필요하다.

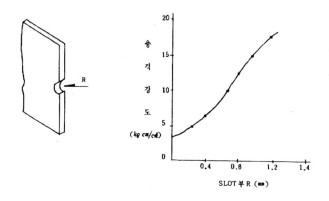

3. Slot의 설계

깊은 Slot이나 Groove가 필요한 성형품의 경우 Slot의 면적을 넓혀 줌으로써 금형의 강도를 높여 주고 수명을 연장시킨다.

(1) Hinge의 설계

① Hinge가 90° 이상 휠 경우는 Hinge부 두께는 0.15~0.5㎜로 하고 0.5㎜를 넘을 수 없고 Hinge action에 필요한 강성과 두께를 먼저 결정해 준다.
② Hinge 랜드의 길이는 적어도 1.5㎜ 이상으로 하고 적당한 굽힘과 Rounding을 주는 것이 Hinge의 수명을 연장시킨다.

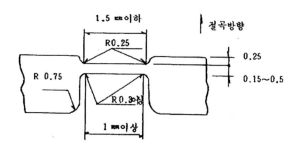

(2) Hinge를 90° 이하로 휠 경우

① Hinge부의 형상을 V자형으로 하고 살 두께는 0.2㎜ 정도로 하며 홈의 선단에 약간의 R을 준다.

② V자형의 열림각도는 100° 정도로 한다.

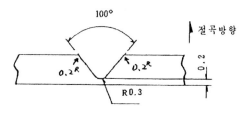

(3) 설계 시 주의사항

① Gate의 위치: 수지의 흐름이 Hinge line에 직각이 되도록 설계하고, 다수 Gate의 경우는 Hinge 부에 Weld line이 생기지 않도록 Gate는 Hinge의 편측에만 설치한다.

② Hinge의 균열강도: Hinge단에 Burr 같은 작은 반원형의 얇은 막을 놓든가 선단부를 둥글게 하고 Φ1 정도의 원형으로 함으로써 Hinge 부의 균열강도를 증가시킬 수 있다.

③ Hinge의 수명: 성형 후 따뜻할 때 2~3회 Bending해 놓으면 수명이 길어진다. 또, 성형온도는 높은 듯한 온도로 하면 좋은 효과가 있으나 과다한 성형온도는 바람직하지 않다.

(4) 창 살

창살의 형상 치수 및 창살부 전 면적의 치수에 따라 발구배를 약간 달리 선정하는 것이 좋다.

● 창살의 피치가 4㎜ 이하일 때는 발구배를 1 / 10 정도로 한다.

● 창살부의 (A) 치수가 클 때 발구배를 많이 주는 것이 좋다.

● 창살의 높이(H)가 8㎜를 넘을 경우나 (A) 치수가 클 때 발구배를 너무 지나치게 주지 않을 경우에는 그림의 경우에서처럼 성형부에 1 / 2H 이하의 창살모양

을 만들어서 성형품을 하원판측에 남도록 한다.

$$\frac{0.5(A-B)}{H} = 1/12 \sim 1/14$$

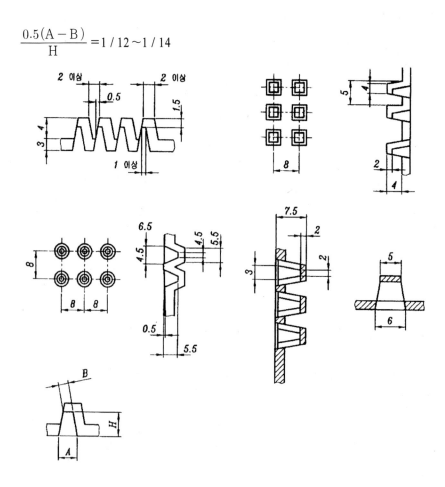

(5) PC Frame 위에 Plastic 렌즈의 성형

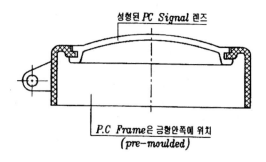

성형된 *PC Signal* 렌즈

*P.C Frame*은 금형안쪽에 위치
(pre-moulded)

(6) PA에 있어서 다음의 Cold pressing을 갖는 Film hinge의 형성

① 최초 살 두께 1.2㎜

② Cold pressed down to 0.3㎜

③ 이것은 Polymer 분자량의 평행방위에 기인하여 30.000까지 Bending strength를 일으키게 한다.

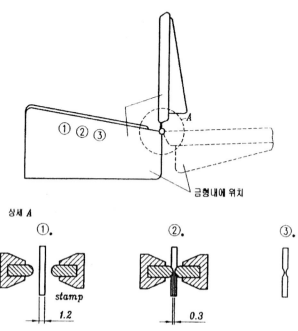

(7) Slot 반경과 Design의 효과

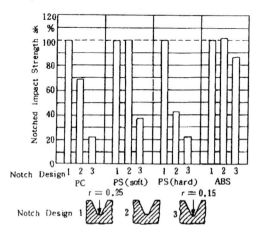

(8) Impact에 대한 저항

열가소성 수지의 Impact strength는 제품의 두께, Notch의 범위, 주위온도, Impact
의 종류에 따라 여러 가지로 변한다. 이러한 요소들은 제품을 설계할 때에 고려되
어야 한다.

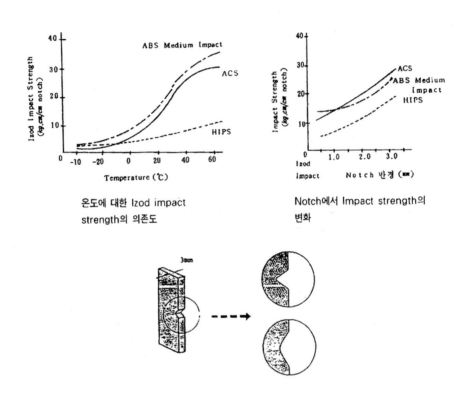

온도에 대한 Izod impact
strength의 의존도

Notch에서 Impact strength의
변화

(9) 낙구 Impact

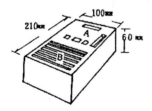

시험방법: UL1410 Finger test Test piece
평균두께: 3㎜
Part A: Vicinity of edge(모서리주변)
Part B: Lattice section(창살부분)

Resin	5Ft-lb 낙구 Impact에 기준한 판단			
	Part A		Part B	
ACS	Clouding only	Success	Clouding only	Success
ABS Flame Retardant	Breakage, holed	Failure	Breakage, holed	Failure
ABS - PVC	Clouding only	Success	Cracking	Success
Modified PPO	Cracking	Success	Partly holed	Failure

(10) Laser machining

① Polyetherimide resin

Maximum recommended cutting relationships

laser power, watts	cutting speed, in / min (cm / min)
150	35(90)
300	70(180)
500	135(340)

② Fillet, Radii

㉮ Stress concentration diagram

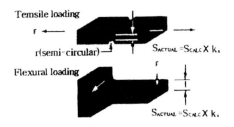

④ Stress concentration factors

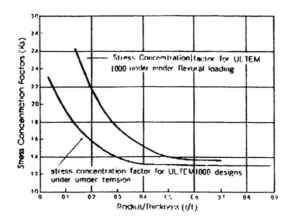

(11) Slot 종류

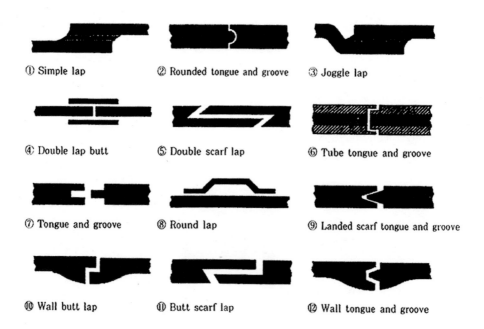

① Simple lap   ② Rounded tongue and groove   ③ Joggle lap

④ Double lap butt   ⑤ Double scarf lap   ⑥ Tube tongue and groove

⑦ Tongue and groove   ⑧ Round lap   ⑨ Landed scarf tongue and groove

⑩ Wall butt lap   ⑪ Butt scarf lap   ⑫ Wall tongue and groove

(12) Slot설계 방법

①

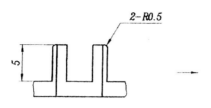 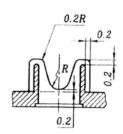

②

 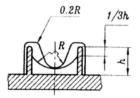

충격강도의 특성에 의한 강도설계의 제반문제점

1. 재료의 충격강도 평가방법

○ 충격력을 받은 구조부품소재에 발생하는 동적응력상태는 작은 충격에너지가 아니므로 구조부품소재에 발생한 응력파의 영향에 대한 예로서 봉의 한쪽 단에 충격을 가해서 발생한 응력파는 다른 반대편 단에 도달하는 짧은 시간 내에서 양쪽 단에 반사된 다수의 반사파가 서로 겹쳐서 응력펄스(stress pulse)를 형성하였다.

○ 이론적으로 추정된 응력펄스의 파형은 실험에 의해서 계측이 되기 어려우며 파형에 대응하는 응력펄스파의 진폭은 짧은 시험편의 한쪽 단이 높게 나타나는 특성을 나타내었다. 이 특성이 동적응력집중이나 파괴강도 등에 미치는 영향도 응력 펄스파의 진폭이 높게 나타나는 특성을 보여 재료에 대한 충격강도 평가법의 문제점을 분석하였다.

2. 동적응력 집중계수의 특성관계

□ 계단식시험편

○ 구조부품소재에서 원형홀(round hole), V노치(v-notch), 균열 등이 존재하며 응력집중으로 인하여 파괴의 위험성이 높아지고 있다. 원형홀은 특히 폭에 비하여 상당히 긴 판재에 조화파를 입사할 때 동적응력 집중계수는 정적응력 집중계수보다 커졌다. 충격력이 작용한 경우와 같이 과도적 응력파가 전파됨에 따라 동적응력 집중계수는 반드시 정적응력 집중계수보다 커진다고는 볼 수 없었다.

○ 몇 개의 모델시험편에 대해서 이론적 및 실험적으로 아크릴(PMMA, acrylic resin)제의 계단식 시험편에 충격인장을 작용시켰을 때의 뒤틀림에 의한 실험결과처

럼 최대응력 집중계수는 계단 아래에서 약간 어긋난 위치가 발생하였지만 입사응력 진폭에 대한 비율을 계단부위의 동적응력 집중계수라고 하며 이 동적응력 집중계수는 정적응력 집중계수보다 작아졌다. 또 충격력은 시험편폭이 좁은 편으로 작용한 경우가 넓은 편을 작용한 경우보다 커졌다. 즉 충격력에 의한 동적응력 집중계수는 정적응력 집중계수보다 작고, 응력파의 입사방향에 따라서 다르게 나타났다. 또한 이 실험에서 응력파의 최고정상에 해당되는 입사뒤틀림파의 피크에 대해 실험 및 분석, 시험편 양단은 반사파의 영향에 포함시키지 않았다.

□ 원형홀, V-notch가 있는 시험편

○ 시험편의 중심에 원형홀을 가진 시험편과 평행부위의 양변에 V형으로 절단한 시험편의 치수비가 1:2의 PMMA재료의 유사시험편에 대한 펄스의 최대진폭과 평활한 시험편에 대한 펄스의 최대진폭과의 비를 동적응력 집중계수, 대형시험편의 동적응력 집중계수와 소형시험편의 동적응력 집중계수와 PMMA재료 유사시험편의 동적응력집중계수와의 치수효과를 나타내었다. 시험편을 철판에 지지한 V-notch의 경우의 소형시험편이 대형시험편보다 동적응력 집중계수치는 높게 나타나고 철판에 지지하지 않는 V-notch의 경우에는 대형시험편이 크게 나타났다. 이 경우의 시험편은 충격에 의한 이동으로 충격단면의 끝단면은 자유단이 되어 이곳에서 위상역회전파가 반대로 되어 있기 때문에 파의 겹침에 의한 효과라고 생각된다.

□ 평행2열의 원형홀, V-notch가 있는 시험편

○ 양측에 평행2열의 원형홀, V-notch가 있는 시험편의 충격인장 및 정적인장에 대한 응력 집중계수의 DYNA3D 및 NASTRAN 구조해석 소프트웨어에 의한 수치해석 결과에서 동적응력 집중계수는 정적응력 집중계수와 동일모양의 원형홀 간 거리가 짧을 때에 원형홀 간의 간섭에 의하여 경감되지만 부하 측의 제1홀보다도 지지단 측의 제2홀의 동적응력 집중계수의 시험편이 약간 커져 있어 이것은 부하 측과 지지단 측의 영향에 의한 차이라고 보여진다. 이 경우는 응력펄스의 제1피크치와 입사스탭파의 응력비율을 동적응력 집중계수라고 하고 그 피크에서 인접홀의 영향이 있고, 시험편단면에서 반사파의 영향도 있다고 생각된다. 이 경우도 짧은 시험

편이 긴 시험편보다 동적응력 집중 계수치는 커졌다.

□ 평행2열의 원형홀, V-notch가 있는 시험편과 pipe

○ 원형홀, V-notch가 있는 시험편의 충격인장, 내면충격굽힘 및 얇은 원통(간단히 pipe로 기록)의 충격인장, 충격굽힘에 대한 구조해석 소프트웨어 DYNA3D에 의한 수치해석을 길이 200㎜의 인장시험편으로 시간에 따른 응력, 길이 200㎜의 pipe 굽힘시험편으로 시간에 따른 응력스텝파(stress step wave)를 입사시켰기 때문에 균열말단의 응력은 진동에 의해 먼저 증가하고 모델의 균열선단요소가 유한크기를 가지기 때문에 균열선단의 응력은 무한대로는 되지 않았다. 거기서 응력 이력의 제1 피크치로 이 입사파에 대한 비를 동적응력 집중계수로써 정의한 동적응력 집중계수에서 나타나는 모델편 길이의 영향에서도 동일하게 나타났다.

○ 이 결과에서 pipe의 충격굽힘을 작용시킨 경우에 동적응력 집중계수치는 짧은 모델편이 긴 모델편보다 약간 커져서 그때에 짧은 모델편이 위험성이 커지게 되었다. 그러나 pipe의 충격굽힘에서 동적응력 집중계수치는 짧은 시험편이 작아졌다. 이 이유는 pipe의 자유단위쪽의 1점에 집중충격력이 미치는 방식의 충격굽힘에서 충격력에 의하여 생겼기 때문이다. pipe의 얇은 내벽을 복잡한 반사로부터 지지단을 향하여 축방향으로 전파된 굽힘 상태 때문에 동적응력 상태는 인장의 경우와 같은 단순한 1축방향의 파동전파의 경우와 다르게 된 것이라고 생각된다. 극소충격력에 의해 굽힘이 생기는 것은 단순굽힘모델파가 전파한다고 볼 수 없었다.

3. 충격파괴강도의 역학적 치수효과

□ 평행2열의 원형홀, v-notch가 있는 시험편

○ 동적 응력집중효과가 파괴에 미치는 영향을 보면 평행2열의 원형홀, v-notch가 있는 PMMA재료의 시험편을 이용하여 회전원판 방식에 충격인장실험을 행한 결과에서 충격강도에 미치는 원형홀, v-notch 간 거리의 영향에서 나타나고 파괴강도에는 격차가 있지만 평균치곡선을 그려보면 원형홀 간 거리가 가까울 때 충격속도

가 작아졌다. 평행2열의 원형홀 간의 간섭에 의한 강도상승이라고 보이지만 고속충격 효과는 없고 파괴강도 자체도 저하하고 한층 더 시험편강도는 작아졌다.

□ 원형홀, v-notch가 있는 시험편과 pipe

○ 균열이 발생한 PMMA시험편과 pipe시험편에 낙하추에 의해 충격인장, 충격굽힘, 충격비틀림실험을 행하여 시험편평활 부위와 균열선단의 뒤틀림이력을 시간에 따른 비틀림으로, 파단 시의 균열단의 뒤틀림과 평활부위 뒤틀림과의 비를 동적균열강도계수로 정의하고 PMMA시험편의 동적균열 강도계수에 미치는 시험편길이에 의한 영향, 동적응력 집중계수에 미치는 모델길이에 의한 영향에서 치수효과가 있었다. 그러나 이 경우에 짧은 시험편이 동적균열 강도계수치가 큰 것은 짧은 시험편이 긴 시험편에 비해 작았기 때문에 파단 시의 균열단뒤틀림 값은 거의 일정하였다. 그 이유는 편측균열굽힘이 생기거나 낙하추에 의한 충격속도가 작았기 때문에 정적부하에 가까운 파동효과가 나타나기 어려웠던 것이다.

□ 모드1형 균열모델

○ PMMA시험편의 동적균열강도계수에 미치는 시험편길이에 의한 영향은 균열이 발생한 PMMA재료의 시편을 평활벽에 지탱해서 상하 대칭으로 모드1형의 충격력을 작용시킨 결과를 보면 균열의 뒤틀림이력 측정결과로 평가한 충격파괴 인성치는 소형 시험편이 작아졌다. 충격 파괴성(impact fracture toughness)값을 평가하기 위해 동적응력 확대계수에 대한 균열이 무한평면, 반무한면의 동적응력 확대계수에 기록되어 동적응력 확대계수의 시간이력은 최대치를 표시한 후에 시간의 경과와 정적응력 확대계수는 저하하였다. 그러나 유한형상체의 경우는 동적응력 확대계수의 표식 중간에 정적응력 확대계수부재의 형상치수가 포함되어 있으면 파도정상(wave peak)이 균열에 도달하는 시점에서 주변경계까지 도달하고 있지 않아도 균열선단응력이 주변형상이나 경계조건에 영향이 미치게 되었다. 또 실험적으로 편측균열을 가진 수지판의 충격강도에 대한 충격파괴성은 정적치의 약 75%로 균열길이, 예리한 응력펄스(stress pulse)의 지속시간에 의하지 않고 재료의 고유치에 있었다. 또 알루미늄(aluminium)합금의 충격파괴인성치는 충격인장속도의 증가에 따라 저하하고 강(steel)의 경우에 일단 저

하한 정적응력 확대계수치는 한층 더 고속이 되며 다시 커졌다. 이러한 특성에 대해 안전설계는 정적응력 확대계수치가 저하하는 것에 주의를 요한다.

□ 충격피로강도

○ 충격력이라 하면 과대한 힘이라는 인상을 받기 쉽지만 기계의 안전설계를 위해 일반적으로 충격력이 생기지 않도록 계획되어야 할 것이다. 그럼에도 불구하고 과대한 충격력은 피할 수 없고 작은 충격력을 받는 경우는 많다고 생각된다. 이러한 경우에도 응력파동성의 부품소재 내에서 반사파가 겹치면 파괴를 일으킬 가능성도 나오고 저응력진폭이라 하더라도 많은 횟수가 작용하면 충격피로파괴를 일으키기도 한다. 충격피로수명은 충격피로수명에 미치는 시험편길이의 영향에서 충격인장, 충격압축(타격), 충격나사 등도 반복수를 작용시키면 모두 짧은 시험편이 긴 시험편보다 수명이 짧지 않았다.

○ 충격나사피로수명은 가는 편의 길이가 짧은 것과 가는 편을 고정단 측으로 한 경우의 시험편이 수명이 짧고 뒤틀림파형의 측정결과도 충격피로수명을 완전히 예측하기 위해서 충격력의 파형영향의 해명과 부품소재주변의 지지접속의 역학적 조건이 응력파의 반사, 투과에 미치는 영향, 응력파의 전파감쇠 등도 연구를 계속할 필요가 있다. 정하중하에서 유사형상의 시험편강도는 대형시험편이 저하되는 것이 치수효과라고 알려지고 있다. 그 이유는 대형시험편에 포함된 결함이 존재확률이 커졌기 때문이다.

○ 그러나 위의 충격피로수명의 치수효과는 응력파의 겹침에 의한 역학적 효과이며 정하중에서 치수효과와 반대경향으로 되어 있었다. 종래의 재질적 결함에 의한 재질적 치수효과(qualitative size effect)라고 하며 충격응력 및 충격파괴강도로 나타난 치수효과를 역학적 치수효과(mechanical size effect)라고 한다.

○ 상기의 충격피로실험의 결과에서 재질적 치수효과는 역학적 효과보다 큰 효과가 있게 되었다. 충격강도는 소형소재가 대형소재보다 위험이 적은 실험결과로서 반사응력파의 겹침과 파괴강도의 영향이라고 생각된다. 그렇다면 충격력에 따라 생기는 응력파의 피크가 파괴를 일으킬 정도로 크지 않아도 부품소재 내에 생긴 반사파는 겹쳐서 응력진폭이 증폭되고 재료의 파괴강도가 커서 파괴가 일어날 우려가

있고 충격력이 과대하지 않아도 주의가 필요하게 된다. 그러나 충격력이 대단히 크고 지속시간이 짧고 반사파의 겹침이 없어도 파괴를 일으키면 응력파의 겹침에 의한 치수효과는 나타나지 않았다.

4. 역위상파법에 의한 강도개선

□ 충격강도의 치수효과

○ 충격강도의 치수효과는 금속시험편의 양단에 반사되어 같은 위상의 응력파가 겹쳐 진폭이 증폭되는 효과로 나타나는 것이고 양단의 반사조건을 바꾸어 위상을 역전환시킨 응력파를 겹치면 합성응력펄스의 진폭은 감쇠되어 저감하는 것이다. 반사파의 일부위상을 역전환시키기 때문에 강을 부여한 면에서 지지했더니 예상대로 벽에 지지한 경우의 파괴강도를 개선할 수 있었다.

□ 역위상파에 의한 강도개선

○ 같은 모양에 강재시험편의 충격인장피로실험을 시험편의 양단근처에 작은 원형홀을 발생한 시험편은 S−N선도에서 파괴를 나타내고 균열발생수명과 파단수명도 개선되었다. 구조부품소재의 충격강도는 충격응력의 특성이 응력파의 거동에 영향이 미치고 적절한 부품소재의 지지접속법을 역위상파를 생기게 하여 강도를 개선하는 역위상파법으로 안전설계에 도움이 된다.

5. 흑연, 세라믹 및 목재의 충격강도

□ 흑연의 충격피로강도

○ 금속이나 플라스틱과 같은 연성을 가진 재료에 대한 다공질재료, 취성재료에는 조금 다르다. 흑연(PGX)의 장단시험편을 이용한 충격인장피로실험을 행한 결과

는 흑연재의 충격피로 실험결과에서 짧은 시험편이 긴 시험편보다 피로강도는 높게 되었다. 이 이유는 흑연의 주 균열은 선단부근에 발생한 극소의 균열과 합체하여 지그재그로 진전되고 있었다. 다공성재질에는 파동의 전파 중에 감쇠가 크기 때문에 금속재료와 다른 파동의 효과를 나타낸다. 정적강도도 재질적 치수효과가 나타난다고 생각된다.

ㅁ 세라믹의 충격강도

○ 세라믹의 충격강도인성치는 부하속도가 증가해도 반드시 저하하지 않고 증대하는 것이다. 내열재료로서 열충격은 균열선단부근에 아주 작은 균열이 발생하는 파괴거동이 복잡하다. 열충격을 받은 이후의 잔류 굽힘강도는 2종 이상의 재료의 내열성을 비교하기 위해서 반복되는 열충격을 받으면 열충격의 잔류강도가 저하하여 임계온도차보다 작은 온도차라도 반복된 후 강도는 저하해 잔류강도는 큰 격차를 나타낸다.

ㅁ 목재의 충격강도

○ 3종류의 목재의 충격강도에는 충격인장강도는 충격속도 40～120㎧의 범위의 재료라도 충격속도에 따르지 않고 일정하게 되지만 3점굽힘에 의한 파괴강도는 충격속도가 증가함에 따라 저하한다.

6. 통상피로와의 비교

ㅁ 정적강도의 상위점

○ 정적강도와의 상위점에 대해서 3종통상의 피로파괴도 동적부하의 파괴이고 충격피로와 통상피로를 비교하여 충격피로실험에는 충격인장과 충격압축의 두 가지 실험이 가능한 시험기를 이용하여 통상피로 실험에 유압서보 피로시험기를 이용하였다. S45C강의 원형홈, V－notch가 있는 시험편의 통상피로는 인장만의 편진(pulsating)

에 의한 균열발생까지의 양진(alternating), 반복횟수(균열발생수명), 파단수명을 S-N
선도로 나타내었다.

□ 정적충격피로실험의 결과

○ 실험의 결과는 (1) 충격피로수명의 시험편이 통상피로수명보다도 짧았다. (2)
통상피로의 경우는 양진 아래에서 균열발생수명이 크게 감소되어 역방향응력을 작
용시킨 것이 균열발생을 앞당긴 것이라고 생각된다. 한편 충격피로의 경우는 편진
의 경우, 양진의 경우도 저응력 진폭 측에 균열발생수명이 감소하였다. (3) 균열선
단의 파단면부터 깊이방향으로 고경질, 과잉전위밀도를 측정한 결과는 충격파단면이
적고 분포범위도 좁았다.

○ 예측균열을 발생한 SS41강재시험편의-196도에 의한 충격파괴면 부근에는 정
적인장파괴의 경우보다 결정격자뒤틀림이 크게 미쳤다. 저온의 충격파단부근에는 정
적인장파괴보다 큰 소성뒤틀림이 생기고 실온에는 통상의 피로파괴에 비하여 작은
변형이 좁은 범위에서 생겼다. 재료의 충격파괴강도를 동적응력상태 하에서 뒤틀림
한계, 뜰림한계를 확인하는 것도 필요하다.

7. 충격강도설계의 제반문제점

□ 강도안전설계

○ 충격강도에 대해서 아직 해명할 문제가 많이 있지만 주로 금속재료에 대해서
충격력을 받은 경우의 강도안전설계는 응력파의 움직임을 고려해야 하였다. 종래
충격력은 파괴를 일으킬 위험성이 높은 것은 경험적으로 안전율을 크게 하여 기계
설계를 하였다. 그러나 충격파괴는 충격력에 의해 생긴 응력파의 합성응력이 재료
강도를 초과하여 발생한 것이며 재료강도를 초과하여 발생한 파괴의 발생점과 정하
중의 경우와는 다르다. 단순한 충격력을 받는 경우는 안전율을 크게 하여도 강도안
전설계는 되지 않는다.

□ 충격파괴저항

○ 재료의 충격파괴저항에서 에너지에 대한 평가는 충격체의 질량과 속도와의 영향을 분리할 수 없었다. 충격력에 의한 부품소재에 생긴 응력펄스(stress pulse)의 진폭과 지속시간은 충격체의 속도와 질량과의 영향이므로 그것을 구별해 평가될 수 있는 것이 바람직하다. 이러한 역학적 관점도 재료에 따른 충격강도의 평가에 대한 문제점이 있었다.

◁ 전문가 제언 ▷

○ 충격저항시험은 V-notch가 있는 시편을 표준으로 파괴시키는 데 필요한 에너지를 나타내며 notch의 kg-cm / cm로 나타낸다. 응력파동성의 부품소재 내에 반사파가 겹치면 파괴를 일으킬 가능성도 있고 저응력 진폭이라도 다횟수 반복 작용하면 충격피로파괴를 일으킨다. 통상피로의 경우는 양진(alternating) 아래에서 균열발생수명이 크게 감소되어 역방향응력을 작용시킨 것이 균열발생을 앞당긴 것이라고 생각된다.

○ 수지를 비교하는 데 있어서 충격저항시험을 각 플라스틱의 총괄적인 질김용과 충격강도를 비교하는 대상으로 사용해서는 안 되며 어떤 수지는 notch에 민감하여 notch작업에서 응력이 크게 집중될 염려가 있기 때문이다. 따라서 충격저항시험은 이와 같은 재료로 된 부품을 설계할 때 날카로운 예각구조를 피할 필요성이 있다. 나일론(PA)과 아세탈류(POM)수지는 성형품으로 비교했을 때에는 가장 질긴 수지에 속하나 notch에 대단히 민감하기 때문에 충격저항시험으로는 싼 값이 되므로 충격강도의 특성에 의한 강도설계의 문제점을 예측 및 감안되어야 한다고 생각된다.

○ 충격피로실험에서 충격피로수명은 통상피로수명보다 크며 통상피로의 균열발생수명이 크게 감소, 충격피로의 편진과 양진의 경우에 저응력진폭 측에 균열발생수명이 감소하였다. 따라서 철 비철류, 플라스틱재료의 충격강도 등의 기계적물성치는 일반물성치보다도 원재료메이커에서 제공하는 최소하한치(minimum value)사양으

로 설계하여 강도안전을 확보해야 한다.

○ PMMA을 포함하는 수지(resin)의 일반적 성질의 상호관계는 유동성/충격강도, 인장강도/충격강도, 인장강도/열변형 온도, 인장강도/경도로서 충격강도가 너무 높으면 수지흐름이 나빠지고 인장강도가 저하된다. 충격력을 받은 경우는 응력파의 움직임을 고려하여 고강도의 안전설계를 하여야 한다.

제18장 Snap fit 설계

1. Snap fit

① 장기적으로 사용할 수 있도록 가능하면 작게 설계하고 각 모서리 부위에는 적당한 크기의 Rounding을 붙여 놓는다.
② Snap fit의 형합틈새는 1㎜까지는 허용되나 가능하면 0.5~0.8㎜가 적당하다.

2. Snap fit 종류

(1) Snap fit A-type를 계산하기 위한 Guide

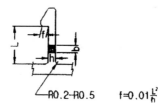

R0.2-R0.5 $f=0.01\frac{L^2}{h}$

(2) Snap fit B-type를 계산하는 Guide

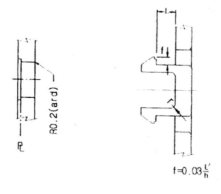

R0.2(ard)

$f=0.03\frac{L^2}{h}$

(3) Snap fit C-type를 계산하는 Guide

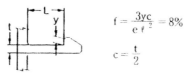

$$f = \frac{3yc}{e\,\ell^2} = 8\%$$

$$c = \frac{t}{2}$$

(4) Snap fit D-type를 계산하는 Guide

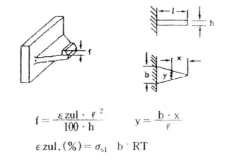

$$f = \frac{\varepsilon\,zul \cdot \ell^2}{100 \cdot h} \qquad y = \frac{b \cdot x}{\ell}$$

$$\varepsilon\,zul.(\%) = \sigma_{sl} \quad b : RT$$

(5) Snap fit E-type를 계산하는 Guide

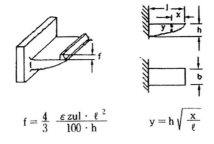

$$f = \frac{4}{3}\,\frac{\varepsilon\,zul \cdot \ell^2}{100 \cdot h} \qquad y = h\sqrt{\frac{x}{\ell}}$$

(6) Snap fit F-type를 계산하는 Guide

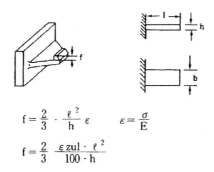

$$f = \frac{2}{3} \cdot \frac{\ell^2}{h}\,\varepsilon \qquad \varepsilon = \frac{\sigma}{E}$$

$$f = \frac{2}{3}\,\frac{\varepsilon\,zul \cdot \ell^2}{100 \cdot h}$$

(7) 일단지지보의 Snap fit

그림의 Snap 높이 Δh는 일단지지보의 계산식으로부터

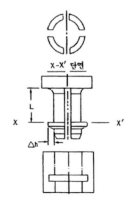

$$\Delta h = \frac{L^2 ZS}{3IE}$$

    L: snap의 길이(㎝)

    Z: 단면계수

    S: Polyacetal의 설계응력(kgf / ㎠)

    E: Polyacetal의 굽힘탄성계수(kgf / ㎠)

    I: 단면 2차 Moment

$$\Delta h = \frac{\gamma}{3} \cdot \frac{L^2}{R - Y_G}$$

$$Y_G = \frac{2}{3} \times \frac{R^3 - r^3}{R^2 - r^2} \times \frac{\sin a}{\left(\dfrac{a^\circ}{180^\circ} \right) \cdot \pi}$$

$$a^\circ = \frac{180^\circ}{n} - 7^\circ \quad \text{n = slit 수}$$

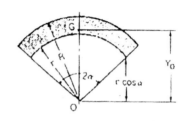

(8) POM의 Snap fit

Snap fit는 재료의 강성과 Snap 특성을 이용하는 방법으로 일단 지지구조의 Snap fit의 설계

① $I = \dfrac{bh^3}{12}$, $\sigma_0 = \delta \dfrac{3 \cdot Eh}{2L^2} = E \cdot \varepsilon$, $\varepsilon_0 = \dfrac{3\delta h}{2L^2}$

    I: 단면 2차 Moment

    σ_0: 응력

    ε_0: 변형률

 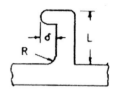

② Pom의 순간 최대변형량 εmax는 백화점 이하에서는 4%, 백화점 이상은 5~6%이다.

③ 응력−변형률 곡선에서 σmax＝Kf×σ₀, εmax＝Kf×ε₀가 된다.

④ 회전 대칭 부품의 Snap fit

　큰 인발력을 얻는 경우와 응력완화에 의한 인발력의 차이가 없다.

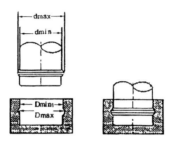

Snap Δd＝Dmax−Dmin이 Snap은 Press fit의 경우와 동일한 계산을 한다.

$$\frac{\Delta d}{D_s} = \gamma\left(\frac{W+1}{W}\right)\text{와}\quad \frac{\Delta d}{D_s} = \gamma\left(\frac{W+V_h}{W}\right)\text{을 이용하여}$$

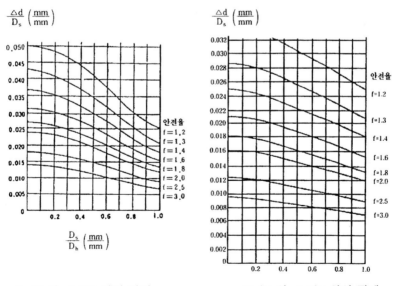

D_s/D_h와 $\Delta d/D_s$와의 관계　　　　　D_s/D_h와 $\Delta d/D_s$와의 관계

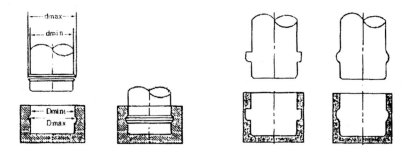

3. 일단지지보의 Snap fit

(1) 일단지지보

그림의 Snap 높이 Δh는 일단지지보의 계산식으로부터

$$\Delta h = \frac{L^2 Z S}{3 I E}$$

L: Snap의 길이(㎝)

Z: 단면계수

S: Polyacetal의 설계응력(kgf / ㎠)

E: Polyacetal의 굽힘탄성계수(kgf / ㎠)

I: 단면 2차 Moment

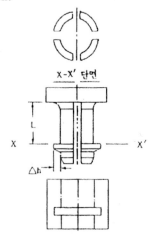

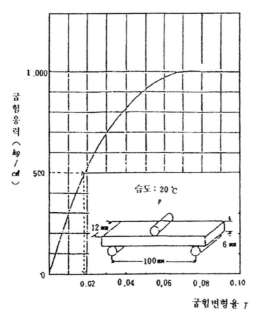

$$\triangle h = \frac{L^2 Z}{3I} \gamma$$

$$\gamma = \frac{S}{E}$$

일단지지보 Snap fit 약도

(2) 장방형

$$\Delta h = \frac{\gamma}{3} \cdot \frac{12}{bd^3} \cdot \frac{bd^2}{6} \cdot L^2 = \frac{2}{3} \cdot \frac{L^2}{d} \cdot \gamma$$

(3) 환형의 일부

내측 경우

$$\Delta h = \frac{\gamma}{3} \cdot \frac{L^2}{R - Y_G}$$

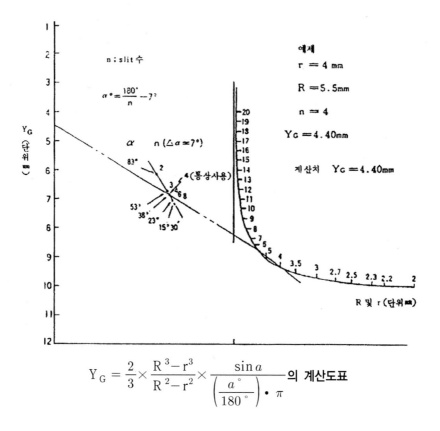

$$Y_G = \frac{2}{3} \times \frac{R^3 - r^3}{R^2 - r^2} \times \frac{\sin a}{\left(\dfrac{a^\circ}{180^\circ}\right) \cdot \pi} \text{의 계산도표}$$

외측 경우

$$\Delta h = \frac{\gamma}{3} \cdot \frac{L^2}{Y_G - r\cos\gamma} \qquad Y_G = \frac{2}{3} \cdot \frac{R^3 - r^3}{R^2 - r^2} \cdot \frac{\sin a}{\left(\dfrac{a}{180^\circ}\right)\pi}$$

(4) 예 제

L = 10㎜, r = 4㎜, R = 5.5㎜, n = 4경우 Δh를 구하라.

〈해 답〉

안전계수를 2로 하면 $s = \dfrac{Smax}{2} = \dfrac{1000}{2} = 500 \text{kgf} / \text{cm}^2$

위의 그림으로부터 γ를 구하면 γ=0.018, $a = \dfrac{180}{4} - 7 = 38°$를 위의 그림으로부터

Y_G=4.40㎜이다. 그래서 위의 식

$$\Delta h = \frac{\gamma}{3} \cdot \frac{L^2}{R - Y_G} = \frac{0.018}{3} \cdot \frac{10^2}{5.5 - 4.40} = 0.545 \text{㎜}$$

이 경우 a=38°로 보며 각 지지보는 0.688㎜를 얻는 여유가 있다.

$$x = \sqrt{2 (4 \sin 7°)^2} = 0.688 \text{㎜}$$

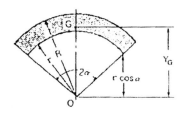

4. POM의 Press fit 이론적 계산과 실용 예

(1) 예제(Press fit)

외경 15㎜, 폭 10㎜의 Polyacetal hub에 9㎜의 금속제 Shaft를 압입하여 압입 후
hub와 금속 Shaft의 면에 생기는 접촉면 압력이 인발력 및 회전 Torque는 얼마인가?
상온에서 1년 후의 인발력과 회전 Torque 정도 저하를 분석하라.

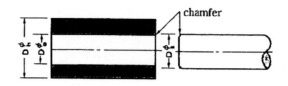

$$\Delta d = D_s - D_0 = \frac{S \cdot D_s}{W} \left\{ \left(\frac{W + V_h}{E_h} \right) + \left(\frac{1 - V_s}{E_s} \right) \right\}$$

W: 형상계수

$$W = \frac{1 + \left(\dfrac{D_s}{D_h} \right)^2}{1 - \left(\dfrac{D_s}{D_h} \right)^2}$$

S: Polyacetal 설계응력(kgf / ㎠)

$$S = \frac{Smax}{f}$$

f: 안전율

Smax: Polyacetal의 인장최대강도(kgf / ㎠)

D: 직경(㎝)

E: 인장탄성계수(kgf / ㎠)

V: Poison비 0.35

$$W = \frac{1 + \left(\dfrac{D_s}{D_h} \right)^2}{1 - \left(\dfrac{D_s}{D_h} \right)^2} = \frac{1 + \left(\dfrac{9}{15} \right)^2}{1 - \left(\dfrac{9}{15} \right)^2} = 2.13$$

Polyacetal hub와 금속축의 형합

$$\Delta d = D_s - D_0 = \frac{S \cdot D_s}{W} \left\{ \left(\frac{W + V_h}{E_h} \right) + \left(\frac{1 - V_s}{E_s} \right) \right\} 의 \ 식으로부터$$

$E_s \gg E_h$이니까

$$\Delta d = \frac{S \cdot D_s}{E_h} \left(\frac{W + V_h}{W} \right)$$

$$\frac{\Delta d}{D_s} = \gamma \left(\frac{W + V_h}{W} \right)$$

위의 식으로부터 $\Delta d = \gamma D_s \left(\frac{W + V_h}{W} \right)$ 이며 안전계수를 2로 취하여

$$S = \frac{Smax}{2} = \frac{620}{2} = 310 \mathrm{kg}_f / \mathrm{cm}^2$$

이 점에 대응하는 변형 γ를 아래 그림에서 구하면 $\gamma = 0.012$

$$\therefore \ \Delta d = (0.012)\ (0.9)\ \frac{2.13 + 0.35}{2.13} = 0.0126 \mathrm{cm} = 0.126 \mathrm{mm}$$

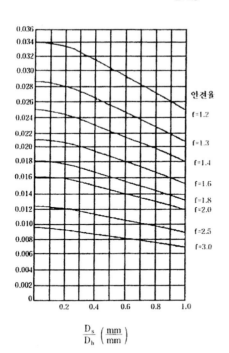

$\frac{D_s}{D_h} \left(\frac{mm}{mm} \right)$

D_s/D_h, $\Delta d/D_s$의 관계

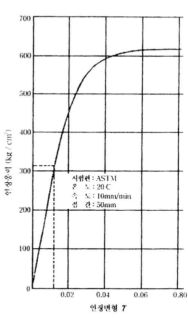

인장응력과 변형곡선

다른 방법과 아래 그림을 이용하여 Δd를 산출하면

$$\frac{D_s}{D_h} = \frac{9}{15} = 0.6, \ f = 2$$와 그림으로부터

$$\frac{\Delta d}{D_s} = 0.014 \quad \therefore \quad \Delta d = (0.014) \ D_s = (0.014)(9) = 0.126 \, \text{mm}$$

를 얻어 일치함을 알 수 있다.

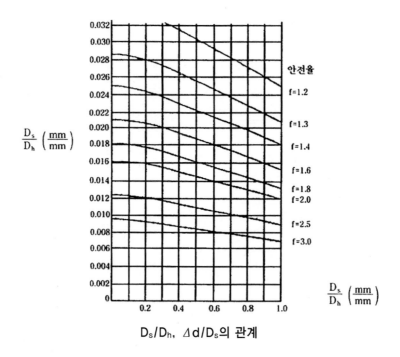

D_s/D_h, $\Delta d/D_s$의 관계

Polyacetal hub의 내경을 D_0라 할 때

$$D_s - D_0 = 0.126$$
$$\therefore \ D_0 = 9 - 0.126 = 8.874 \, \text{mm}$$

따라서 압입 후에 Hub와 축 간의 생기는 접촉면 압력 p는

$F = \pi D_{sLP\mu}$

F: 인발력(kgf)

μ: 마찰계수 Resin 대 Resin＝0.35, Resin 대 금속＝0.15

L: 축의 압입부분의 유효길이(㎝)

P: 접촉면압(kgf / ㎠)

S: 설계응력

P: $\dfrac{S}{W} = \dfrac{\Delta d}{D_s}\left\{\dfrac{1}{\dfrac{1}{E_h}(W + V_h) + \dfrac{1}{E_s}(1 - V_s)}\right\}$

T: 회전 Torque

$$T = \frac{1}{2}FD_s$$

$$P = \frac{W}{W} = \frac{310}{2.13} = 146 kgf/cm^2$$

$$F = \pi D_{sLP\mu} = (3.14)(0.9)(1.0)(146)(0.15) = 62 kgf$$

$$T = \tfrac{1}{2}FD_s = (0.5)(62)(0.9) = 28 kgf \cdot cm$$

1년 후의 인발력 F′ 및 회전 Torque T′를 구하면 γ＝0.012에 대응하는 인장응력은 압입 직후 S＝210kgf / ㎠인데 1년(약 8800시간) 후의 응력완화를 고려한 Polyacetal의 설계에 의하여

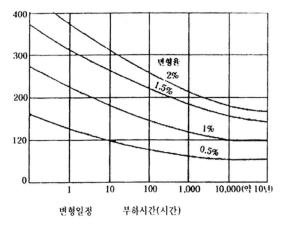

인장응력과 부하시간과의 관계

$$S' = 130 \mathrm{kgf} / \mathrm{cm}^2$$

$$\therefore \ P' = \frac{S'}{W} = \frac{130}{2.13} = 61 \mathrm{kgf}/\mathrm{cm}^2$$

$$F' = (3.14)(0.9)(1.0)(61)(0.15) = 26 \mathrm{kgf}$$

$$T' = (0.5)(0.9)(26) = 12 \mathrm{kgf} \cdot \mathrm{cm}$$

5. Assembly

(1) Ultrasonic bonding

① Butt joint

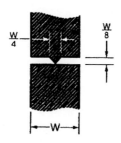

② Step joing

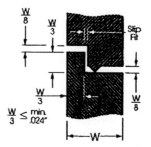

③ Tongue & Groove joint

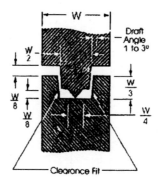

(2) Ultrasonic staking

① Ultrasonic staking

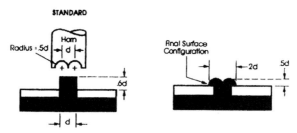

② Low profile

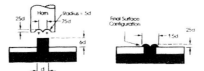

6. Dynamic strain−straight beam과 Dynamic strain−tapered beam

(1) Dynamic strain−straight beam

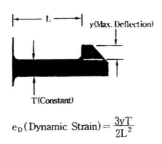

$$e_D(\text{Dynamic Strain}) = \frac{3yT}{2L^2}$$

(2) Dynamic strain – tapered beam

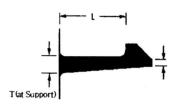

$$e_D(\text{Dynamic Strain}) = \frac{3yT}{2L^2K_p}$$

Find K_p(Proportionality Constant)
from graph below, where $R = t/T$

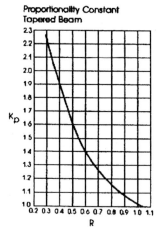

Proportionality Constant
Tapered Beam

(3) Dynamic strain – streight beam 예제

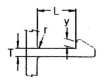

$$e_2 = \frac{3_yt}{2L^2} \qquad y = \frac{2L62e_D}{3T}$$

① T=3, L=15, e_D=0.08일 때 y?

$$y = \frac{2 \times 15^2 \times 0.08}{3 \times 3} = \frac{36}{9} = 4$$

(4) Dynamic strain – taped beam 예제

$$y = \frac{2L^2k_p e_D}{3T}$$

e_D: dynamic strain

k_p: proportionablity const

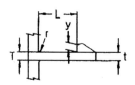

T: constant

y: max deflection

① $e_d = 0.08$, $t = 2.5$ $T = 3$, $L = 15$일 때 y?

$$R = \frac{t}{T} = \frac{2.5}{3} = 0.83$$

$R = 0.83$일 때 $k_p = 0.8$

$$y = \frac{2L^2 k_p e_D}{3T} = \frac{2 \times 15^2 \times 0.8 \times 0.08}{3 \times 3} = 3.2$$

(5) 짧은 Snap fit

① 나사 대용 Snap fit

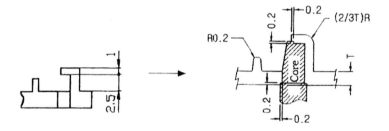

② Lock식 Snap fit

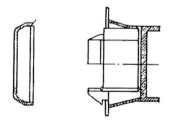

(6) Loop식 Snap fit

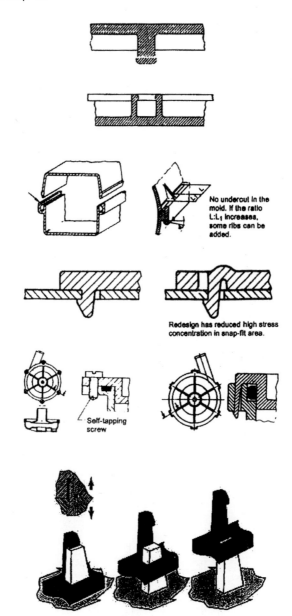

No undercut in the mold. If the ratio L:L₁ increases, some ribs can be added.

Redesign has reduced high stress concentration in snap-fit area.

Self-tapping screw

Bayer Snap fit

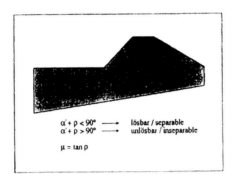

$$\alpha' + \rho < 90° \longrightarrow \text{lösbar / separable}$$
$$\alpha' + \rho > 90° \longrightarrow \text{unlösbar / inseparable}$$
$$\mu = \tan \rho$$

Abb. 2: Lösbare und unlösbare
Schnappverbindungen

Fig. 2: Separable and inseparable joint

1.3 Allgemeine Auslegungshinweise

Die Auslegung einer Schnappverbindung beinhaltet eine optimale Abstimmung der Konstruktion auf den Werkstoff. Hierzu ist die genaue Kenntnis der Belastungsverhältnisse und der Werkstoffeigenschaften erforderlich.

1.3.1 Belastungsverhältnisse

Die Belastungsverhältnisse einer Schnappverbindung unter—scheiden sich grundlegend in Abhängigkeit von der Funktion. Während der Fügevorgang in der Regel eine einmalige oder mehrmalige kurzzeitige Belastung darstellt, bei der der Werkstoff relativ hoch beansprucht werden darf, wird die Haltefunktion meist von einer statischen Langzeit—oder gar Dauerbelastung bestimmt, die eine deutlich geringere maxi—male Beanspruchung zulässt. D. h., die Auslegung muss sowohl den Füge—bzw. Löse—als auch den Haltevorgang umfassen.

1.3 General design advice

The layout of a snap joint involves optimally tailoring the design to the material. This requires precise knowledge of the loading conditions and the material properties.

1.3.1 Loading conditions

The loading conditions for a snap joint differ fundamentally as a function of the purpose that the snap joint serves. While the joining operation generally imposes once —only or repeated short—term load, during which time the material can be subjected to a relatively high load level, the retaining function generally involves a static long—term or even permanent load, where the maximum permitted load is considerably lower. In other words, the layout must be based on the joining and separation operation as well as on the retaining function.

1.3.2 Beanspruchung

Bei der Auslegung darf nicht vergessen werden, dass die Belastung sowohl beim Füge—als auch beim Haltevorgang meist zu mehreren überlagerten Lastfällen führt (z.B. Zug—, Scher—und Biegebelastung), die in ihrer Wechselwirkung(Vergleichsspa- nnung bzw, —dehnung) berücksichtigt werden müssen.

Ab einem Verhältnis der Schnapparmlänge

1.3.2 Loading

When conducting the layout, it must be remembered that both the joining and the retaining operation generally involve a number of different load cases being superimposed on each other(e.g. tensile, shear and flexural load), and it is necessary to make allowance for the interaction of these loads(effective stress, effective strain).

Where the ratio of the snap arm length to

Belsplel der Beanspruchung eines Schnapparms durch die Haltekraft(F_H) / Example of the stress status of a cantllever arm by cohesion(F_H)

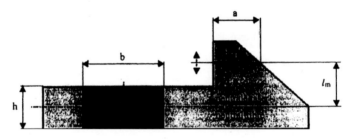

$$a = 1.2 \cdot h, \quad b = 2 \cdot h, \quad l_m = h$$

Biegespannung / Bending stress: $\sigma_b = \dfrac{M_b}{W} = 6 \cdot \dfrac{F \cdot l_m}{b \cdot h^2} = 3 \cdot \dfrac{F}{h^2}$

Zugspannung / Tensile stress: $\sigma_z = \dfrac{F}{A_z} = \dfrac{F}{b \cdot h} = 0.5 \cdot \dfrac{F}{h^2}$

Scherspannung / Shear stress: $\tau_s = \dfrac{F}{A_s} = \dfrac{F}{a \cdot b} = 0.42 \cdot \dfrac{F}{h^2}$

$\sigma b + \sigma z + \tau s = 6 + 1 + 0.84$

Schlussfolgerung: Biegebeanspruchung ist meist die dominierende Beanspruchungsart.
Conclusion: Bending stress is mostly the dominant stress type.

Abb. 3: Zusammengesetzte Beanspruchung

Fig. 3: The combined loads that act

zu seiner Höhe von kleiner als 5, sollte der Anteil der Schubverformung nicht unberücksichtigt bleiben.

the snap arm height is smaller than 5, consideration must also be paid to the shear deformation component.

1.3.3 Relaxation−Retardation

Um dem zeitabhängigen Verhalten der mechanischen Eigenschaften von Kunststoffen Rechnung zu tragen, sollte nach dem Einrasten eine möglichst entspannte und formschlüssige Verbindung(**Formschluss vor Kraftschluss**) angestrebt werden. Ist dies nicht vollständig möglich, so kann

1.3.3 Relaxation−retardation

In order to make allowance for the time− dependent behaviour of the mechanical properties of plastics, it is important to achieve a stress−free and positive−action connection as far as possible(**a form−fit rather than a friction−lock joint**). If this is not entirely possible, then allowance can be made for

−die Relaxation: Spannung fällt bei konsta-

−relaxation: stress falls over time with

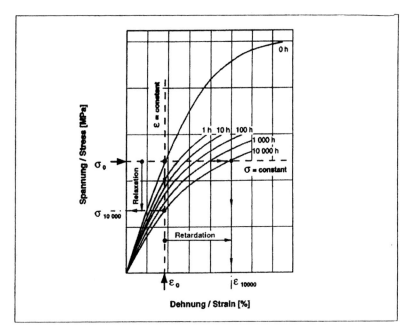

Abb. 4: Relaxation und Retardation (Kriechen)

Fig. 4: Relaxation and retardation(creep)

nter Dehnung mit der Zeit ab oder

−die Retardation: Dehnung nimmt bei konstanter Spannung mit der Zeit zu

anhand von isochronen Spannungs−Dehnungs−Kurven berück−sichtigt werden. In Abb. 4 sind entsprechende Hinweise hierzu graphisch dargestellt.

1.3.4 Kerbwirkung

Ein nach wie vor relativ häufiger Konstruktionsfehler betrifft die Kerbwirkung. Besonders deutlich macht sich dieser Fehler bei amorphen Werkstoffen bemerkbar. Aus diesem Grund wird hier ausdrücklich auf die Notwendigkeit der Abrundung von Ecken und Kanten bzw. der Vermeidung von Gratbildung in den beanspruchten Bereichen hingewiesen. Als günstig hat sich in der Praxis ein Kerbradius von 0.5㎜ erwiesen. In Abb. 5 ist der Zusammenhang zwischen dem Kerbradius und der Spannung exemplarisch dargestellt.

1.4 Verteilung der Auslenkung auf die Fügepartner

Im ungünstigsten Fall muss einer der beiden Fügepartner um den Gesamtbetrag der Auslenkung(Hinterschnitt) verformt werden. Tatsächlich verteilt sich die Verformung in der Regel auf beide Fügepartner.

Die Verformungsverteilung auf die Fügepartner kann am einfachsten graphisch ermittelt

constant strain or

−retardation: strain increases over time with constant stress

with the aid of isochronous stress−strain curves. Information on this is shown in graphic form in Fig. 4.

1.3.4 Notch effect

One design error still committed fairly frequently relates to the notch effect. This error is particularly noticeable with amorphous materials. For this reason, the importance of rounding corners and edges and avoiding flash in areas subject to load must be stressed here. A notch radius of 0.5㎜ has proved favourable in practice. Figure 5 shows the correlation between the notch radius and the stress on the basis of an example.

1.4 Dividing up the deflection over the mating parts

In the least favourable case, one of the two mating parts needs to be deformed by the full amount of the deflection(undercut). As a rule, however, the deformation will be divided over both the mating parts.

The easiest way to establish the distribution of the deformation over the mating parts is

werden. Hierzu muss für jeden der beiden Fügepartner zuerst ein Kraft−Verformungs −Diagramm(Federkennlinie), wie in Abb. 6 dargestellt, bestimmt werden. Die Überlagerung beider Federkennlinien ergibt einen Schnittpunkt, der die tatsächliche Auslenkkraft und die Verformungsanteile beider Fügepartner angibt.

Für einige Werkstoffe sind die zulässigen Dehnungen für eine einmalige kurzzeitige Belastung als Richtwerte(in %) in Tab. I aufgeführt:

on a graph. To do this, it is first necessary for a force−deformation diagram(spring characteristic) to be established for each of the two mating parts, as shown in Fig. 6. By superimposing the two spring characteristics, a point of intersection is obtained which indicates the actual deflection force and the deformation components of the two mating parts.

Table I shows the permitted strains for brief, once−only loading for a number of materials. These values are guide values, given in percent.

tellkristallin / seml−crystalline		amorph / amorphous		glasfaserverstärkt / glass fibre reinforced	
PE	8%	PC	4%	PA 6−GF~	2.0%
PP	6%	(PC+ABS)	3%	PA 6−GF ^	1.5%
PA~	6%	ABS	2.5%	PC−GF	1.8%
PA ^	4%	CAB	2.5%	PBTP−GF	1.5%
POM	6%	PVC	2%	ABS−GF	1.2%
PBTP	5%	PS	1.8%		

~: konditionlert / conditioned,
^: spritzfrisch / as moulded

Tab. 1: Richtwerte für zul ssige Dehnungen bei einmaliger kurzzeitiger Belastung

Table 1: Guide values for permitted strains for brief, once−only loading

Bei häufiger kurzzeitiger Betätigung kann in etwa von ca. 60% der einmalig zulässigen Werte ausgegangen werden.

With frequent brief actuation, it is possible to work on the basis of approx. 60% of the permitted values for once−only actuation.

Bei Langzeit−oder Dauerbelastung besteht bei amorphen Produkten die Gefahr der

With long−term or permanent load, there is a danger of stress cracking with amorphous

Spannungsrissbildung. Sie muss gesondert berücksichtigt werden. Untersuchungen haben gezeigt, dass bei Dehnungen unterhalb ca. 0.5% die Spannungsrissgefahr(bei 23℃ in Luft) deutlich geringer ist.

Eine differenziertere Abschätzung von zulässigen Bemessungskennwerten vieler Bayer－Thermoplaste unter Berücksichtigung der Belastungsdauer, der Temperatur, der Belastungsart, der Orientierung, der Bindenaht usw. erlaubt das Programm "RALPH", das unter der folgenden Adresse angefordert werden kann: Bayer－AG, KU－EU / INFO, Geb. B 207, 51368 Leverkusen.

1.5.2 Zulässige Torsionsspannung

Bei Torsionsbelastung entsteht Schubbeanspruchung. Die zulässige Torsionsschubspannung τ_{zul} kann für die meisten Kunst－stoffe überschlägig nach der folgenden Beziehung abgeschätzt werden:

products. Extra allowance must be made for this. Studies have shown that the danger of stress cracking(at 23℃ in air) is considerably lower with a strain of less than around 0.5%.

The "RALPH" program permits a differentiated estimate of permitted dimensioning values for a large number of Bayer thermoplastics, making allowance for the loading duration, the temperature, the nature of the loading, the orientation and the weld line, etc. This program may be ordered from: Bayer－AG, KU－EU / INFO, Geb. B 207, D－51368 Leverkusen.

1.5.2 Permitted torsional stress

Shear stressing results under torsional load. The permitted torsional shear stress τ^{zul} can be estimated on an approximate basis for the majority of plastics with the following relationship:

$$\tau^{zul} = (1 + v) \cdot \sigma_{zul}$$

Die Querkontraktionszahlen „v"(＝Poisson－Zahlen) liegen bei gängigen Thermoplasten im Bereich von ca. 0.33－0.45. Der untere Wert gilt hierbei für hoch glasfaserverstärkte und der obere für hoch elastomermodifizierte Thermoplaste. Beim Fehlen genauer Angaben wird oft ein Wert von 0.35 benutzt.

The Poisson's ratios "v" are between some 0.33 and 0.45 for commonly－used thermoplastics. The lower value here applies for thermoplastics with a high level of glass fibre reinforcement and the upper value for highly elastomer－modified thermoplastics. If a precise figure is not available, a value of 0.35 is frequently used.

Mit der linearen Mischungsregel kann für den zeit−und temperaturabhängigen Sekantenmodul E_S eine entsprechende Querkontraktionszahl bestimmt werden.

Applying the linear mixing rule, it is possible to determine an appropriate Poisson's ratio for the time and temperature− dependent secant modulus, E_S.

$$v = 0.3 + 0.2 \cdot (1 - \frac{E_s}{E_0})$$

1.6 Auslenkkraft

Die Auslenkkraft kann in Abhängigkeit von der geometrischen Steifigkeit(Querschnittgestaltung), der zulässigen Dehnung und der Werkstoffsteifigkeit(E−Modul) entsprechenden berechnet werden.

1.6 Deflection force

The deflection force can be calculated as a function of the geometrical rigidity(cross− sectional shape), the permitted strain, and the rigidity of the material(Young's modulus).

Da die beim Fügevorgang auftretenden Dehnungen oft außerhalb des Proportionalitäsbereichs der Spannungs−Dehnungs−Kurve liegen, sollte der Genauigkeit wegen, anstatt des Elastizitätsmoduls der sogenannte "Seka-

Since the strains that occur during the joining operation are frequently outside the proportionality range of the stress−strain curve, the so−called **"secant modulus"**(= strain−dependent Young's modulus) should

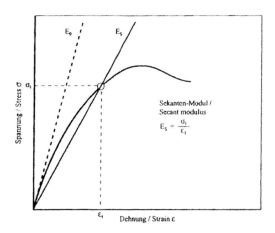

Abb. 8: Ermittlung des Sekanten− Moduls

Fig. 8: Determination of the secant modulus

nten − Modul" (= dehnungs − abhängiger Elastizitätsmodul) für die Bestimmung der Auslenkkraft verwendet werden. Seine Ermittlung ist in Abb. 8 dargestellt. Hierbei ist immer jene Dehnung einzusetzen, die für die erforderliche Auslenkung ermittelt wurde.

Für einige Bayer − Thermoplaste ist der Sekanten − Modul in Abhängigkeit von der Dehnung in Abb. 9 dargestellt.

be used instead of the Young's modulus, since this will allow the deflection force to be determined more accurately. Figure 8 shows how this is established. The strain determined for the requisite deflection must always be entered here.

The secant modulus for a number of Bayer thermoplastics is shown in Fig. 9 as a function of strain.

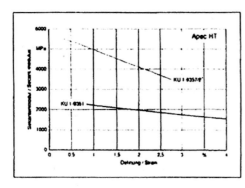

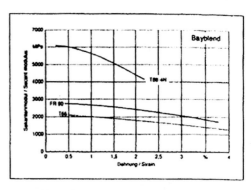

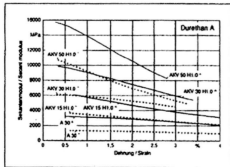

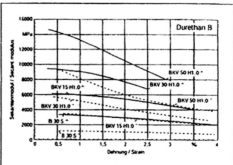

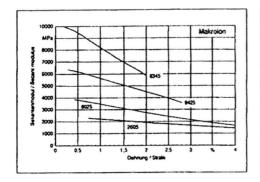

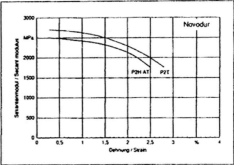

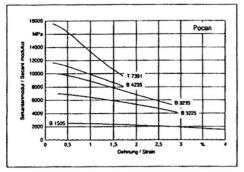

Abb. 9: Sekantenmoduli einiger Bayer– Thermoplaste	Fig. 9: Secant moduli of a number of Bayer thermoplastics

^ =spritzfrisch

~ =konditionlert

* Versuchsprodukt s. Prospektrückseite
  12

^ =as moulded

~ =conditioned

* Trial product see back page

1.7 F gekraft

Bei der Montage müssen die Auslenkkraft Q und die Reibungskraft R überwunden werden(Abb. 10).

Die Fügekraft F ergibt sich aus:

1.7 Mating force

When the parts are joined, the deflection force Q and the friction force R have to be overcome(Fig. 10).

The mating force F is obtained from

$$F = Q \cdot \tan(\alpha + \rho) = Q \cdot \frac{\mu + \tan\alpha}{1 - \mu \cdot \tan\alpha}$$

Bei lösbaren Verbindungen kann analog der Fügekraft auch die Lösekraft bestimmt werden. In diesem Fall ist der Neigungs — winkel der Löseflanke α′ in die obige Gleichung einzusetzen. Bedingt durch die stark schwankenden Reibungsverhältnisse, können die Fügekräfte in der Regel nur mit einer entsprechend großen Toleranz abge- schätzt werden.

With separable joints, the separation force can be determined in the same way as the mating force. In this case, the angle of inclination to be introduced into the above equation is the angle of the separation side, α′. The highly fluctuating friction conditions mean that the mating forces can generally only be estimated with a correspondingly high tolerance.

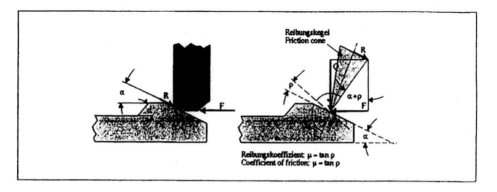

Abb. 10: Zusammenhang Auslenkkraft— Fügekraft

Fig. 10: Relationship between deflection force and mating force

1.8 Reibungskoeffizienten

In Tab. 2 sind einige Anhaltswerte für Gleitreibungskoeffizienten für die Reibpa- arung Kunststoff—Stahl aufgeführt. Sie sind der Literatur entnommen. Bei einer Paarung Kunststoff—anderer Kunststoff kann (nach VDI 2541) mit gleichen oder etwas niedri- geren Werten gerechnet werden, wie in der unteren Tabelle angegeben. Bei gleichen Reibungspartnern ist meist mit höheren Reibungskoeffizienten zu rechnen. Soweit bekannt, sind die entsprechenden Werte in Tab. 2 angegeben.

1.8 Coefficients of friction

Table 2 shows a number of guide values for the coefficients of sliding friction for the friction combination of plastic and steel. These have been taken from the literature. Where a plastic is combined with a dissimilar plastic, it is possible to use the same or slightly lower values, according to VDI 2541, as is shown in the Table below. Where the two parts are made of the same material, then higher coefficients of friction must generally be expected. The corresponding values are given in Table 2 insofar as they are known.

Werkstoff / Material	Reibungskoeffizienten / Coefficients of friction	
	Kunststoff – Stahl / Plastic – Steel	Gleiche Reibungspartner / Identical friction partners
PTFE	0.12 – 0.22	0.12 – 0.22
PE – HD	0.20 – 0.25	0.40 – 0.50
PP	0.25 – 0.30	0.38 – 0.45
POM	0.20 – 0.35	0.30 – 0.53
PA	0.30 – 0.40	0.45 – 0.60
PBTP	0.35 – 0.40	–
PS	0.40 – 0.50	0.48 – 0.60
SAN	0.45 – 0.55	–
PC	0.45 – 0.55	0.54 – 0.66
PMMA	0.50 – 0.60	0.60 – 0.72
ABS	0.50 – 0.65	0.60 – 0.78
PE – LD	0.55 – 0.60	0.66 – 0.72
PVC	0.55 – 0.60	0.55 – 0.60

Tab. 2: Richtwerte für Gleitreibungskoeffizienten

Table 2: Guide values for coefficients of sliding friction

2. Schnapparmverblndungen

2. Cantilever snap arm joints

Abb. 11: Prinzipdarstellung

Fig. 11: Basic principle

2.1 Berechnungsgrundlagen

2.1 Design and calculation criteria

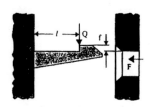

Abb. 12: Dimensionen

Fig. 12: Dimensions

Auslenkung: (s. Abb. 13)
Deflection: (see Fig. 13)

$$f = X \cdot \frac{\varepsilon \cdot l^2}{h}$$

Auslenkkraft: (s. Abb. 13 und 15)
Deflection force: (see Figs. 13 and 15)

$$Q = W \cdot \frac{E_s \cdot \varepsilon}{l}$$

Fügekraft: (s. Abb. 10)
Mating force: (see Fig. 10)

$$F = Q \cdot \tan(\alpha + P) = Q \cdot \frac{\mu + \tan\alpha}{1 - \mu \cdot \tan\alpha}$$

Geometriefaktor "x" siehe Abb. 13
Widerstandsmomente "W" siehe Abb. 13 und 15
Die Dehnung "ε" ist als Absolutwert einzusetzen

Geometry factor "x", see Fig. 13
Moments of resistance "W", see Figs. 13 and 15
Strain "ε" is to be entered as an absolute value

Ausführung / Type of design \ Querschnittsform / Shape of cross section		A: Rechteck / Rectangle 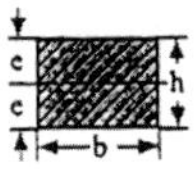	B: Trapez / Trapezium 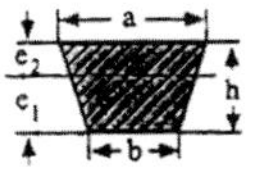	C: Ringsegment / Ring segment 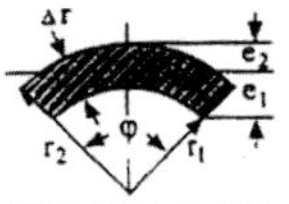	D: beliebig / irregular 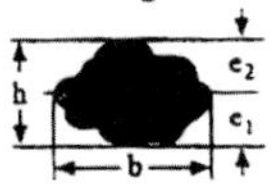
(zulässige) Auslenkung (permissible) Deflection	1 $h_1 : h_0 = 1:1$, $b_1 : b_0 = 1:1$ 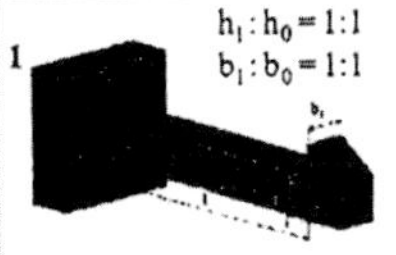	$f = 0.67 \cdot \frac{\varepsilon \cdot l^2}{h_0}$	$f = \frac{a+b^*}{2a+b} \cdot \frac{\varepsilon \cdot l^2}{h_0}$	$f = C^{**} \frac{\varepsilon \cdot l^2}{r_2}$	$f = \frac{1}{3} \cdot \frac{\varepsilon \cdot l^2}{e^*}$
	2 $h_1 : h_0 = 1:2.5$, $b_1 : b_0 = 1:1.0$ 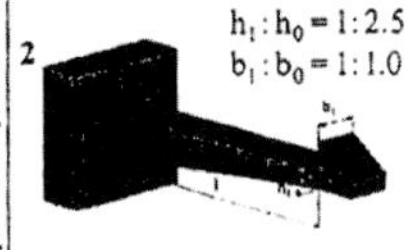	$f = 1.20 \cdot \frac{\varepsilon \cdot l^2}{h_0}$	$f = 1.79 \frac{a+b^*}{2a+b} \cdot \frac{\varepsilon \cdot l^2}{h_0}$	$f = 1.79 \cdot C^{**} \frac{\varepsilon \cdot l^2}{r_2}$	$f = 0.60 \cdot \frac{\varepsilon \cdot l^2}{e^*}$
	3 $h_1 : h_0 = 1:1$, $b_1 : b_0 = 1:4$ 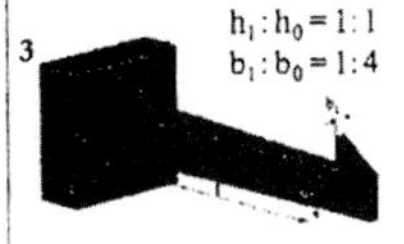	$f = 0.82 \cdot \frac{\varepsilon \cdot l^2}{h_0}$	$f = 1.22 \frac{a+b^*}{2a+b} \cdot \frac{\varepsilon \cdot l^2}{h}$	$f = 1.22 \cdot C^{**} \frac{\varepsilon \cdot l^2}{r_2}$	$f = 0.41 \cdot \frac{\varepsilon \cdot l^2}{e^*}$
Auslenk-Kraft Deflec. force	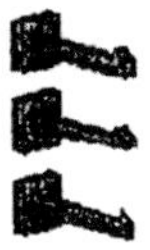	$Q = \overbrace{\frac{bh_0^2}{6}}^{W^*} \cdot \frac{E_s \cdot \varepsilon}{l}$	$Q = \overbrace{\frac{h_0^2}{12} \cdot \frac{a^2+4ab+b^2}{2a+b}}^{W^*} \cdot \frac{E_s \cdot \varepsilon}{l}$	$Q = W^* \cdot \frac{E_s \cdot \varepsilon}{l}$	$Q = W^* \cdot \frac{E_s \cdot \varepsilon}{l}$

Abb. 13: Berechnungsgleichungen für Schnapparme

Fig. 13: Equations for dimensioning of cantilever snap arms

☆ Die Schnapparme sind immer bezüglich der maximalen Zugbeanspru−chung(Versagenskraterium) auszulegen. Deshalb sind immer diejenigen Randfaserabstände "e" und Widerstandsmomente "W" zu betrachten, die sich auf die zugbeanspruchte Randfaser beziehen. Beim Trapez−querschnitt(B) sind ggf. a und b zu vertauschen.

☆ The cantilever snap arms must always be designed to cope with the maximum tensile load(failure criterion). It is thus important to always observe the outer fibre spacing "e" and moments of resistance "W" that relate to the outer fibre that is subject to tensile stressing. For the trapezoidal cross−section(B), a and b should be exchanged if necessary.

☆☆ Die Geometriefaktoren "C" für Kreisringsegmente(s. Abb. 13) sind in Abb. 14 graphisch dargestellt.

☆☆ Geometry factors "C" for circular ring segments(see Fig. 13) are shown on the graphs in Fig. 14.

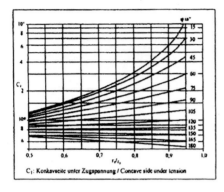

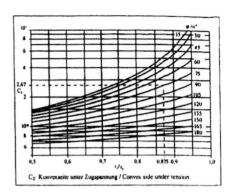

Abb. 14+15: Geometriefaktoren "C"
für Kreisring−segmente

Fig. 14+15: Geometry factors "C" for
circular ring segments

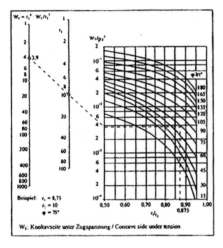

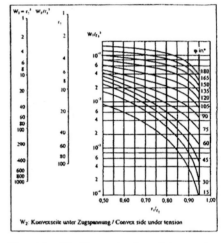

Abb. 16+17: Widerstandsmoment für
Kreisring−segmente

Fig. 16+17: Moment of resistance for
circular ring segments

제19장 Thickness 설계

1. 부품 두께 설계의 개요

(1) 용도상 기능

구조, 무게, 강도, 절연성, 치수 안정성

(2) 가공상 기능

① 성형: Filling or flow pattern, 냉각속도, 이형
② 조립: 강도, 정밀도

(3) Gates 영향

① 두꺼운 부위에 위치시킬 것.
② 얇은 부위에는 절대로 위치시키지 말 것.
③ Gate로 인해 Sink marks, voids 및 잔류응력이 생길 수 있다.

(4) 살두께

① 가능한 한 얇게 한다.
② 주어진 두께에서 최대의 경도, 강성을 갖는 현상이어야 한다.
③ 균일하게 설계하여 내부응력, 휨, 크래킹 등을 제거시킨다.

2. 살두께 설계 시 주의사항

두께는 균일하게 하는 것이 원칙이나 성형품의 구조 또는 형상에 따른 성형상의 이유로 두께를 적당하게 변화시킬 필요가 있으며, 경제적인 면에서도 두께를 변화시킬 필요가 있다.

- 구조상의 강도
- 이형시의 강도
- 충격에 대한 힘의 균등한 분산
- 인서트시 크랙 방지
- 구멍, 창 등의 웰드보완
- 얇은 두께부의 버닝마크의 방지
- 두꺼운 부분의 수축방지
- 칼날부의 흐름을 억제하여 생기는 충진부족방지

일반적인 수지별 살두께 범위

재 료	두 께
폴리 에티렌	0.9~4.0 ㎜
폴리 프로펠렌	0.6~3.5 ㎜
나일론	0.5~3.0 ㎜
Acetal	1.5~5.0 ㎜
스티렌 및 AS	1.0~4.0 ㎜
아크릴	1.5~5.0 ㎜
경질 염화비닐	1.5~5.0 ㎜
폴리 카보네이트	1.5~5.0 ㎜
셀루로즈 아세테이트	1.0~4.0 ㎜
ABS	1.5~4.5 ㎜
PBT	0.5~5 ㎜

(1) 살두께 최소치수

- PBT: 최소 0.020″(0.508㎜), 최대 0.500″(12.7㎜)
- NYLON: 최소 0.020″(0.508㎜), 최대 0.375″(9.525㎜)

(2) 평면의 살두께

성형품이 평면을 이루지 못할 경우는 아래 그림과 같이 재설계를 해야 한다.

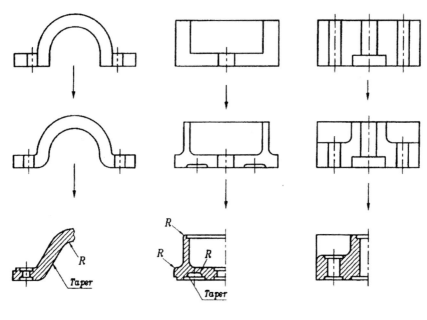

평면이 아닐 경우 살두께

(3) 서로 다른 살두께

● 만약 한 부품 내에서 서로 다른 살두께가 균일하게 되지 않으면 경사로 연결하여야 한다.

● 살두께가 불균일하면 외관불량을 초래한다.

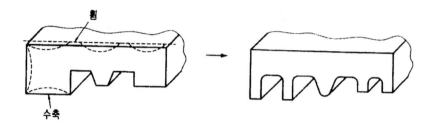

3. 형상별 살두께

① 단면의 살두께가 두꺼운 부위는 Rib를 주고 살두께는 균일하도록 한다.

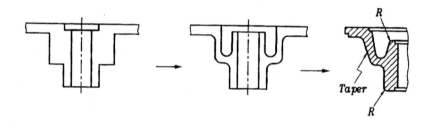

② 엷은 살의 단면부는 재료의 충진부족이 되기 쉬우므로 피하는 것이 좋다.

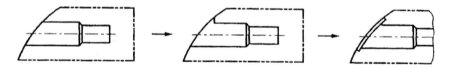

③ 금형에서 고정 측 Core의 형상은 수축에 의하여 달라붙는 것을 피하도록 한다.

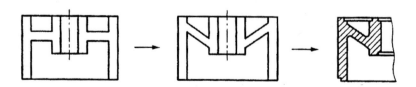

(1) corner

① fillet, radii

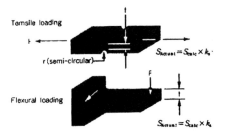

stress concentration diagram

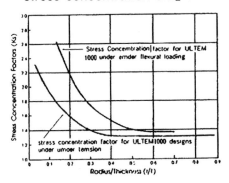

stress concentration factors

(2) 기 타

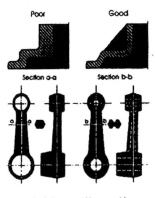

**variable well section
diagram**

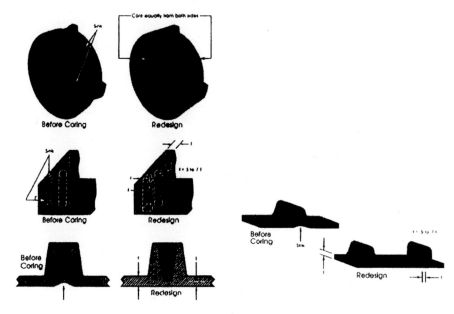

coring

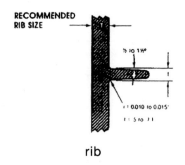

rib

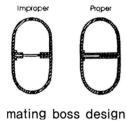

mating boss design

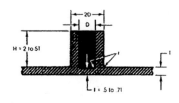

boss design

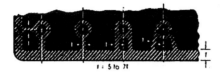

rib design concept for connecting
boss to external appearance wall

(3) assembly

① ultrasonic bonding

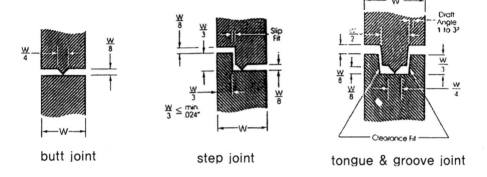

butt joint   step joint   tongue & groove joint

② ultrasonic staking

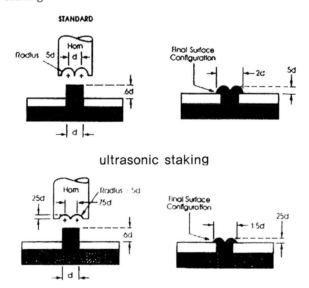

ultrasonic staking

low profile

③ snap fit

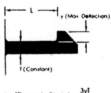

$$\theta_D \text{ (Dynamic Strain)} = \frac{3yT}{2L^2}$$

dynamic strain−straight beam

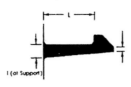

$$\theta_D \text{ (Dynamic Strain)} = \frac{3yT}{2L^2K_p}$$

Find K_p (Proportionality Constant)
from graph below, where R= l/l

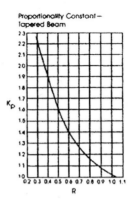

dynamic strain−tapered beam

④ solvent bonding

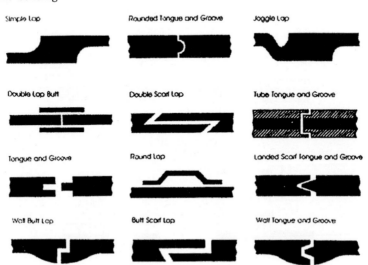

recommended joint designs for solvent and adhesive bonding

⑤ thread－forming screw

㉮ design parameters for thread－forming screws

screw size	hole size				optimum boss diameter		optimum length of engagenent[**]	
	tapered cored hole (top of hole)*		straight wall drilled hole					
	inch	mm	inch	mm	inch	mm	inch	mm
#4.17	0.093	2.36	0.093	2.36	0.250	6.35	0.218	5.54
#5.15	0.104	2.64	0.099	2.53	0.250	6.35	0.250	6.35
#6.13	0.112	2.84	0.109	2.77	0.280	7.11	0.281	7.14
#7.12	0.125	3.18	0.120	3.05	0.312	7.92	0.300	7.62
#8.11	0.136	3.45	0.130	3.30	0.343	8.71	0.343	8.71
#9.10	0.247	6.27	0.144	3.66	0.375	9.52	0.356	9.04
#10.9	0.162	4.11	0.157	3.99	0.406	10.31	0.375	9.52
#12.9	0.183	4.65	0.177	4.50	0.437	11.10	0.437	11.10
1 / 4 － 8	0.213	5.41	0.206	5.23	0.531	13.49	0.500	12.70
9 / 32 － 8	0.242	6.15	0.238	6.05	0.625	15.88	0.562	14.27
5 / 16 － 8	0.271	6.88	0.266	6.78	0.687	17.45	0.625	15.88

㉯ laser machining

polyetherimide resin: maximun recommended cutting relationships

laser power, watts	cutting speed, in / min(cm / min)
150	35(90)
300	70(180)
500	135(340)

㉰ self tapping screw

polyetherimide resin

laser material	ratio of wall thickness to O.D
steel	1.0
brass	0.9
aluminum	0.8

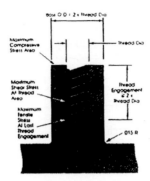

㉜ threaded insert

polyetherimide resin

insert material	ratio of wall thickness to O.D
steel	1.0
brass	0.9
aluminum	0.8

㉤ ultrasonic insert

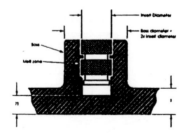

④ 살두께가 급격하게 불균일하면 외관불량을 초래한다.

⑤ 상자모양 또는 용기모양의 성형품은 밑바닥을 두껍게 하고 측벽은 서서히 두께가 감소하도록 한다.

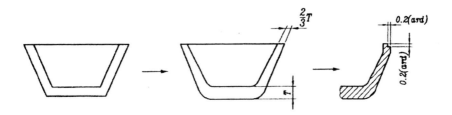

⑥ 단면이 "T"형으로 연결된 부분은 수축을 발생시키므로 Core측의 Edge 부를 만들어 안전틈새를 주면 좋다.

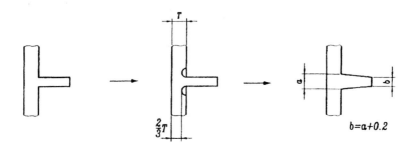

$$b=a+0.2$$

⑦ 금형 구조상의 원인으로 A부의 살두께가 엷어지는 것을 피한다.

⑧ 재료의 흐름은 두꺼운 부분에서 얇은 부분으로 흐르는 것이 좋다. 급격히 살두께가 변하는 것은 좋지 않다.

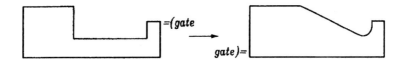

⑨ 곡면부위도 가능한 한 균일하게 한다.

⑩ 성형품의 격자는 금형이 날카롭게 되면, 깨어지기 쉬우므로 직선부를 주면 좋다.

⑪ 음각문자는 양각문제에 비해서 금형가공이 곤란하다. Hobbing하는 경우는 그 반대의 경우가 된다.

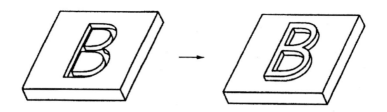

⑫ 단면이 T형으로 연결된 부분은 Sinkmark를 발생시키므로 Core측에 Edge 부를 만들어 안전틈새를 주면 좋다.

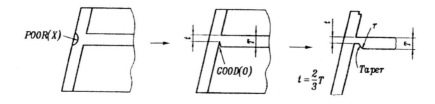

⑬ 금형에서 고정 측 Core의 형상은 수축에 의하여 달라붙는 것을 피하도록 한다.

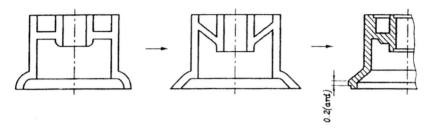

⑭ 변형되기 쉬운 디자인과 그 개선책

ⓐ

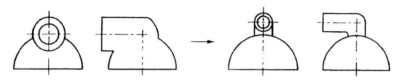

ⓑ

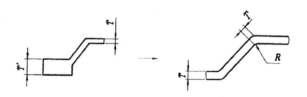

ⓒ

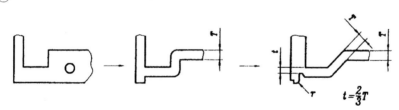

ⓓ

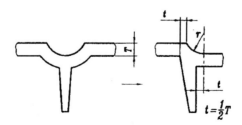

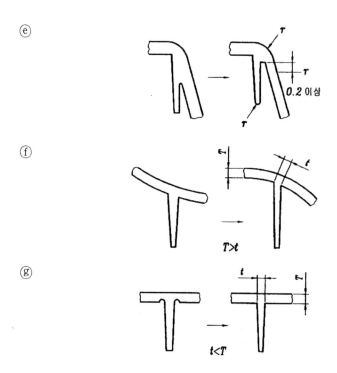

⑮ 경사진 Boss 또는 형상은 금형의 구조가 복잡하며 또한 대형이 되기 때문에 Parting line에 대해서 직각으로 할 것.

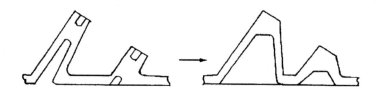

⑯ 두께분포

ⓐ   ⓑ   ⓒ

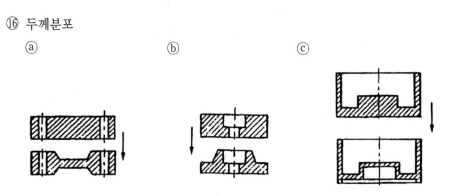

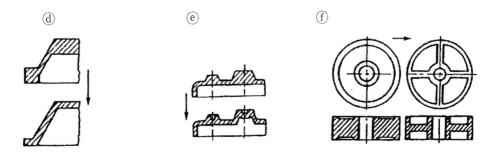

⑰ 큰 표면의 부품에 대한 중량절약

ⓐ   ⓑ

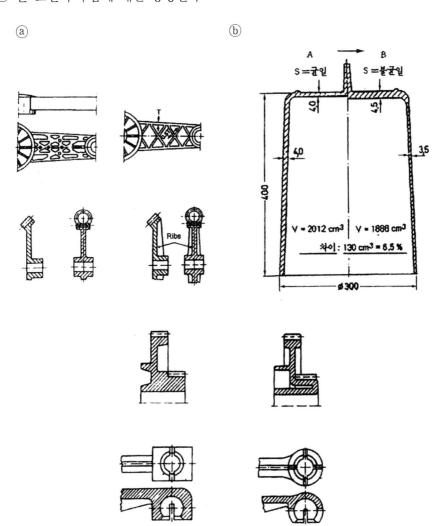

제20장 고분자 재료의 적용성

1. 고분자의 high cycle 성형기술

1) 성형 cycle의 조건

(1) 금형과 제품설계에 도움을 주는 8가지 Rule

특별한 조건하에 기계의 크기를 선택하는 데 도움을 줄 수 있는 8가지 Rule이 있다. 이것은 금형과 제품설계에 도움을 준다. 그리고 성형기술도 기계의 크기와 Cycle의 조건에 영향을 줄 수 있다.

가. 기준 1. 투영면적과 CLAMPING힘

기계의 Clamping힘은 완전히 사출된 상태에서 Runner와 Mold부품의 투영면적에 3∼5배가 되어야 한다. 이것은 얇은 벽, 깊은 곳의 뽑아냄 또는 두꺼운 Boss를 가진 부품에서 투영면적의 단위 평방 인치당 ton을 허용한다. 또한 두꺼운 벽, 얇은 곳의 뽑아냄과 두껍지 않은 Boss를 갖는 부품에서 투영면적의 단위 평방 인치당 2ton을 허용하기 위해 총 투영면적의 2∼3배가 되어야 한다.

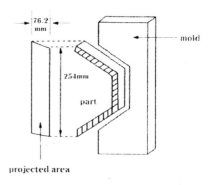

나. 기준 2. 사출물의 무게와 기계의 분사용적

사출된 상태의 사출물 Sprue와 Runner의 총 무게는 특정 재질에서 기계의 최대분사 용적의 90%를 넘으면 안 된다. 용융점이 높은 온도에서 요구사항은 사출크기를 최대의 75%까지 감소시키는 것이다. 기계는 Styrene의 O_z로 평가되기 때문에 사출

용적은 대략의 값에 의해 다른 재질도 조정되어야 한다.

Styrene과의 비교 Oz		Styrene과의 비교 Oz	
HDPE	0.90	NYLON	1.08
POLYPROPYLENE	0.85	PVC	1.23
ABS	0.99		

다. 기준 3. 금형 크기와 원판 크기

금형은 Tie rod 사이의 가능한 금형장치 면에 맞아야 한다.

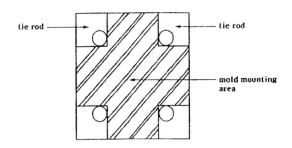

라. 기준 4. 금형두께와 닫힘여유

금형을 닫았을 때 금형두께는 기계의 최소여유(Daylight)보다 커야만 한다. 단지 기계적 Clamp에서는 금형두께가 Clamp Tonnage를 세우기 위하여 최대 닫힘 Daylight보다 작아야 한다.

마. 기준 5. 사출물의 깊이와 열림여유

사물을 제거 시에 열림 Daylight는 사출물의 깊이의 2배 더하기 닫힘 금형의 두께보다 커야만 한다.

Open Daylight > 2 × (Part 깊이) + (금형두께)

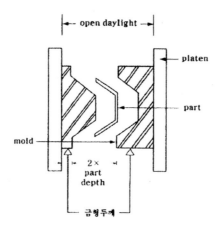

바. 기준 6. 사출물의 깊이와 CLAMP 행정거리

수압 Clamp 기계에서는 Clamp 행정거리는 열림 Daylight 빼기 금형두께보다 크거나 같고 사출물의 깊이의 2배보다 커야 한다.

- Clamp Stroke ≥ (Open Daylight)－(금형두께)
- Clamp Stroke > 2 × (Part 깊이)

기계식 Clamp 기계에서는 Clamp 행정거리는 열림 Daylight 빼기 금형두께와 같아야 하고 사출물의 깊이의 2배보다 커야 한다.

- Clamp Stroke ＝ (Open Daylight)－(금형두께)
- Clamp Stroke > 2 × (Part 깊이)

사. 기준 7. 순환시간(CYCLE TIME)

순환시간은 기계시간 더하기 냉각시간이다. 금형을 목적으로 하는 Plastic은 알맞은 냉각능력과 일정한 두께를 갖는 부분을 갖고 있어야 한다.

기계 Size(tons)	성형시간	두께(inches)	냉각시간
75~200	4sec	0.030	3sec
300~500	8sec	0.045	5sec
700~1000	10sec	0.095	12sec
1500~2500	15sec	0.1875	20sec

순환시간＝기계시간＋냉각시간＋손으로 부품을 제거하는 데 5～10초.

● 사례: Plastic 부품 0.045″의 균일한 두께를 갖고 있고 기계는 375톤 용량이다.
순환시간은

$$
\begin{array}{r}
8\text{초 기계시간} \\
+\ 5\text{초 냉각시간} \\
\hline
13\text{초 자동작동에 대한 총순환 시간}
\end{array}
$$

아. 기준 8. SCREW 회복과 순환시간

최소순환시간에 대해 Screw 회복시간은 냉각시간보다 크거나 같아야 한다.

$$\text{Screw 회복} = \frac{\text{사출물중량}(O_Z)}{\text{회복비율}(O_Z/\text{Sec})} \leq \text{냉각시간}$$

2) 성형조건

(1) cycle의 구성

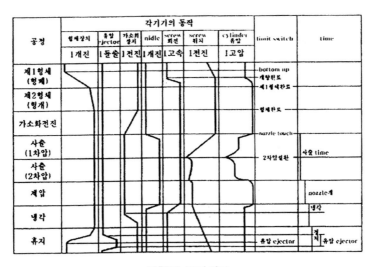

성형기 동작선도

max melt ℃: 감소되기 전의 최대 공정온도(Barrel temperature)

max stress × 1000: Cavity에서 최대 응력(㎫)

shear rate × 1000: Gate에서 최대 전단속도(sec⁻¹)

전형적인 전단속도 범위: Runner 1000−20,000 Gate 10,000−100,000 Cavity 100−5000

※ 이 수치는 재료 공급자마다 그리고 등급마다 다르기 때문에 단지 지침으로써 주어진다. 명확한 자료를 위해서는 재료 표본이나 자료집을 점검한다.

(2) 수축률

성형품의 수축률을 성형품의 기하학적 형상, 금형상의 문제, 성형조건의 변화로 구분하여 살펴보면 그림에 표시한 바와 같다.

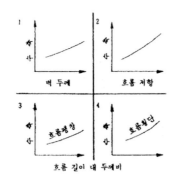

part geomety의 함수로서의 수축

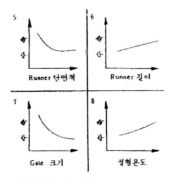

성형변수의 함수로서의 수축

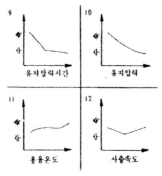

성형조건들의 함수로서의 수축

수축률 변화

각종 engineering 수지의 특성

수 지	특 징
PTFE (polytetrafluoroethylene)	마찰계수가 적고 윤활성이 우수하다. 최소 260℃ 최저 −200℃의 범위에 사용 가능 전기절연성이 최고, 유전손실은 최소
PPS (polyphenylene sulfide)	연속사용온도 260℃ 결정성 plastic으로 내약품성이 좋다. 내열수성 양호
Polyarylate (PAR)	비결정성 plastic으로 투명 강인한 고충격 탄성 및 회복성이 좋다. −100℃~+200℃ 내열열화성이 좋다.
Polysulfone (PSU)	−100℃~+150℃ 연속사용이 가능 비결정성 plastic으로 무기잔, alkali에 강하다. 투명 전기적 성질이 좋다.
TPX (polymethylpentene copolymer)	융점 230~240℃의 결정성 plastic 비중 0.83 내약품성, 전기적 성질이 좋다. 자외선에 약하다.
GL 수지 (polyether계 urethane)	내용제, 내마모, 내후성이 있다. 흡수율이 크고 수중, 열수중에 사용을 피한다.

고무의 사출성형법과 압축성형법의 비교

순	항 목	사출성형법	압축성형법	사출기 적용에 의한 효과
1	원료공급법	●원료를 통산 roll의 ribbon 상으로 공급 ●연속 자동 공급	●성형품 형상을 합한 계량절단 ●수동으로 재료를 금형에 삽입	●인원 삭감 ●개량 정도 향상 ●균일한 예열
	가류법	●연속 자동 가류	●가압 형체 gas로 가감압 가류	●취부 금형에 예열 계량하여 완전자동 공급 ●가류 시간이 press 성형법에 비하여 60~90% 단축
	제품취출	●반자동에서 완전자동 ●작업이 간단하다.	●금형에 인출 후 취출 ●작업이 복잡	●안전한 기계 자동작업 관리
	마무리	●spray, gate의 절단 ●성형귀 두께균일	●성형 귀두께 다름 ●자동 마무리가 난해	●gate, runner, sprue의 절단 ●자동 마무리 ●금형구조를 cold runner화

순	항 목	사출성형법	압축성형법	사출기 적용에 의한 효과
2	설비비	•고　가	•비교적 싸다	•동일 형체력의 press에 비해 4~8배 생산성 향상
	금　형	•고가(압축용 형의 5~10배)	•구조 단순, 경량	•가동률은 press에 비해 4~8배 생산성 향상
	원료 loss	•0.5~0.8% (sprue, runner)	•20~50%	•중간 loss가 크다.
	불량률	•1% 이하	•15% 이하	•작업자에 무관
	생산성	•동일 형체력의 press에 비해 4~8배	•동일 형체력의 press에 비해 1/4~1/8	•가류 시간 단축 •1인당 생산성 수배 향상
3	노동 사정	•단순, 경작업화 •여자 고령자 충분	•육체노동 •남자 작업자 주체	•작업이 단순, 경작업
	작업 환경	•열발생원이 작다. •운반 저감	•현상의 작업 환경	•작업장 냉난방 가능
	품　질	•안　정 •고온 단시간 •가류화 •고정도	•개인차이 •고온 단시간 가류 불가	•생산성 향상, 품질 우수

(3) 저발포 사출성형

가. 저발포 성형방법

① full shot법과 short shot법

㉮ full shot법

각 SF process에 따라 수지를 발포할 때 금형 cavity에 수지를 충전한 후 수지의 체적 수축이 cavity 용적의 확대를 이용하는 방법이다.

● 완전한 평면성과 금형 전사성을 얻을 수 있다.

● 사출 속도를 높임에 따라 weld line을 줄일 수 있다.

● 수지 유동을 그다지 수반하지 않기 때문에 균일한 발포를 얻을 수 있다.

● 물성이 우수함

㉯ short shot법

수지를 cavity 용적보다 작게 사출하여 발포제의 Gas압에 따라 발포하는 방법이다.

● 성형품 형상의 재현성과 금형 전사성을 충분히 얻을 수 없다.

● 발포 압력을 높여야 한다.

● 냉각 시간을 길게 잡아야 한다.

- 저압 성형이므로 대형의 성형품을 얻을 수 없다.
- 금형 강도가 그다지 필요하지 않는다.

㉡ counter pressure법과 sandwich 성형법

−counter pressure법

금형 cavity 내에 사출된 수지가 발포할 수 없는 상태에 발포 압력 이상의 gas압을 수지의 충진 완료 직전까지 cavity 내에 가하는 방법

- 평활한 성형품을 얻을 수 있다.
- 금형이 기밀 구조가 되기 때문에 cost가 올라간다.
- gas control unit가 필요하다.

−sandwich 성형법

수지 유동의 층류성을 이용하여 표면층에 비발포성 수지, 내층에 발포성 수지를 배합하여 보통의 실린더에서 2중의 수지를 short shot하고, 발포성 수지층의 발포 압력으로 충진을 완료하는 방법

- 완전한 표면층의 평활면을 얻을 수 있다.
- 층류 조건을 유지해야 하는 제약이 있다.
- 전용 성형기를 사용하여야 한다.

㉣ full shot−countor pressure법(fs−cp법)

고 발포율화＝경량화를 성형품의 목적으로 하지 않는 한, 최고로 손쉽고 유용한 fs process이다.

- 발포 배율은 1.05 이하로 설정한다.
- 냉각 시간이 짧다.
- 금형 재현성이 우수하다.
- 성형품 물성이 우수하다.
- 성형기는 범용기를 일부 개조하여 사용할 수 있다.

㉤ usm worm process

FS−CP법과 형확대법을 조합한 것으로, 금형 cavity 내에 수지를 full shot한 후 금형의 일부

또는 전체를 일정량 확대하여 임의의 발포 배율을 얻을 수 있는 방법

- 발포 배율은 넓은 범위 설정 가능(1~3배)
- 성형품 두께 변화의 허용도가 높다.
- 성형기의 일정량 확대 기구 추가 필요
- 2차 발포의 영향이 적다.
- 냉각 시간 단축이 가능
- 표면층이 균일, 층두께의 control이 가능
- 발포 cell이 대단히 균일, 물성이 우수
- 두꺼운 성형 제품의 경량화 유효하다.

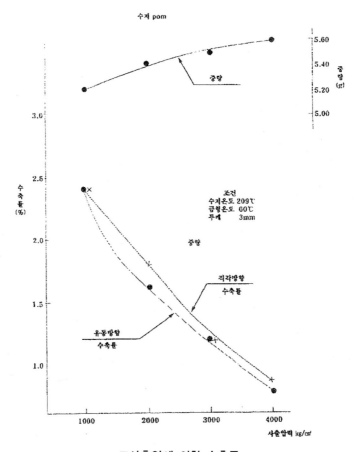

고사출압에 의한 수축률

비발포제품과 저발포제품 비교 분석

	비교항목	비발포제품	counter pressure제품	sandwich제품
	기본적인 금형 system	통상의 사출성형 금형으로 가능	cavity 내에 공기, 질소 gas를 주입(내압 12㎏/㎠ 정도)하여 금형 내부 ejector pin 부분이 완전 seal할 필요가 있어 공기, 질소 gas의 주입, 배출구를 설치한다.	
	hot runner system	사용 가능	사용 불가	사용 불가
	금형의 gate수 대형 housing제품	통상은 6point gate가 많다.	대부분은 1point gate로 가능	평균 4point gate
	평균 cycle 시간	약 120초(두께 4㎜ 경우)	약 170초(두께 5.5㎜ 경우)	약 240초(두께 5.5㎜ 경우)
	cycle 시간 중의 냉각시간	약 70초(두께 7㎜ 경우)	약 110초(두께 5.5㎜ 경우)	약 160초(두께 5.5㎜ 경우)
cost	총체적인 cost조건 대형 housing 제품	비발포 제품의 지수를 1.0으로 하고 타공법과 비교한다.	단품일 경우 1.3정도 최종제품은 0.8정도	단품일 경우 1.8정도 최종제품은 1.8정도
제품 성형	최종적인 대형 housing의 부품종류수	3부품 구성	2부품 구성	3부품 구성
특징 비교	성형 가능한 제품의 최대두께	4.0㎜ 이하	20~25㎜	
	성형 가능한 제품의 최저두께	1.0㎜	1.0㎜	4.0㎜
	제품의 발포 배율	1.0배	약 0.9배	약 0.85배
	적응 성형재료	원칙적으로 여하한 재료로 성형 가능	PS	PS, PPHOX
	성형품의 특징	제품의 표면경도가 비교적	제품의 표면정밀도를 요구하는 경우는 표면도장을 할 필요가 있다.	
	발포 system	-	발포제를 0.3% 혼입하여 사출성형하면 좋다.	발포제는 사용하지 않고 성형시점에 질소 gas를 분사한다.
특징 비교	제품의 표면도장	원칙적으로 도장 전의 표면 다듬질 가공과 primer 처리 등의 base 도장은 하지 않고 통상 1공정 도장으로 한다. 단, 특히 표면광택을 필요로 하는 제품은 base 도장을 할 필요가 있다.		제품의 표면 사상기공과 primer 처리 등의 base 도장을 할 필요가 있다. 따라서 3공정 도장을 한다.
	낙구충격에 의한 제품의 파괴강도	파괴강도는 약하며 제품의 조립시점에 금속판 보강재를 사용할 필요가 있다.	비발포 제품에 대하여 약 3배의 내 파괴강도를 유지한다. 내부의 발포상태가 honey come(벌집) 상태로 파괴가 난해하다. 따라서 제품을 조립시점에 금속판 등 보강재 사용이 필요 없다.	
	weld 부분의 파괴배율	금형 system과 성형기술에 의하여 비교적 weld가 크다. 다점 gate는 weld의 발생 개소가 많다.	weld line이 크지 않기 때문에 표면도장으로 커버한다.	

가열용량을 크게, 냉각용량도 크게, 고부하시의 매체 유량도 크게 하며 통상 2~4 kgf/㎠가 필요하다. 변동 시 안정시키는 온도제어, 온조의 매체가 물인 경우 65℃, 에틸렌글리콜은 82℃.

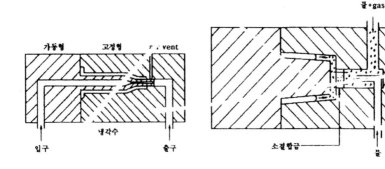

(4) gas 사출성형

일반적으로 사출성형은 플라스틱 재료를 사출기의 배럴(barrel) 내에서 용융시킨 후 적당한 사출압을 가하여 노즐, 스프루, 런너 및 게이트로 용융수지가 흐르게 하여, 최종적으로 원하는 형상을 가지고 있는 케비티에 충진하여 고화되게 함으로써 후처리가 필요 없는 복잡한 형상을 가진 제품의 대량생산에 이용해 왔다.

사출성형 원료로 사용되는 대부분의 원료들은 고분자 재료이며 이러한 재료들은 용융상태에서 팽창(swelling)하여 고화될 때 가장 안전한 분자 에너지 상태로 돌아가기 위하여 분자운동을 통한 수축(shrinkage)이 발생된다. 이러한 수축은 사출압, 사출온도, 보압, 금형온도, 제품의 형상 및 원재료의 특성 등에 따라 많은 변수를 갖고 있으며, 용융수지가 고화될 때 제품의 수축이 균일할 경우 뒤틀림(warpage) 및 함몰(sink mark)과 같은 변형은 발생하지 않으나 불균일 수축이 발생할 경우 제품을 최종목적에 사용할 수 없을 정도의 심한 변형이 발생된다. 이러한 불균일 수축에 의한 변형 때문에 설계 및 제품 디자인의 제약이 따르며 보스(boss) 및 리브(rib) 등의 강도 저하의 원인이었다. 이러한 불균일 수축에 의한 변형발생이 예상되는 부분에 가스를 주입하여 수축을 보상하고 변형 발생을 최소화하는 가스 사출성형 방법의 특성에 대하여 설명하고자 한다.

가. 기본원리

가스 사출성형은 금형의 케비티에 용융수지를 주입하는 방법에 있어서 일반 사출성형과 같다. 가스 사출성형의 과정은 우선 금형의 케비티에 용융수지를 주입하고 제품의 형상에 따라 약 50~95% 정도 채워졌을 때 가스 사출이 시작된다. 이때 주입된 가스는 용융수지로 채워지지 않은 부분으로 용융수지를 이송하여 고화되게 한다. 그리고 가스압력은 성형기의 노즐을 스프루에서 떼내면서 감소되고, 가스는 금형 밖으로 빠져나온다. 어떤 경우는 가스가 성형기 노즐을 통해서 빠져 나오도록 하여 가스를 회수하여 재사용한다. 만일 가스가 성형기의 노즐을 통해 주입될 경우 성형물에 생겨 있는 구멍은 이차 사출에 의해 메운다.

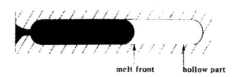

1단계: 용융 plastic injection

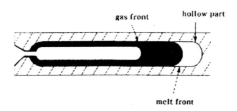

2단계: gas(N$_2$) injection

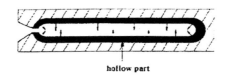

3단계: gas pressure holding

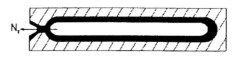

4단계: vent of injection gas

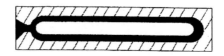

5단계: close gate with plastics

나. 가스 사출성형의 특징

㉮ 가스 사출성형에 의해 성형품 두께 균일화가 가능하므로 성형품의 품질 문제인 함몰 및 뒤틀림 등의 성형 변형이 적고, 치수 안정성이 우수한 성형품을 얻을 수 있다.

㉯ 성형품의 두께를 균일화할 수 있으므로 설계 자유도를 높일 수 있다.

㉰ 함몰(sink mark)이 발생할 소지가 적기 때문에 중공 구조를 갖는 리브(rib)의 설계가 가능하므로 성형품 전체의 강성이 향상된다.

㉱ 중공 구조를 갖고 있기 때문에 동일 체적의 성형품과 비교해서 경량화가 가능하다.

㉲ 두꺼운 부분이 중공 구조로 되어 있기 때문에 동일한 두께를 갖고 있는 일반 사출성형품에 비교해서 성형 사이클(cycle)단축이 가능하다.

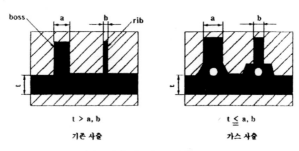

기존 사출과 가스 사출 비교

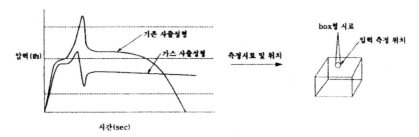

기존 사출 성형과 가스 사출성형의 사출압력 비교

다. 가스 사출성형 시 고려 요소(Factor)

㉠ 가스 주입 압력

가스 주입 시 가스주입 지연시간 및 가스압력 프로파일(Profile)이 가스사출성형의 중요한 고려 요인이다. 가스주입 지연시간은 금형의 케비티 벽면을 따라 고화되는 플라스틱 층의 두께에 따라 결정되며 주입 지연시간이 너무 짧으면 가스가 아직 고화되지 못한 액상의 원료를 분산시켜 캐비티 벽에 플라스틱 층을 형성하기에 불충분하게 된다. 또한 가스압이 클 경우 가스가 용융수지 흐름 선단부(Melt Front)를 통과하게 되어 미충진이 발생한다. 또한 지연시간이 너무 짧으면 가스와 용융수지에서 난류가 발생하고, 이것은 제품 표면을 망치게 된다. 따라서 좋은 결과를 얻기 위해서는 접합한 지연시간 결정과 용융수지 흐름선단부 속도가 일정하게 유지되도록 가스압력 프로파일을 정해야 한다.

단면적이 다른 gas channel에 동일한 압력이 주입될 경우

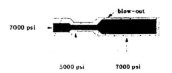

단면적이 다른 gas channel에서 압력 다단 조철을 할 경우

㉡ 수지의 용융점도

수지의 용융점도는 가스 채널의 사이즈 및 균일한 벽두께 형성에 영향을 준다. 용융점도가 높으면 보다 두꺼운 벽 및 좁고 짧은 가스 채널을 만들게 되고, 수지 흐름선단부에 수지가 많이 남아 있게 되므로 가스저항이 커서 적정 가스압 조절이 쉽고 균일한 벽두께를 유지할 수 있다. 용융점도가 낮으면 단면적이 크고 긴 가스 채널은 만들어지지만 가스주입시간이 길어짐에 따라 수지 흐름선단부의 수지량이 작아 가스선단부와 수지 흐름선단부 사이의 압력 강하가 발생하여 여러 개의 수지 흐름이 발생하고 균일한 벽두께를 유지하기가 어렵다. 또한 용융점도 감소에 따라 용융체강도(Melt Strength)가 감소하므로 가스가 수지 흐름선단부를 통과(Blow Through)하여 제품의 심각한 손상을 일으킨다.

㉗ 금형 온도

금형 온도는 제품의 벽에 따라 형성되는 플라스틱의 두께에 직접적인 영향을 미치며 특히 결정성 수지의 경우 결정화 속도에 영향을 및 프로즌 스킨(Frozen skin) 발생률이 달라지게 된다.

㉘ 기타 고려 요소

- 가스 사출 위치: 노즐, 런너, 케비티
- 딜리버리 시스템(Delivery System): 스푸루－런너－게이트 설계
- 재료특성: 사용 재료의 기계적, 열적 및 유동특성
- 냉각수계: 금형의 균일냉각을 위한 냉각 채널
- 수지 및 가스 사출률

라. 일반 사출성형과 가스 사출성형의 비교

일반성형과 gas성형과의 차이점

항 목	성형법	일반사출성형	가스사출성형	비 고
외 관	1. 표면성	양 호	양 호	
	2. 뒤틀림(warpage)	문제 있음	양 호	
	3. 후변형	보 통	양 호	
강 도	4. 강 성	보 통	양 호	
	5. 크랙(crack)	보 통	양 호	
	6. 웰드부분 강도	문제 있음	양 호	
경제성	7. 성형사이클	양 호	보 통	
	8. 성형품 중량	양 호	양 호	
	9. 금 형	문제 있음	문제 있음	
	10. 도 장	양 호	양 호	
설 계	11. 설계의 자유도	보 통	양 호	

마. Gas 주입 Rib

- Rib 두께 2.5~4 이하, 4 이상 불가

- $a = b = (2.5 \sim 4) \times S$

- $c = (0.5 \sim 1.0) \times 5$, $d = (5 \sim 10) \times S$

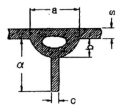

- 기존 Gate의 이용이 가능한 것도 있으나 Gate의 수정이 절대적으로 필요하다.
- Rib의 배열은 얇은 성형품의 경우는 Gas가 Rib를 통해 전달될 수 있도록 해야한다. Rib와 본체 두께의 차익이 너무 클 경우에는 Rib 주변에서 수지의 충진에 문제가 생기므로 Rib의 배열이 요구된다.

바. Rib의 뒤틀림 현상

Rib의 뒤틀림(Buckling)은 강성을 상실했을 때 생긴다.
- Rib의 뒤틀림 현상
  - 재료의 탄성률(Elastic modulus)이 낮을 때
  - Rib의 깊이에 비해 두께가 얇을 때
  - Rib의 깊이에 비해 길이가 길 때

디스크 전용 하이브리드 사출성형기의 특징

1. 서 론

□ 광디스크(optical disc) 전용 사출성형

○ 일본 Meiki사(Meiki co., ltd)는 레이저 디스크(laser disc)를 시작으로 광디스크 제조를 20년에 걸쳐 디스크 성형에 대한 노하우를 활용하여 광디스크 전용 사출성형기를 제작하였다.

○ 최근 DVD 플레이어, DVD 대응 PC, DVD 카네비게이션 및 가정용게임기 등이 가정에 보급되고 있다. 기록식 미디어 DVD가 DVD 레코드로서 TV 녹화, PC용 데이터 유지 및 디지털카메라 등의 녹화용에 사용되고 기록식 미디어 DVD에 사용되는 DVD±RW, DVD-R, DVD-RAM은 CD-R, CD-RW보다 기록 용량이 커서 보급이 활성화될 것이다.

□ DVD의 성형 기판

○ 기록식 미디어 DVD의 성형 기판은 신호의 전사성, 기계 특성이 재생용에 비해 높은 정밀성이 요구된다. 정밀성을 확보하기 위해서 성형기에 높은 형체력, 빠른 형체압력 및 기능이 우수한 응답 사출이 필요하다.

○ 고기능으로 제어할 수 있는 제어 장치가 필요하고 기존 사출성형기(MDM-1 type)의 기술을 바탕으로 세계적으로 가속화되고 있는 에너지 효과에 부응하는 디스크 전용 하이브리드 사출성형기(hybrid injection molding machine, MDM-H)가 개발되었다.

2. 하이브리드 사출성형기
(hybrid injection molding machine)선택

□ 사출압축 성형법(injection press molding method)

○ 축적된 디스크 성형 노하우에서 판 두께 0.6㎜의 디스크 성형에서 금형이 금형 닫힘 완료위치의 수㎜ 전에 금형 위치를 정지시킨 상태에서 사출하여 형체 압축하는 방법이 DVD 성형에서 각 특성에 우수한 결과를 가져온다.

○ 성형 방법은 사출 압축하는 방법으로 첫째로 사출 압축 성형 방법으로 하고 있다. 이 사출압축 성형 방법을 실현하기 위해서 항상 안정된 일정량으로 금형을 정지시키는 것, 사출 시에 일정량을 유지시키는 것, 형체압력 시에 신속히 압축하는 응답성이 가장 중요하다.

□ 디스크 전용 사출성형기의 사출 관계

○ 기존의 디스크 전용 사출성형기를 기초로 사출압축 성형 방법의 경우와 DVD 디스크의 제품 품질에 영향을 미치는 성형기의 형체 장치 및 사출 장치에서 제품 품질에 직접 영향을 미치는 형체 장치가 대다수를 차지하고 있는 실정이다.

○ 예를 들면 2초대의 성형 사이클에서 사출 충진은 0.12초, 금형 개폐는 0.6초, 냉각 시간은 1.1초, 계량은 1.0초, 제품추출 시간은 1.0초가 필요하다. 전력 소비량은 사출 장치로서 1사이클 중의 약 3할을 계량 공정에서 필요로 한다. 공정 중에는 나사(screw)가 회전되기 때문에 대용량의 오일을 단시간에 소비하는 오일 모터(oil motor)로 액추에이터(actuator)에 오일 공급을 계속하지 않으면 안 된다.

○ 계량 공정을 전동화하는 것이 오일의 공급을 감소할 수 있고 전력 소비를 절감하는 것으로 에너지를 절감할 수 있다. 즉, 금형의 개폐 시작 → 금형의 위치정지 제어 → 사출 충진 → 다시 금형의 개폐시작 → 사출압축 완료로 하는 사출압축 성형 방법이다. 또 높은 정밀도에 따른 사출 제어를 하기 때문에 종래의 유압식보다도 전동화하는 편이 양호하다. 사출 장치를 전동화하는 것으로 유압식에 비하여 전력

감소와 사출 공정에서 고성능의 사출 제어가 가능하다.

□ 디스크 전용 사출성형기의 형체 관계

○ 형체 장치에는 직압식 유압 방법을 적용한 디스크 성형에서 좋은 점은 고속 승압이 가능하고, 성형품에 대한 균일한 압력을 전달할 수 있다. 큰 압력을 발생시키기 때문에 에너지의 소비량이 많아 소형(compact) 디스크 성형기의 경우, 금형 개폐에는 부스터 실린더(booster cylinder)를 사용하여 주 실린더(main cylinder)의 큰 영역의 높은 에너지를 부압 탱크에서 흡입하기 때문에 사용량이 적다.

○ 승압에 사용되는 오일은 압축 부분만의 사용으로 사용량이 적기 때문에 적은 에너지의 소비가 가능하다. 이것을 전동화하여 고부하에 견디는 서보모터(servo motor)를 장착해야 하며 광디스크 성형에서 성형기를 소형화시켜 전력 소비를 절감하는 것에는 기존 방법의 직압식 유압형체 장치를 적용하는 편이 좋다고 생각된다. 특히 사출압축 성형 방법과 고속 형체승압 시간을 조합한 성형 방법이 성형품에 미치는 영향이 크기 때문이다.

□ DVD-ROM 성형

○ 형체승압 시간의 차이에 의한 DVD의 전사성의 비교에서 DVD-R 디스크의 전사성을 형체압력에서 승압시간의 차이로 확인한다. 형체승압 시간이 100㎳의 설정에는 신호 형상의 랜드(land)부에 해당하는 부분이 둥근 구멍인 것과 전사의 불충분에 대한 형체승압 시간이 30㎳의 설정에는 랜드부의 형상은 모서리(edge) 부분까지 정밀하게 전사되는 것이다.

○ 형체승압 시간이 100㎳ 이상의 경우에 전사율을 확보하는 것으로 냉각시간, 금형온도 및 형체력 등 성형 조건을 변경하게 되어 성형 사이클이 늘어나게 된다. DVD-ROM 성형을 3.0초 성형과 2.8초 성형에서 생산량의 비교를 24시간 가동으로 계산하면 0.2초의 차이는 약 1400회 shot의 생산량의 차이가 되어 생산성을 고려한 경우는 부가가치가 적다.

○ DVD 성형에서 정밀한 전사성을 실현하는 사출성형기에 높은 형체력, 고속 형

체승압에 필요한 형체 장치로 유압식을 적용해 고응답사출, 정밀사출 제어에 필요한 사출 장치를 전동식으로 하는 것이 양호하다고 판단된다. 또 전력 소비량이 많아 계량 장치에도 전동식을 적용하는 것이 에너지 효과가 있다고 생각된다.

3. 사출 메카니즘(injection mechanism)과 특징

□ 사출 장치

○ 유압식 성형기에는 사출 제어에 유압 서보밸브(servo valve)를 장착하여 위치 제어와 응답성을 실현하고 사출 장치를 전동화하는 것이 유압 제어보다 안정된 위치 제어와 응답성의 결과는 동력 전달계의 동력 손실이 적고 기계 강성이 높은 구동계를 구축할 수 있는 서보모터(servo motor)와 볼스크류(ball-screw) 직결 구동(direct drive)방식을 적용한 것이다.

○ 하이브리드 사출성형기(MDM-H type)는 사출 장치의 양측에 설치한 2축을 단독 직결 구동시키고 여러 가지를 정밀도로 제어되고 제어를 실현시키기 위해서 고성능의 서보모터가 필요하고 동기형 서보모터를 정밀안전 제어로서 마모, 소음을 감소시키면서 사출 최고사양속도 400㎜/sec, 응답속도를 16㎳(0→400㎜/sec)까지 하는 것이 가능하다.

○ 계량 장치에는 나사 회전 구동용에 평행 서보모터를 나사축선 상에 직결 배치한 사출 유닛(unit) 자체를 소형으로 구성하여 직렬 구동하는 서보모터의 구동 손실을 최소화로 전달되고 나사, 볼스크류 지지베어링(ball-screw support bearing)의 유지보수를 하는 경우에 사출용 서보모터를 내부에서 비교적 간단하게 교환이 가능하다.

□ 형체 장치

○ 형체 장치는 기존의 디스크 전용 사출성형기에 직압식 유압 형체 기구를 적용한 디스크 성형에 전사성을 고형체력, 고속 형체승압이 요구되므로 직압식 유압형체 기구가 유리하다고 생각된다. 이 형체 기구의 전동화를 고려한 경우와 고형체력,

고속 형체승압의 조건을 해결하는 고부하의 볼스크류, 고출력 서보모터가 필요하게 된다. 성형 시의 작동 스트로크(stroke)는 60~70㎜로 대단히 적고, 사용되는 작동 유량도 매우 적어 에너지의 소비가 적다.

○ 직압식 유압 형체 기구를 적용하는 것이 기계 구조상 간단하게 할 수 있고 기존의 디스크 전용 사출성형기의 직압식 유압 형체 기구로서 고응답으로 압력 제어를 할 수 있으므로 형체력의 고속 승압이 가능하게 되어 금형 위치 센서를 통해 사출충진 중의 금형 위치를 높은 정밀도로 피드백(feedback) 제어하는 유압 기구를 사용하여 안정화된 위치 정밀도의 사출압축 성형 방법이 가능하다.

○ 기계에 무리한 부담 없이 동작하기 위해 기존의 디스크 전용 사출성형기의 신뢰성을 가진 직압식 형체 기구가 양호하다고 생각된다. 사출 장치를 전동화한 펌프모터, 어큐뮬레이터(acumulator) 등의 유압 부품을 소형화할 수 있고 작동 유량도 기존사출기와 비교하면 작동유 탱크도 작게 되어 장치의 전체를 소형화할 수 있다고 생각된다.

○ 금형용 온도조절기 2대를 성형기 내에 조립시켜 빌트인 시스템(built in system)을 적용하는 사출성형기의 제어 장치로 제어하는 것이 가능하고 추출기에서 제어 장치를 사출성형기 내에 조립하여 성형기, 금형 추출기, 온도조절기의 올인원 패키지(all in one package)를 가능하다.

4. 제어 장치 및 특징

□ 조정 화면

○ 조정 화면으로서 터치패널(touch panel)식 12.1형 TFT 컬러 액정화면이 장착되어 조작패널은 액정터치패널로 화면상의 아이콘, 수치를 터치 입력으로 성형 조건을 조정할 수 있으므로 기존의 전용 제어장치와 달리 PC 감각이 부여된다.

□ 금 형

○ 사출성형기의 개발에 따라 하이사이클(high cycle)에 대응할 수 있는 금형도 중요하다. 기존의 금형보다 내구성, 경량화 및 냉각효과를 고려하였다. DVD-ROM 의 성형에서 고품질을 유지하면서 3초 이하의 사이클로 생산할 수 있는 것은 금형 의 개발이 있었기 때문이다.

□ 광디스크 전용 추출기

○ 디스크 성형에는 하이사이클을 추구하기 때문에 짧은 시간에 금형 내에서 제 품을 추출하는 것은 중요하지만 작동, 기능을 조정하여 추출시간 0.1초대의 성형을 실현되었다.

□ 성형 사례

○ 성형품은 DVD-ROM의 판 두께 0.6㎜ 디스크로 생산시스템은 하이사이클로 할 수 있는 오프라인 유닛(off line unit)이며 성형기에 회전암(rotation arm)식 추출기 를 설치하여 자동 수지 운송 장치를 호퍼(hopper)에 부착하여 온도조절기, 성형기에 빌트인 오프라인 컴펙트 유닛(built in off line compact unit)으로 구성된다. 이렇게 성형된 제품의 광학 특성, 기계 특성 및 중량 편차를 줄일 수 있다.

○ 품질의 향상은 엄격하게 관리되고 에너지 절감 효과를 하이브리드시킨 사출기 의 전력소비량과 비교하면 성형품의 DVD-R을 성형 사이클 7초로서 전력 소비량 을 1/2이하로 감소된다.

5. 결 론

□ 디스크(disc) 전용 하이브리드(hybrid) 사출성형기는 향후에 디스크 성형(disc molding)으로 축적된 데이터베이스(database)를 활용한 기술개발이 하이브리드 사출성

형기(hybrid injection molding machine)의 연구와 부품개발에 중요하다고 생각된다.

◁ 전문가 제언 ▷

□ 일본 Meiki사(Meiki co., ltd)는 레이저 디스크(laser disc)에서 광디스크(optical disc)제조까지 수십 년에 걸쳐 디스크 성형의 노하우를 활용하여 광디스크 전용 사출성형기를 개발하여 기존 사출기 시스템으로 확립된 기술로 에너지 효과의 대응에 디스크 전용 하이브리드 사출성형기(hybrid injection molding machine)이다.

□ DVD 성형에서 정밀한 전사성을 실현하는 사출성형기에 높은 형체력, 고속 형체승압을 필요로 하는 형체 장치로 유압식을 적용하고, 기능이 우수한 응답 사출, 정밀사출 제어가 필요한 사출 장치로서 전동식이 좋다고 판단된다. 또 전력 소비량이 많아 계량 장치에 전동식을 적용하는 것이 에너지 효과에 좋다고 생각된다.

□ 하이브리드 사출성형기의 형체 장치는 디스크의 품질에 기여하기 위해 고속 승압으로 디스크 두께에 얼룩 불량을 최소화하는 유압식 직압 구동으로 400kN의 형체력의 DVD-R은 4초 성형, DVD-ROM은 2.5초 하이브리드 성형을 가능하다고 생각된다.

□ 사출압축 성형(injection press molding)방식의 사출 장치는 에너지 효과 저소음을 달성하기 위하여 서보모터를 사용하고, 서보모터는 소형, 고출력 서보모터로서 사출과 가속화에 직렬 구동이 가능한 정밀 안정 제어를 실현하는 동력 전달부의 마모, 소음을 감소시키고 사출속도 400㎜/sec가 가능하고 전동 서보모터를 사용하여 소비 전력이 60% 정도 감소된다.

□ 레이저 디스크(laser disc), 광디스크 등의 제조기술 개발은 부품뿐만 아니라 제조 단계에서 화학화공, 전자전기, 기계기구의 기술과 기기 등이 개발되어야 하기 때문에 팀워크(team work)에 의한 엔지니어링(engineering)이 이루어져야 한다.

1) design을 미려하게 하는 신뢰성 설계

(1) 휨

휨의 원인은 (1) 성형수축에 의한 잔류변형, (2) 성형조건에 의한 잔류응력, (3) 이형시의 잔류응력이다. 특히 성형수축에 의한 잔류변형은 제품현상과 수지의 종류에 의한 영향이다.

평판형상의 성형품 단면과 휨 방향

휨방향	단 면 A-A′			
凵		taper를 크게 취하는 경우 예각은 냉각이 빨라 수축이 작아진다. R은 각보다 수축이 크다. 얇은 두께는 냉각이 빠르다.	$l_1 > l_2$ / $l_1 < l_2$ 짧은 rib는 휨대책효과가 작다.	uandercut / Hot stamp ejector시에 변형 Hot stamp시에 열에 의한 수축 두꺼운 성형품을 성형 후 작업대상에 위치시킬 때 접촉측은 빨리 냉각한다.
凸				표면적이 크고 냉각이 빠르다.

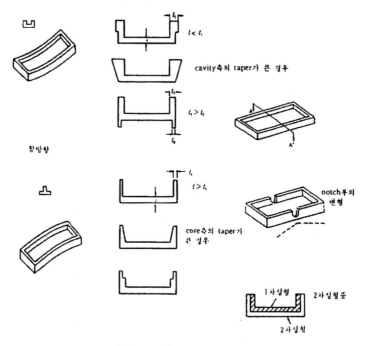

상자형상의 성형품 단면과 휨 방향

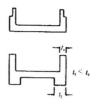

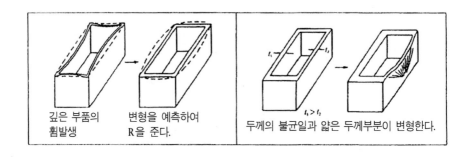

| 깊은 부품의 휨발생 | 변형을 예측하여 R을 준다. | 두께의 불균일과 얇은 두께부분이 변형한다. |

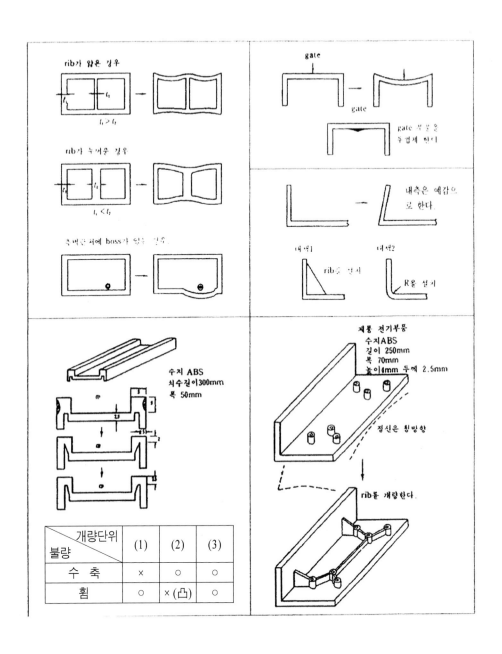

개량단위 불량	(1)	(2)	(3)
수 축	×	○	○
휨	○	×(凸)	○

(2) 수 축

① 수축의 현상

㉮ 성형수축이 큰 결정성수지는 온도에 의한 비용적이 커서 변형이 크다.

㉯ 금형 내의 용융수지는 표면의 냉각, 고화, 진행성 수축, 두께부 중심부 최종 흐름

㉰ 수축은 두꺼운 두께

㉱ 수축은 두께의 불균일

㉲ 평할부의 보이는 부위 수축

㉳ gate로부터 먼 지점

② 대 책

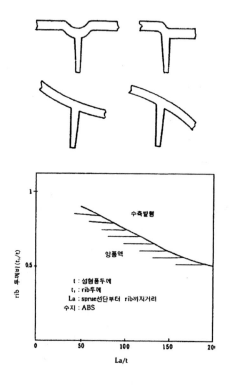

(3) 광택불량

① HIPS, ABS의 광택불량의 현상

㉮ 두께 불균일 성형품에 두께부의 광택이 불량

㉯ 성형품의 일부에 얇은 두께 부분에 gas가 발생

㉰ embossing 성형품, parting 부의 weld line 발생

어느 것을 취할 것인가는 성형품의 형태, 금형의 구조, 성형품의 두께에 따라 달라진다.

금형온도를 낮게 하면 Cycle이 빨라지게 되는 것은 아니다. 실제로 미결정 Nylon 6은 금형온도가 높은 만큼 이형성이 양호하고, 유동성이 좋고, 냉각시간이 단축된다.

(4) 금형의 예비가열

금형은 용융수지로부터 열을 받아 냉각수나 금형표면으로 방열시키는 일종의 열 교환기이다. 그런데 안전한 연속성형 가능한 금형온도, 즉 용융수지로부터 섭취열량과 냉각수 등에 의한 열량이 Balance 잡힌 정상상태의 일정온도가 있지만, 온도조절되지 않는 금형에서는 그 금형온도에 도달할 때까지 성형 Shot는 모두 불량품으로서 버려야 한다.

이런 문제를 없애기 위해서 금형온도 조절은 필요하다. 금형의 예열에 Gas 버너나 토치, 버너를 사용하여 제한된 부분에 가열하는 경우가 가끔 있지만 변형이 생겨 바람직하지 않다.

(5) 냉각 비틀림 변형 방지

성형품의 각부는 균일하게 냉각하도록 하여야 한다. 성형품의 각부를 불균형하게 냉각하면 불균일한 수축에 의한 비틀림이 생긴다. 물론 분자 배향과 성형압력으로 비틀림을 적게 하는 것은 불가능하지만, 이 비틀림은 금형온도의 적절한 조정에 의해 없앨 수가 있다. 실제의 금형설계에 있어 Slide Core, 압출 Pin, 입자, Be-Cu 주입 cavity, Block 등이 있고, Cavity가 균일하게 냉각되도록 냉각구조를 계산하여도 해결되지 않는 경우가 종종 있다.

이런 경우에는 빠르게 냉각 경화하는 부분은 온수로써 가열해 Brake를 걸어 전 부위에 냉각속도를 균일하게 한다. 이런 부분적인 가열에 의해 용융수지의 Cavity 속에 유동을 좋게 해 성형성도 향상할 수 있다.

(6) 냉각온도차에 의한 변형

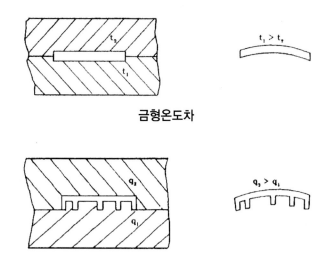

금형온도차

Parting 형상의 금형 열전도율의 차

(7) Mold Cooling

수지가 Cavity에 충전을 끝낸 후 짧은 성형 Cycle 시간에 고화되려면 냉각시키는 것이 중요하다.

- 냉각은 균일하게 해야 한다.
- 균일하지 않는 경우는 부분적인 휨현상이 생기고, 성형 Cycle 시간이 길어진다.

(8) 금형온도 Control의 설계

① 설계상의 원칙

"냉각구조는 압출 핀에 우선한다" 이것이 설계원칙이다.

일반적으로 Cavity는 복잡한 형태이므로 압출핀 설계 후 금형구조상 허용되는 범위 내에서 냉각구멍을 뚫어 적당한 냉매유량과 온도를 힘들여 설정하므로 금형온도의 정확한 조절은 불가능하다고 생각하는 것은 큰 잘못이다. 먼저 제1차로 금형온도 조정으로부터 금형설계를 착수하는 것이다.

② 금형의 전열면적

금형온도 조정을 한 뒤에 필요한 냉각구멍의 전열면적은 다음 식으로 나타낼 수 있다(외부 기온으로의 방열, 형판, Nozzle touch의 전열을 무시한 경우).

$$A = \frac{WNC_D}{h} \cdot \frac{(t_1 - t_0)}{\triangle T}$$

$$h = \frac{\lambda}{d}\left(\frac{dup}{\mu}\right)^{0.8}\left(\frac{C_D\mu}{\lambda}\right)^{0.3}$$

A: ㎡   전열면적

W: kg   성형품의 중량

N: 1 / hr   Shot수

C_p: ㎉ / ㎏℃   수지의 비열(0.5~0.8)

t_1: ℃   수지의 온도

t_0: ℃   성형품의 취출

ΔT: ℃   금형과 냉각수의 평균 온도차

h: ㎉ / ㎡ · hr℃   냉각구멍 측의 경막 전열전도계수(80~120)

λ: ㎉ / m · hr℃   냉각수의 열전도율(500~600)

Gate 설계의 Type

	A	B	C
	GOOD	FAIR	POOR
1	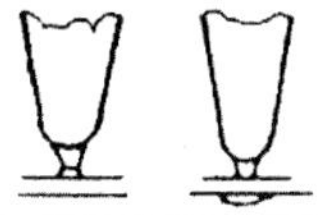	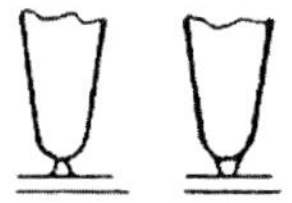	
2		–	
3	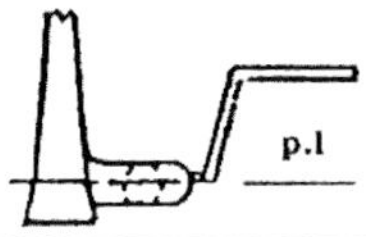	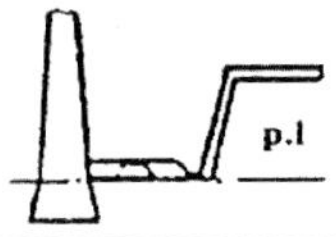	

	A	B	C
	GOOD	FAIR	POOR
4			–
5			–
6		–	
7			
8			
9			
10			–
11			

	A	B	C
	GOOD	FAIR	POOR
12	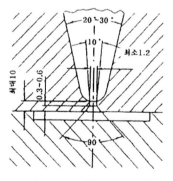	–	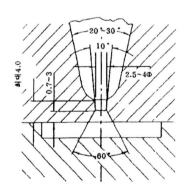

(9) 수지별 Gate 설계

① PC(Polycarbonate)

PC는 용융정도가 높으므로 Pin Point gate를 설치할 경우, 성형 사출 가능한 한도는 두께 3㎜ 이하로서, 최대 흐름거리가 250㎜ 이하이다. 성형에 있어서는 고온, 고압을 Gate부에 대하여 열에너지로 전화함으로써, 성형품에 잔류응력을 주는 정도의 높은 압력이 직접 전달되지 않는 것이 특징이다. 예를 들면, 두께 2㎜, 흐름거리 140㎜의 성형품은 Φ1.0㎜ Pin Point gate를 이용하여 간단히 성형한다. 또 두께 2㎜ 흐름거리 170㎜의 성형품의 경우는 Pin Point gate 경을 Φ2.5㎜로서, PC를 사용한 경우에는 성형이 가능하다.

이와 같은 효과로부터 Pin Point gate을 사용할 경우에는 아래 그림에 나타낸 두께와 흐름거리의 관계가 성립한다고 할 수 있다.

얇은 두께, 작은 부품 경우   비교적 큰 성형품 경우

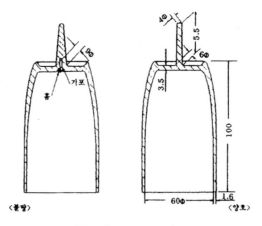

Direct sprue gate

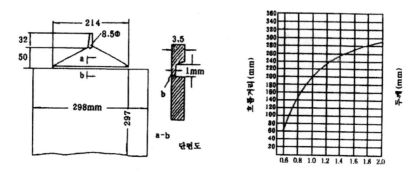

Fan gate에 의한 흐름

㉮ 병렬 배열 gate

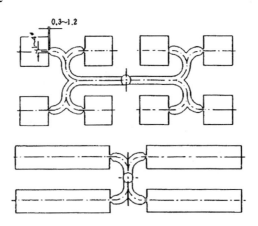

ⓐ 선 배열 Gate

선 배열은 일반적으로 동시에 충전이 어려우므로 잘 적용되지 않는다. 예로서, 동시충전을 하기 위해서 Gate balance 치수를 기입하거나 경우에 따라서는 완전히 이것과 반대의 Gate balance를 채택하면 동시 충전이 되지 않는 것도 있다. 따라서, 선 배열을 택할 경우 Gate balance를 시행착오에 의한 결정이 가능치 않다.

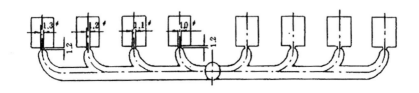

2) 실리콘 고무 사출성형에 의한 Shielding

전기의 사용으로 발생하는 에너지의 형태로서 전계와 자계의 합성파이다. 전자파는 우리 주변에 사용 중인 전기기계, 기구로부터 방출되는데 전기장파는 전기의 힘이 수직으로 미치는 공간을 말하며 미터당볼트(V / m)로 표시하고, 자기장파는 자기의 힘이 수평으로 미치는 공간을 말하며 단위는 보통 밀리가우스(㎎)로 표시한다.

전자파는 주파수(1초에 진동하는 횟수)에 따라 가정용 전원주파수 60㎐ 극저주파(0∼1㎑), 저주파(1k∼500㎑), 통신주파(500㎑∼300㎒), 마이크로웨이브(300㎒∼300㎓)로 분류되고 적외선, 가시광선, 자외선, X선, 감마선 순으로 주파수가 높아지고 이 중 극저주파와 저주파는 전계와 자계가 발생되어 인체가 장시간 노출되면 체온변화와 생체리듬이 깨져 질병으로 발전될 가능성이 큰 것.

전기장과 자기장의 특성비교

구 분	전기장(Electric fields)	자기장(Magnetic fields)
발생원	전압(voltage)에 의해 발생	전류(current)에 의해 발생
측정단위	단위길이당 전압: V / m, ㎸ / m(1㎸ =1000V)	가우스(G) 또는 테슬라(T) -Gauss(G): 미국 등지에서 주로 사용 -Tesla(T): 유럽 등지에서 주로 사용 또는 단위길이당 전류: ㎃ / m (1㎎ =0.1mT =80㎃ / m)

정 의	전기장 1KV/m는 10cm 떨어진 두 개의 평행금속판에 100volt가 인가될 때의 전기장을 1KV/m로 정의	자기장 1G는 500A가 흐르는 전선으로부터 1m 떨어진 지점에 형성된 자기장을 1G로 정의
차폐물질	나무나 건물 같은 물체에 의해 쉽게 폐되거나 약해짐	어떤 물체라도 쉽게 차폐시키거나 약화시키기 어려움
거리감쇠	발생원으로부터 거리가 멀어질수록 급격히 감소함	발생원으로부터 거리가 멀어질수록 급격히 감소함

COMPOUND SPECIFICATION

	Low hardness	High hardness
Hardness (ASRM D-2240)	60±5	70±5
Tensile strength (ASRM D-4120)	60 kg / cm²	60 kg / cm²
Elongation (ASRM D-412)	250%	200%
Temperaturerange	-80℃~200℃	-80℃~200℃
Color	Black	Black
Volume resistivity	4~5ohm - cm	5~8ohm - cm

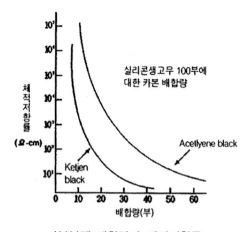

카본블랙 배합량과 체적저항률

• Shielding Range: 대부분의 차폐용 용도에 있어서 20dB 이하의 차폐효과는 최소의 것이며, 20~80d 범위가 일반적인 차폐범위임

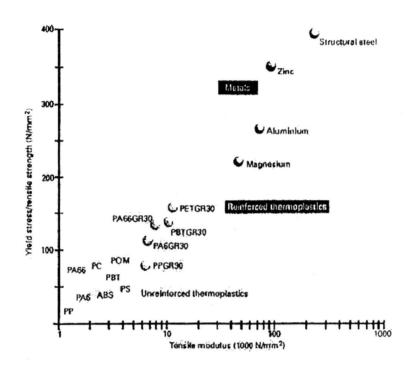

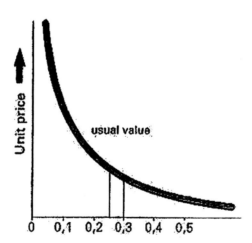

Tolerance: % deviation from nominal dimension

Tolerances cost money

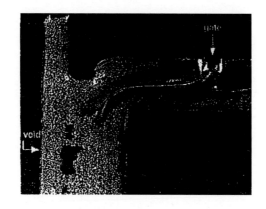

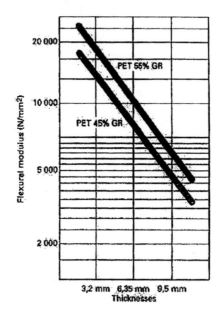

제21장 Threads 설계

1. Threads의 목적

성형품의 뚜껑, 케이스 등에 설치하여 성형품의 조립, 견고한 장착 등에 적용된다.

2. Threads의 방법

성형품에 Threads의 방법은 성형 후에 Tapping, Insert 투입 등이 있고 성형 시 직접 성형하거나 Insert시키는 방법이 있다.

3. Threads의 종류

① American standard: 조립 시 부착력이 강하고 성형이 용이하며 조립시간이 짧은 이점이 있다.

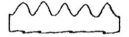

② Square: Threads의 종류 중 강도상 가장 좋은 이점이 있다.

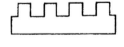

Pipe fitting

③ acme: 고강도를 요구하는 부위에 적합하다.

Pump housing

④ Buttless: 일정한 방향으로 하중을 전달하는 경우에 적합하다.

⑤ Bottle type: 유리제품과 사용되는 부위 등 응력집중이 되지 않는 경우에 사용한다.

4. Threads 설계

① 나사산은 실용상 Φ5㎜의 32산(0.75㎜ 피치) 이하는 피하도록 한다.
② 길이가 긴 나사는 수축으로 인하여 Pitch가 틀리게 되므로 피한다.
③ 나사공차가 수축치보다 작은 경우는 피한다.
④ 나사에는 반드시 1 / 15～1 / 25의 발구배를 준다.
⑤ 나사의 끼워 맞춤은 경에 따라 다르나 0.1～0.4㎜ 정도의 틈새를 준다.
⑥ 나사의 끝부분은 금형가공이나 수명상 부적당하므로 중심선에서 수직인 면의 끝에서 0.8～1㎜인 곳에서 나사가 시작되게 한다.

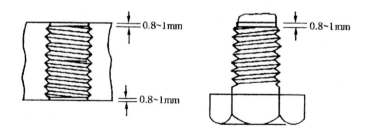

⑦ 나사산은 피치를 크게 하여 상당한 여유를 주고 강도에 유의하도록 한다. 규격 나사산을 사용하는 경우에는 보통 나사산을 이용하고 세목나사는 사용하지 않는다.

8㎜ 이하의 나사는 태핑(Tapping)을 하든지 금속을 인서트한다.

⑧ 성형품의 격자는 금형이 날카롭게 되면 깨어지기 쉽다. 직선부를 주면 좋다.

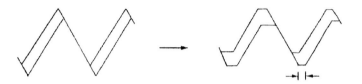

⑨ PBT Thread 설계

PBT는 적합한 설계를 하면 높은 Torque가 걸리는 Thread에도 사용될 수 있다. PBT 성형품은 직접 성형하거나 성형 후 금속과 같이 기계작업을 통하여 Internal thread나 External thread를 만들 수 있고 성형 후 기계작업으로 Thread의 끝부분과 밑부분을 0.005″(0.127㎜)−0.010″(0.254㎜) 직경으로 Radius를 주어 응력집중을 막도록 해야 한다.

⑩ Thread−forming screw

Design parameters for thread−forming screws

screw size	hole size				optimum boss diameter		optimum length of engagement**	
	tapered cored hole(top of hole)		straight wall drilled hole					
	inch	mm	inch	mm	inch	mm	inch	mm
#4.17	0.093	2.36	0.093	2.36	0.250	6.35	0.218	5.54
#5.15	0.104	2.64	0.099	2.53	0.250	6.35	0.250	6.35
#6.13	0.112	2.84	0.109	2.77	0.280	7.11	0.281	7.14
#7.12	0.125	3.18	0.120	3.05	0.312	7.92	0.300	7.62
#8.11	0.136	3.45	0.130	3.30	0.343	8.71	0.343	8.71
#9.10	0.247	6.27	0.144	3.66	0.375	9.52	0.356	9.04
#10.9	0.162	4.11	0.157	3.99	0.406	10.31	0.375	9.52
#12.9	0.183	4.65	0.177	4.50	0.437	11.10	0.437	11.10
1/4~8	0.213	5.41	0.206	5.23	0.531	13.49	0.500	12.70
9/32~8	0.242	6.15	0.238	6.05	0.625	15.88	0.562	14.27
5/16~8	0.271	6.88	0.266	6.76	0.687	17.45	0.625	15.88

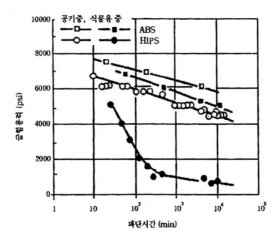

HIPS와 ABS의 환경응력 영향

5. 성형 로렛트

라디오, 텔레비전 등의 Knob의 외속에 사용되는 로렛트는 Hobbing 방향과 평행한 형상을 사용한다. 다이아몬드상의 로렛트는 언더컷트가 되므로 특별한 경우가 아니면 사용하지 않는 것이 좋다. 로렛트의 피치는 될 수 있는 한 크게 하고 보통은 3mm로 하고 적어도 1.5 피치를 한도로 하는 것이 좋다. Parting line에 평면부를 남기는 것은 성형귀, 금형의 모죽음 등의 점에 유의하며 0.8mm 정도가 적당하다.

Parting line에 평행한 평면에 로렛트를 주는 경우에는 로렛트의 형상에는 제한이 없지만 피치, 평행부 등에 관해서는 외측 로렛트에 준한다.

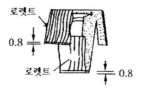

6. 성형문자

문자, 장식, 상표, 표시란을 제품표면에 혹은 뒷면에 재현시킨다. 이런 것들은 볼록 모양이든지 오목 모양으로 만들 수 있으나 볼록 모양의 방법은 금형의 가공비가 싸고 금형의 보존경비도 적다.

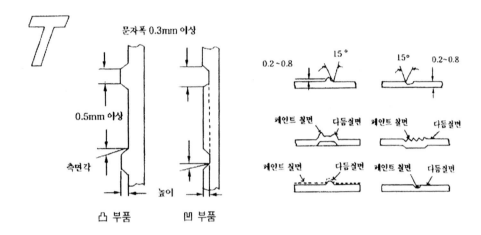

문자폭은 일반적으로 0.5㎜ 이상으로 하며 문자의 깊이(높이)는 작은 것일 때는 0.2~0.4㎜, 큰 문자에는 0.4~0.8㎜로 하든가 그 이하로 한다. 단 UL규격 적용 시에는 0.6㎜로 한다.

문자의 구배는 10~15° 정도로 하며 또는 그 이상으로 한다. 판의 두께에 대해서 문자의 깊이가 깊을 때 또 폭이 넓을 때는 문자에 의한 Flow mark가 발생되므로 문자의 깊이는 성형시험에 의해 조절될 수 있도록 여유를 둘 필요가 있다.

제22장 Under cuts 설계

1. Under cuts의 정의

성형품을 이형할 때 지장이 있는 금형 또는 성형품의 울퉁불퉁한 부분을 말한다.

2. Under cuts의 종류

① Internal: 성형품 내부에 형성된 것으로서 비실용적이며 고가의 제품에 적용되고 Ejector wedge를 사용하여 생산할 수 있다.

② External: 성형품 외부에 형성된 것으로서 분할형 금형으로 생산한다.

③ Circular: 성형품 돌기형태가 둥근 형상으로 돌출된 것으로 분할형 금형으로 생산한다.

④ Side wall: 성형품 벽면에 형성된 홈 및 Hole을 말하며 Core pin을 이용하여 생산한다.

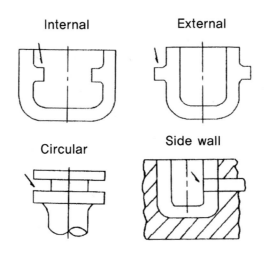

(1) Component deflection에 의하여 가능한 금형 Ejection의 최대 Undercut 값

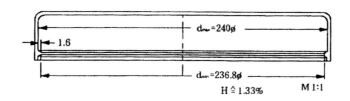

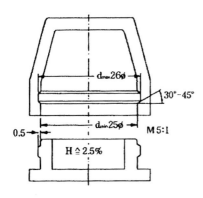

$$H = \frac{d_{max} - d_{min}}{d_{max}} \cdot 100(\%)$$

최 대	Under H%	Cut 값
PC		∼3
ABS		2∼3
PA		4∼5
PE	soft	10∼12

(2) Polypropylene의 Under cut 설계

① Under－cut

Under－cut는 부품을 고정시키거나 누르거나 하는 데 이용된다. Under cut는 장기 사용에 견디도록 가능한 작게 또 기부에 적당한 Rounding을 붙여 놓았다. Under－cut의 틈은 1㎜까지는 허용되나, 0.5∼0.8㎜가 적당하다.

부조세공, 조각, 점각 등의 표면효과는 Polypropylene의 경우 다른 어느 열가소성 수지보다도 아름답게 가공된다.

(3) Nylon 11과 12의 Under cut 설계

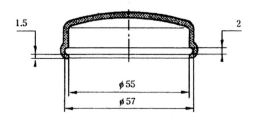

목부분은 57㎜ 지름에 대해 2㎜의 Under cut로 금형에서 Eject된다.

A부는 20.3㎜의 지름에 대해 2㎜ Rib에 의해 B로 맞추어
진 Snap이고 Under cut로 금형에서 Eject 된다.

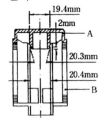

(4) Polycarbonate 원통 Under cut 설계

Polycarbonate는 기계적 강도가 크고 탄성률이 높으므로 큰 Under cut는 얻을 수
없다.

원통상의 Under cut의 최대 허용깊이 ΔR은

$$\Delta R = 0.02 r_i \left(\frac{L + 0.38}{L} \right)$$ 로 구할 수 있다.

여기서 L은

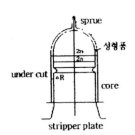

$$L = \frac{1 + (r_i/r_0)^2}{1 + (r_i/r_0)^2}$$ 에 의해 계산한다.

(5) Noryl의 Under cut 설계

① 원통형 Under cut

$$\Delta L = \frac{Sr_1}{E} \cdot \frac{L + \mu}{L} \quad \text{단, } \mu = 0.38$$

ΔL: Under cut량(cm)

S: 허용응력치(kg / cm^2)

E: 굽힘탄성률(kg / cm^2)

r_1: 내경(cm)

r_0: 외경(cm)

L: $\dfrac{r_0^2 + r_1^2}{r_0^2 + r_1^2}$

※ Under cut의 량은 8% 이하가 필요하다.

(6) 응력집중

하중에 부하가 걸리는 성형품의 R은 최소 1.5R이며, 하중에 부하가 걸리지 않는 성형품의 R은 최소 0.4R이고, Noryl의 경우는 최소 0.75R이다.

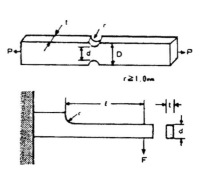

(7) 외부 Under cut

①

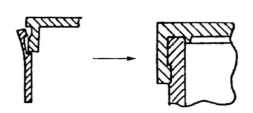

②

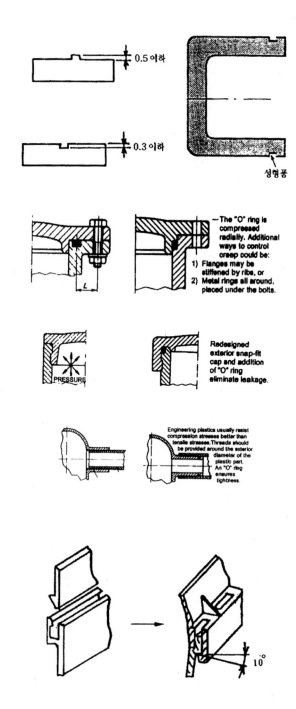

The "O" ring is compressed radially. Additional ways to control creep could be:
1) Flanges may be stiffened by ribs, or
2) Metal rings all around, placed under the bolts.

Redesigned exterior snap-fit cap and addition of "O" ring eliminate leakage.

Engineering plastics usually resist compression stresses better than tensile stresses. Threads should be provided around the exterior diameter of the plastic part. An "O" ring ensures tightness.

③

(8) 내부 Under cut

① ② ③

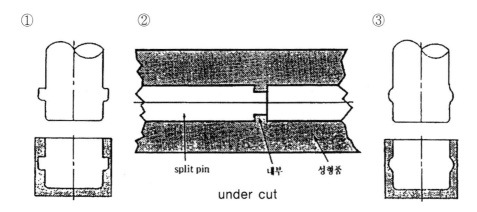

split pin   내부   성형품

under cut

(9) POM의 Under cut 설계

① Metal 압입 체결력

㉮ Metal의 압입방법에는 냉간압입방법과 열간압입 방법이 있다.

㉯ 축, Pin, Bushing은 냉간압입방법을 사용하고 주철 Beat는 열간압입방법을 사용한다.

㉰ Metal 외경과 Hole 관계

사용방법	Metal 외경 − Hole($D_1 - D_2$)
냉간압입법	0.10〜0.12(㎜)
열간압입법	0.15〜0.20(㎜)

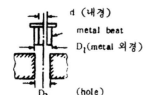

d (내경)
metal beat
D_1(metal 외경)
D_2 (hole)

Metal beat는 얇은 두께가 좋다. 일반적으로 두께는 1㎜이다.

$$\frac{D1-d}{2} \leqq 1㎜$$

㉱ Metal은 C cutter를 주어 회전 방지시키고 발거력 강화를 위하여 Unde- rcutter를 설치한다. 다음은 Metal 체결부의 체결 Torque와 인 발력의 관계를 나타낸다. Screw의 역학효율의 관계식으로부터 발거력

발거력(kf): $QC = 2.86 \times \dfrac{M}{D}$

    M: 회전 Torque(㎏−㎝)

    D: Screw경(㎝)

ⓜ Under cutter를 설치하여 체결력을 강화한다.

M4	측정온도	발거력(측 정)	발거력(계 산)	Torque(측 정)
CASE1	23℃	168 kg	186 kg	26 kg · cm
	80℃	64 kg	72 kg	10 kg · cm
CASE2	23℃	230 kg	186 kg	26 kg · cm
	80℃	130 kg	64 kg	9 kg · cm

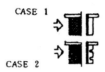

CASE 1

CASE 2

(10) 각종 수지의 최대 Under cut

Resin별 Under cut

Resin	Under cut(%)
(1) LDPE	23
(2) HDPE	10
(3) PA66	17
(4) MMS	5
(5) POM	5

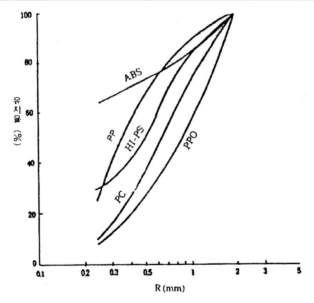

Izod 충격강도에 의한 반경의 영향

(11) 외부에 있는 Under cut

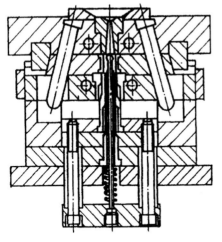

A = 분할형의 이동량

$$A = \sqrt{\left(\frac{D}{2}\right)^2 - \left(\frac{d}{2}\right)^2 + \varepsilon}$$

ε = 여유량

Side core(Bobbin 성형)   원형성형품의 분할형의 이동 필요량 계산

(12) A가 B에 삽입되는 B의 Under cut

A부 상세

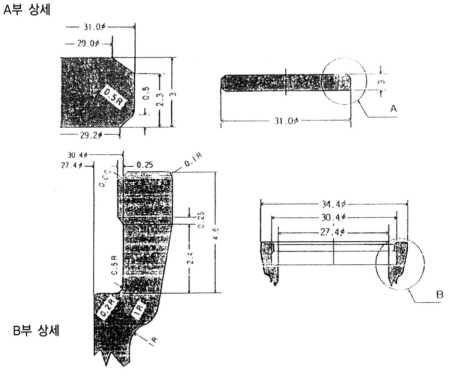

B부 상세

· 저자 ·

임무생
林茂生,
Moo-
Seang Lim,

·약 력·

과학기술 진흥과 산업발전 유공자 석탑산업훈장 수상
수출진흥 발전과 수출시장 개척유공자 대통령표창장 수상
공기방울제어장치기술 과학기술처장관상장 수상
Low noise and less vibration vacuum cleaner.
U.S.A. patent 5,293,664
가열초음파 가습기기술 과학기술처장관상장 수상
한양대학교 공과대학 기계공학과 공학사
서울대학교 공과대학 최고산업 전략과정 수료
한양대학교 RARC 고장분석 및 신뢰성과정 이수
한양대학교 신뢰성분석연구센터 연구 부교수
상공자원부 산학연 기술교류회. 위원
산업자원부 기술개발 기획평가단. 위원
대우전자(주) 가전연구소장, 생활가전사업부장
테크라프주식회사 대표이사
Youngjin electric co., ltd. Quality control director
Daehannakagawa ind co., ltd. Engineering consultants

·주요논저·

「연구논문」

유도전동기를 적용한 인버트 세탁기 개발, 대한전기학회, Vol.48B No.10(1999. 07), pp: 2556~2558. /
충격에 의한 tv pcb의 동적거동 해석, 대한기계학회, Vol.5, No.19(1990. 06), pp: 320~324. /
공기방울이 세탁에 미치는 효과에 대하여, 대한기계학회, Vol.32, No.1(1992. 01), pp: 57~65. /
흡음방이 취부된 경우의 진공청소기의 소음분석 방법, 대한기계학회, Vol.33, No.1(1993. 01), pp: 14~21. /
세탁기용 강제현가시스템의 동특성 해석을 위한 전산시뮬레이션, 한국소음진동공학회, Vol.3, No.1(1993. 03), pp: 65~75. /
가전기기의 저소음 기술, 대한전자공학회, Vol.22, No.1(1995. 01), pp: 124~130. /
절연재료의 표면개질을 위한 코로나 발생기의 특성에 관한 연구, 한국전기전자재료공학회, Vol.8, No.4(1995. 07), pp: 504~508. /
가전기기의 저진동, 저소음 기술, 대한전기학회, Vol.44 No.44(1995. 10), pp: 137~141. /
유도전동기의 동력전달 매체로 사용되는 벨트장력보상 알고리즘에 관한 연구, 대한전기학회, Vol.48A No.9(1999. 09), pp: 1125~1130. /
회전체를 갖는 강제 현가시스템의 동특성해석을 위한 전산시뮬레이션, 한국소음진동공학회, Vol.1 No.1(1992. 02. 13.), pp: 63~69. /
Nonlinear behavior on an electrochemical system, JSME-KSME,(1992. 10), pp: 2-205~2-208 /
스핀업시 내부유체의 공명현상에 관한 연구, 대한기계학회,(1994. 09), pp: 11~14. /
High efficiency valve design by robust design of experiments, The 1998 international compressor engineering conference at perdure, C-3: Valve mechanics and design, page: 23 High efficiency valve design by robust design of experiments, 1998. 09. 14. /

『저서』

Design of plastic parts
(Plastic 제품설계)
Injection moulding processing and injection mold
(사출가공과 금형)
Knowhow about engineering plastic high quality
(엔지니어링 플라스틱 고품질 노ー하우)
Cad & Cam & Cae
Design of press parts(Press 부품설계)
Marketing knowhow of successful enterprise
(성공기업의 마케팅 노하우)
The Korean wisdom wins the world
(한국적 슬기가 세계를 이긴다)
Optimum design of plastics
(플라스틱 최적설계)
Robust Design Technology For Plastic Parts Reliability
(고분자 부품의 신뢰성 Robust 설계기술)
Venture business & Management of technology
(VB & MOT, 벤처기업과 기술경영)
Redundancy Design Technology For Precision Press Parts

Reliability(정밀 Press 부품의 신뢰성 용장설계 기술)
Reliability Engineering for Plastic Element Design
(요소설계 신뢰성 공학)
Reliability engineering of an information system
(정보 system의 신뢰성 공학)

외 다수

요소설계 신뢰성공학

Reliability Engineering for Plastic Element Design

• 초판 인쇄	2008년 6월 20일
• 초판 발행	2008년 6월 20일
• 지 은 이	임무생
• 펴 낸 이	채종준
• 펴 낸 곳	한국학술정보㈜
	경기도 파주시 교하읍 문발리 513-5
	파주출판문화정보산업단지
	전화 031) 908-3181(대표) · 팩스 031) 908-3189
	홈페이지 http://www.kstudy.com
	e-mail(출판사업부) publish@kstudy.com
• 등 록	제일산-115호(2000. 6. 19)
• 가 격	33,000원

ISBN   978-89-534-9329-2 93550 (Paper Book)
       978-89-534-9330-8 98550 (e-Book)